FFT

Fast Fourier Transform

장영범 지음

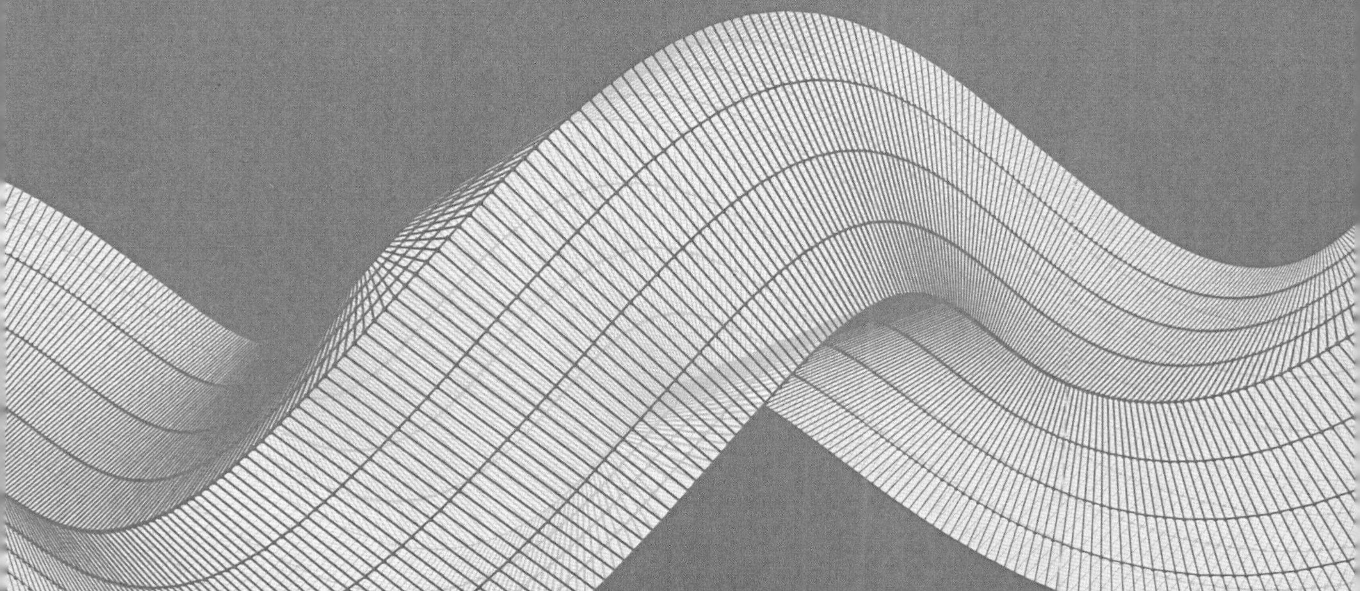

도서출판 홍릉

장영범

1977 ~ 1981 : 연세대학교 전기공학과 공학사
1988 ~ 1990 : NYU 전기공학과 공학석사
1990 ~ 1994 : NYU 전기공학과 공학박사
1983 ~ 1999 : 삼성전자 시스템LSI사업부 수석연구원
2000 ~ 2002 : 이화여자대학교 정보통신학과 연구교수
2005 ~ 2018 : 삼성전자공과대학교 초빙교수
2002 ~ 현재 : 상명대학교 공과대학 스마트정보통신공학과 교수

FFT Fast Fourier Transform

인 쇄 : 2020년 5월 6일 초판 1쇄
발 행 : 2020년 5월 11일 초판 1쇄

저자와의 협의하에 인지생략

저 자 : 장영범
발행인 : 송 준
발행처 : 도서출판 홍릉
주 소 : 01093 서울시 강북구 인수봉로 50길 10
등 록 : 1976년 10월 21일 제5-66호

전 화 : 02-999-2274~5
팩 스 : 02-905-6729
e-mail : hongpub@hongpub.co.kr
http://www.hongpub.co.kr
ISBN : 979-11-5600-764-7(93560)

정 가 : 23,000원

본 저서는 2019학년도 상명대학교 교내연구비에 의하여 수행되었음

머리말

디지털신호처리 시스템을 설계할 때에나 분석할 때에, 디지털신호를 주파수영역의 신호로 변환할 필요가 생긴다. 이때 가장 많이 사용되는 변환이 DFT이다. 그런데 이 DFT의 가장 큰 약점은 변환하는데 너무 많은 곱셈연산이 필요하다는 것이다. 그래서 DFT의 곱셈연산의 수를 줄인 방법이 제시되었는데 이를 FFT라고 부른다. 요즈음은 DFT와 FFT를 혼용해서 사용하고 있다.

FFT의 특징은 N개의 시간영역 디지털신호를 N개의 주파수영역 디지털신호로 변환한다는 점이다. 최근에는 반도체 집적도의 성장으로 말미암아 N이 점점 커지고 있다. 예를 들면 $N=8192$개의 디지털신호도 쉽게 FFT할 수 있게 되었다. 따라서 FFT의 용도도 점점 더 늘어나게 될 것이다.

이 책의 구성은 다음과 같이 3개의 파트로 구성된다.

PART I

PART I은 DFT 개요로서 일반적인 디지털신호처리 서적에 나와 있는 내용을 담았다. 즉 푸리에급수, CTFT, DTFT, DFT의 순으로 내용을 기술하였다.

PART II

PART II는 FFT 설계로서 FFT의 설계방법에 대한 내용을 담았다. FFT의 설계는 알고리즘 설계, 나비연산기 설계, 지연메모리 설계의 순서로 이루어지는데 각 장을 이 순서로 기술하였다.

PART III

PART III는 FFT가 사용되는 기기에 대한 내용을 담았다. 8장에서는 FFT 진동분석기에 대하여 기술하였고, 9장에서는 스마트폰 등에서 사용되는 예를 기술하였다.

아무쪼록 독자들이 이 책을 통하여 FFT를 쉽게 이해하고, 나아가 응용능력을 향상시키기를 기원한다. 이 책을 내는데 도움을 주신 상명대학교 및 홍릉과학출판사의 관계자 여러분께 감사드린다.

2020년 1월

저자

차례

PART I DFT 개요

PART II

FFT 설계

DFT 개요

PART

I

PART I은 DFT의 개요에 대하여 기술하며 다음과 같이 4개의 장으로 구성되어 있다.

1장 : 푸리에급수
2장 : CTFT
3장 : DTFT
4장 : DFT

1장

신호의 주파수분석은 아날로그 주기신호에서 시작한다. 즉 1장에서는 푸리에급수를 사용하여 아날로그 주기신호의 주파수를 분석하는 방법을 다룬다.

2장

이 장에서는 아날로그 주기신호를 일반화한 일반 아날로그 신호의 주파수 분석도구인 CTFT에 대하여 기술한다. 라디오나 아날로그 TV가 사용되었던 1900년대 초부터 1980년대까지는 CTFT의 분석도구이면 충분하였다.

3장

1980년대에 들어와서 CD 플레이어를 시작으로 전자제품들이 디지털신호로 변화되기 시작하였다. 3장에서는 디지털신호의 주파수 분석도구인 DTFT에 대하여 기술한다.

4장

디지털신호의 스펙트럼인 DTFT는 아날로그 신호이어서 반도체 등으로 처리하기 어렵다. 따라서 스펙트럼도 디지털신호인 DFT가 널리 사용되기 시작하였다. 4장에서는 이 DFT에 대하여 기술한다. 이 DFT 연산에서 곱셈연산의 수를 줄인 알고리즘을 FFT라고 부른다. 곱셈연산의 수를 줄였음에도 불구하고 FFT는 연산량이 많아서 그동안 구현하기 어려웠는데, 2000년대에 들어와서는 반도체 칩의 집적도가 괄목할 만큼 증가하여 그 문제점이 해결되었다. 따라서 현재 가장 많이 사용되고 있는 통신방식인 LTE, WiFi 등의 OFDM 통신방식에서 FFT가 가장 중요한 블록으로 사용되고 있다.

CHAPTER

1 푸리에급수

이 장에서는 주기 신호가 갖고 있는 주파수 성분을 분석하는 도구인 푸리에급수(Fourier series)에 대하여 알아보기로 한다. 일반적인 신호뿐만 아니라 가시광선도 다음 그림과 같이 스펙트럼을 갖고 있다.

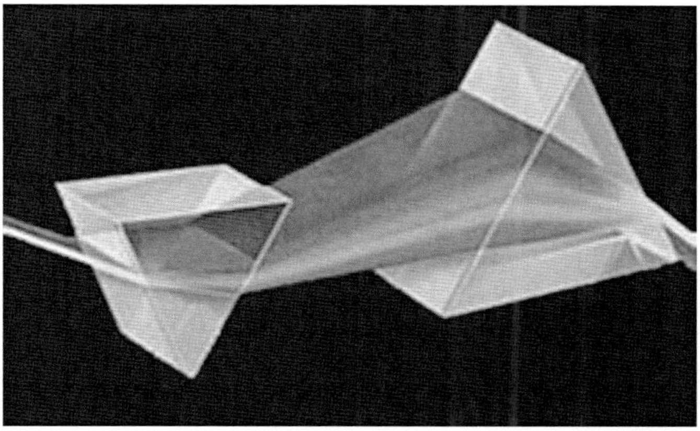

그림 1-1 빛의 스펙트럼(출처 : 네이버)

아이작 뉴튼은 프리즘을 통과한 빛이 주파수에 따라 굴절하는 각도가 다르다는 성질을 발견했다. 이와 같이 분해된 여러 가지 주파수의 띠를 스펙트럼이라고 한다. 이와 마찬가지로 신호도 여러 가지 주파수의 합으로 구성되어 있으며, 이 주파수 성분의 띠를 스펙트럼이라고 한다. 아날로그 신호와 디지털 신호들에 대한 스펙트럼의 표기는 다음과 같다.

$$\tilde{x}(t) \xleftrightarrow{\text{FS}} X_k$$

$$x(t) \xleftrightarrow{\text{CTFT}} X(\omega)$$

$$x[n] \xleftrightarrow{\text{DTFT}} X(e^{j\omega})$$

$$x[n] \xleftrightarrow{\text{DFT}} X(k)$$

위에서 보듯이 시간 영역에서 정의되는 신호는 주기신호 $\tilde{x}(t)$와 아날로그 신호 $x(t)$가 있다. 그리고 디지털 신호 $x[n]$의 스펙트럼을 나타내는 방법은 DTFT와 DFT가 있다. 각각의 신호들에 대하여 스펙트럼을 정의하는 방법이 다르며 다음과 같이 신호와 스펙트럼의 관계를 표시한다.

- 연속시간 주기신호 $\tilde{x}(t)$에 대한 스펙트럼과의 관계를 푸리에급수(Fourier Series, FS)라고 한다.
- 연속시간 신호 $x(t)$에 대한 스펙트럼과의 관계를 연속시간 푸리에변환(Continuous Time Fourier Transform, CTFT)이라고 한다.
- 디지털신호 $x[n]$에 대한 스펙트럼과의 관계를 이산시간 푸리에변환(Discrete Time Fourier Transform, DTFT)이라고 한다.

- 디지털신호 $x[n]$에 대한 스펙트럼을 나타내는 또 다른 방법은 이산 푸리에변환(Discrete Fourier Transform, DFT)이다.

스펙트럼 해석의 시작점은 푸리에급수이다. 프랑스의 수학자인 푸리에(1768~1830)는 열전도론(熱傳導論)을 연구하여 1807년 '열의 해석적 이론'을 발표하였고, 1822년 완성된 이 이론에는 '푸리에의 정리'가 포함되어 있으며, '푸리에급수'의 이론으로 그 후의 수리물리학 발전에 크게 공헌하였다. 열전도론을 위해 만들어졌던 푸리에급수는 오늘날 신호처리와 통신분야 등의 정보통신공학 기본이론으로 중요하게 사용되고 있다. 아날로그 시스템과 디지털 시스템을 해석하고 설계하는 데에 많이 사용하는 도구는 다음 그림과 같다.

	연속시간 시스템	이산시간 시스템
시간 영역	$y(t)=h(t)*x(t)$ 미분방정식	$y[n]=h[n]*x[n]$ 차분방정식
주파수 영역	$X(s)$ Fourier $X(\omega)$	$X(z)$ Fourier $X(e^{j\omega})$ $X(k)$

그림 1-2 **연속시간 시스템과 이산시간 시스템의 해석 도구**

이 장에서 다룰 내용은 푸리에급수(FS)이며, CTFT, DTFT, DFT는 각각 2장, 3장, 4장에서 다룬다.

1.1 삼각 푸리에급수

주기가 T인 주기함수 $\tilde{x}(t)$는 다음과 같이 삼각함수들의 가중 합으로 나타낼 수 있다. 이 식을 삼각 푸리에급수(trigonometric Fourier Series)라고 한다.

$$\tilde{x}(t) = a_0 + \sum_{k=1}^{\infty} \left[a_k \cos k\omega_0 t + b_k \sin k\omega_0 t \right], \quad \omega_0 = 2\pi f, \quad T = \frac{2\pi}{\omega_0}$$

위의 식에서 라디안 주파수 ω_0와 Hz 주파수 f와 관계는 $\omega_0 = 2\pi f$이다. 또한 신호의 주기 T와 주파수 f는 역수의 관계이므로 주기 T는 다음과 같다.

$$T = \frac{1}{f} = \frac{2\pi}{\omega_0}$$

위의 식에서 $k=1$일 때의 라디안주파수 ω_0를 기본주파수(fundamental frequency)라고 부른다.

이제 다음의 구형파를 삼각함수의 가중 합으로 표현할 수 있음을 이해해보기로 하자. 이 구형파의 주기는 $T = 2\pi$이며 그림 1-3에 한 주기만을 굵은 실선으로 나타냈다.

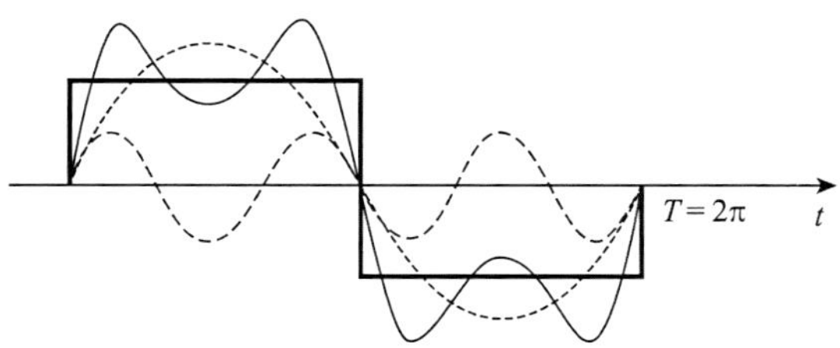

그림 1-3 구형파의 삼각 푸리에급수 표현

이 구형파를 한 개의 삼각함수만을 사용하여 근사적으로 표현하려면 그림 1-3의 짧은 점선과 같이 $b_1\sin t$를 사용하는 것이 가장 바람직함을 알 수 있다. 이 때 b_1을 얼마로 정해야 하는지는 조금 후에 알아보기로 한다. 만일 2개의 삼각함수를 사용하여 근사적으로 나타내려면 그림 1-3의 긴 점선 $b_3\sin 3t$를 한 개 더 사용하여 $b_1\sin t$와 더하면 실선의 모양을 얻는다. 이 실선의 모양이 한 개의 삼각함수 $b_1\sin t$만을 사용한 것보다 더욱 구형파와 닮았음을 알 수 있을 것이다. 따라서 $b_5\sin 5t$를 한 개 더 사용한다면 구형파와 근사적으로 더욱 닮아 진다는 것을 추측할 수 있다. 독자들은 $b_5\sin 5t$를 한 개 더 사용하여 확인해 보기 바란다.

예제 **다음의 구형파 $\tilde{x}(t)$를 삼각 푸리에급수로 나타내시오.**

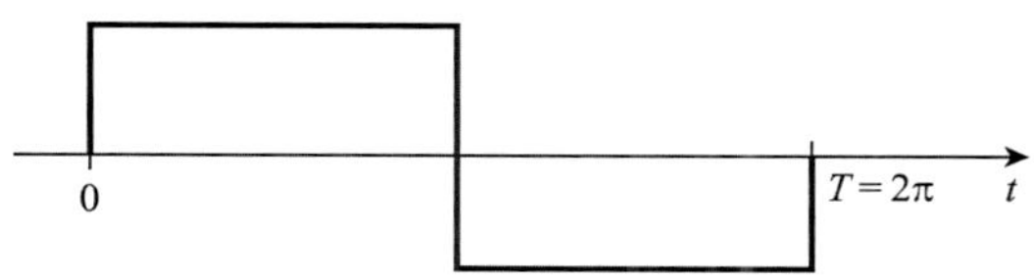

그림 1-4 예제의 구형파

풀이 먼저 $\tilde{x}(t)$를 삼각 푸리에급수로 나타내면 다음과 같다.

$$\tilde{x}(t) = a_0 + \sum_{k=1}^{\infty} [a_k \cos k\omega_0 t + b_k \sin k\omega_0 t]$$

위의 구형파는 직류성분을 갖고 있지 않으므로 a_0는 0임을 알 수 있다. 또한 cos 함수는 우함수이므로 사용되어서는 안 된다. 또한 기본 주파수 ω_0는 $T = 2\pi/\omega_0$로부터 $\omega_0 = 2\pi/T = 1$을 구할 수 있다. 따라서 이 구형파는 sin 함수의 가중 합으로 표현할 수 있으며, 특히 다음 식과 같이 $b_1\sin t$, $b_3\sin 3t$, $b_5\sin 5t$, ⋯ 등의 홀수의 가중 합으로 나타낼 수 있음을 알 수 있다.

$$\tilde{x}(t) = a_0 + \sum_{k=1}^{\infty}\left[a_k\cos k\omega_0 t + b_k\sin k\omega_0 t\right] = \sum_{k=1}^{\infty} b_k\sin kt$$

$$= b_1\sin t + b_3\sin 3t + b_5\sin 5t + \cdots$$

이제 삼각 푸리에급수에서의 가중치, 즉 삼각 푸리에급수 계수 a_k, b_k, a_0를 구하는 방법을 생각해보기로 한다.

cos 신호의 가중치 a_k를 어떻게 하면 구할 수 있을까?

주어진 주기신호에 구하고 싶은 가중치의 cos 함수를 곱하여 적분하면 그 가중치를 구할 수 있다. 예를 들어보기로 한다. 만일 $\cos 5\omega_0 t$의 가중치 a_5를 구하고 싶으면 다음과 같이 주기함수 $\tilde{x}(t)$에 $\cos 5\omega_0 t$를 곱하여 적분한다.

$$\int_{t_0}^{t_0+T}\tilde{x}(t)\cos 5\omega_0 t\,dt$$

$$= \int_{t_0}^{t_0+T}\left\{a_0 + \sum_{k=1}^{\infty}\left[a_k\cos k\omega_0 t + b_k\sin k\omega_0 t\right]\right\}\cos 5\omega_0 t\,dt$$

$$= a_0\int_{t_0}^{t_0+T}\cos 5\omega_0 t\,dt + \sum_{k=1}^{\infty}a_k\left[\int_{t_0}^{t_0+T}\cos k\omega_0 t\cos 5\omega_0 t\,dt\right]$$

$$+ \sum_{k=1}^{\infty}b_k\left[\int_{t_0}^{t_0+T}\sin k\omega_0 t\cos 5\omega_0 t\,dt\right]$$

위의 식에서 첫 번째 항은 cos 신호의 적분이므로 0이 된다. 그리고 세 번째 항에서 sin 신호와 cos 신호의 곱도 역시 주기 신호가 되므로 적분하면 0이 된다. 따라서 두 번째 항만 남게 되어 다음과 같이 나타낼 수 있다.

$$\int_{t_0}^{t_0+T}\tilde{x}(t)\cos 5\omega_0 t dt = \sum_{k=1}^{\infty} a_k\left[\int_{t_0}^{t_0+T}\cos k\omega_0 t\cos 5\omega_0 t dt\right]$$

위의 식의 우변에서 주기가 다른 두 개의 cos 신호의 곱도 역시 주기신호이므로 적분하면 0이 된다. 곱하여 적분했을 때 0이 안 되는 오직 하나의 경우는 k가 5인 경우뿐 이다. 즉 같은 주기의 cos 신호를 곱하면 양의 함수가 되어 적분하면 값을 갖게 된다. 그리고 그 값이 $T/2$가 되는지 확인해 보자. 주기 T가 2π인 $\cos t$ 신호를 제곱하면 다음 그림과 같다.

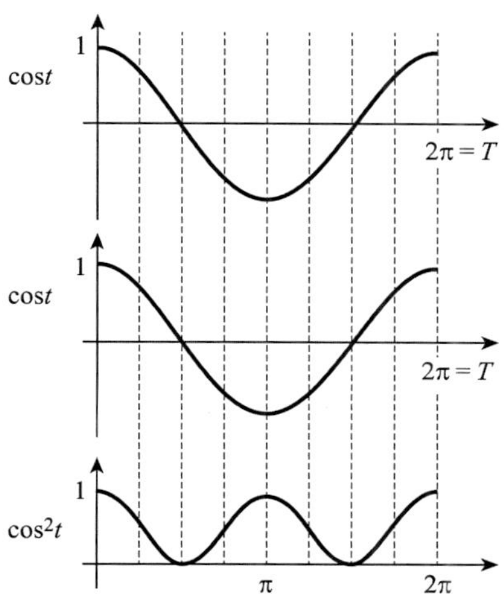

그림 1-5 $\cos t$ 신호의 제곱

이 제곱된 신호를 한주기 동안 적분하면 다음과 같다.

$$\int_0^{2\pi} \cos^2 t\, dt = \int_0^{2\pi} \frac{1+\cos 2t}{2} dt = \frac{1}{2}\int_0^{2\pi}(1+\cos 2t)dt$$

$$= \frac{1}{2}\left[t + \frac{\sin 2t}{2}\right]_0^{2\pi} = \frac{1}{2}(2\pi) = \pi$$

즉 주기가 $T=2\pi$인 $\cos t$ 신호를 제곱해서 적분하면 그 값은 $T/2$가 됨을 알 수 있다. 따라서 무한개의 항은 다음과 같이 한 개의 항만 남게 된다.

$$\sum_{k=1}^{\infty} a_k \left[\int_{t_0}^{t_0+T} \cos k\omega_0 t \cos 5\omega_0 t dt\right] = a_5 \frac{T}{2}$$

위의 식으로부터 계수 a_5는 다음과 같이 구해진다.

$$a_5 = \frac{2}{T}\int_{t_0}^{t_0+T} \tilde{x}(t) \cos 5\omega_0 t dt$$

따라서 다음과 같이 a_k를 구하는 일반적인 공식을 얻을 수 있다.

$$a_k = \frac{2}{T}\int_{t_0}^{t_0+T} \tilde{x}(t) \cos k\omega_0 t dt$$

sin 신호의 가중치 b_k도 같은 방법으로 구할 수 있다.

주어진 주기함수에 구하고 싶은 가중치의 sin 함수를 곱하여 적분하면 그 가중치를 구할 수 있다. 만일 $\sin 3\omega_0 t$의 가중치 b_3를 구하고 싶으면 다음과 같이 주기함수 $\tilde{x}(t)$에 $\sin 3\omega_0 t$를 곱하여 적분한다.

$$\int_{t_0}^{t_0+T}\tilde{x}(t)\sin 3\omega_0 t dt$$

$$= \int_{t_0}^{t_0+T}\left\{a_0 + \sum_{k=1}^{\infty}[a_k \cos k\omega_0 t + b_k \sin k\omega_0 t]\right\}\sin 3\omega_0 t dt$$

$$= a_0\int_{t_0}^{t_0+T}\sin 3\omega_0 t dt + \sum_{k=1}^{\infty}a_k\left[\int_{t_0}^{t_0+T}\cos k\omega_0 t \sin 3\omega_0 t dt\right]$$

$$+ \sum_{k=1}^{\infty}b_k\left[\int_{t_0}^{t_0+T}\sin k\omega_0 t \sin 3\omega_0 t dt\right]$$

위의 식에서 첫 번째 항은 sin 신호의 적분이므로 0이 된다. 그리고 두 번째 항에서 sin 신호와 cos 신호의 곱도 역시 주기 신호가 되므로 적분하면 0이 된다. 따라서 세 번째 항만 남게 되어 다음과 같이 나타낼 수 있다.

$$\int_{t_0}^{t_0+T}\tilde{x}(t)\sin 3\omega_0 t dt = \sum_{k=1}^{\infty}b_k\left[\int_{t_0}^{t_0+T}\sin k\omega_0 t \sin 3\omega_0 t dt\right]$$

위의 식의 우변에서 주기가 다른 두 개의 sin 신호의 곱도 역시 주기신호이므로 적분하면 0이 된다. 곱하여 적분했을 때 0이 안 되는 오직 하나의 경우는 k가 3인 경우뿐 이다. 즉 같은 주기의 sin 신호를 곱하면 양의 함수가 되어 적분하면 값을 갖게 된다. 그리고 그 값은 $T/2$가 된다. 따라서 다음과 같이 나타낼 수 있다.

$$\sum_{k=1}^{\infty}b_k\left[\int_{t_0}^{t_0+T}\sin k\omega_0 t \sin 3\omega_0 t dt\right] = b_3\frac{T}{2}$$

위의 식으로부터 계수 b_3는 다음과 같이 구해진다.

$$b_3 = \frac{2}{T}\int_{t_0}^{t_0+T}\tilde{x}(t)\sin 3\omega_0 t dt$$

따라서 다음과 같이 b_k를 구하는 일반적인 공식을 얻을 수 있다.

$$b_k = \frac{2}{T}\int_{t_0}^{t_0+T}\tilde{x}(t)\sin k\omega_0 t dt$$

마지막으로 a_0를 구해보자.

a_0는 이 주기신호의 직류성분이므로 다음과 같이 $\tilde{x}(t)$의 한 주기를 적분하면 구할 수 있다.

$$a_0 = \frac{1}{T}\int_{t_0}^{t_0+T}\tilde{x}(t)dt$$

삼각 푸리에급수의 정의와 이에 대한 계수를 찾는 식을 정리하면 다음과 같다.

$$\tilde{x}(t) = a_0 + \sum_{k=1}^{\infty}[a_k\cos k\omega_0 t \ + \ b_k\sin k\omega_0 t], \quad T = \frac{2\pi}{\omega_0}$$

$$a_0 = \frac{1}{T}\int_{t_0}^{t_0+T}x(t)\ dt$$

$$a_k = \frac{2}{T}\int_{t_0}^{t_0+T}x(t)\cos k\omega_0 t\ dt, \quad k = 1,\ 2,\ \cdots$$

$$b_k = \frac{2}{T}\int_{t_0}^{t_0+T}x(t)\sin k\omega_0 t\ dt, \quad k = 1,\ 2,\ \cdots$$

예제 다음 구형파의 주기함수를 삼각 푸리에급수로 나타내었을 때, $k=0,\ 1,\ 2,\ 3$까지의 삼각 푸리에급수 계수를 구하시오.

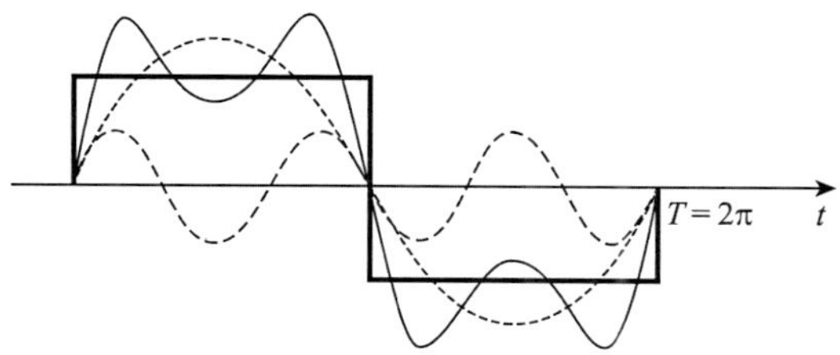

그림 1-6 예제의 구형파와 삼각 푸리에급수 표현

풀이 이 구형파는 직류성분이 없으므로 a_0는 0이다. 또한 이 주기함수는 기함수이므로 cos 성분은 없다. 따라서 다음과 같이 나타낼 수 있다.

$$\tilde{x}(t) = a_0 + \sum_{k=1}^{\infty}[a_k \cos k\omega_0 t + b_k \sin k\omega_0 t] = \sum_{k=1}^{\infty} b_k \sin k\omega_0 t$$

또한 이 구형파는 $\sin\omega_0 t$, $\sin 2\omega_0 t$, $\sin 3\omega_0 t$, $\sin 4\omega_0 t$, $\sin 5\omega_0 t$, $\cdots$의 모든 sin 신호가 사용되는 것은 아니고 홀수의 sin 신호만 사용되고 있으므로 다음과 같이 나타낼 수 있다.

$$\tilde{x}(t) = b_1 \sin t + b_3 \sin 3t + b_5 \sin 5t + \cdots$$

이 식에서 b_1과 b_3는 다음과 같이 구할 수 있다.

$$b_1 = \frac{2}{T}\int_{t_0}^{t_0+T} x(t)\sin\omega_0 t dt = \frac{1}{\pi}\int_0^{2\pi} x(t)\sin t dt$$

$$= \frac{1}{\pi}\left\{\int_0^{\pi}\sin t dt - \int_{\pi}^{2\pi}\sin t dt\right\} = \frac{1}{\pi}[2-(-2)] = \frac{4}{\pi} = 1.2732$$

$$b_3 = \frac{2}{T}\int_{t_0}^{t_0+T} x(t)\sin 3\omega_0 t dt = \frac{1}{\pi}\int_0^{2\pi} x(t)\sin 3t dt$$

$$= \frac{1}{\pi}\left\{\int_0^{\pi}\sin 3t dt - \int_{\pi}^{2\pi}\sin 3t dt\right\} = \frac{4}{3\pi} = 0.4244$$

주기신호를 지수 함수들의 가중 합으로 완벽하게 나타내기 위해서는 무한개의 주파수 성분이 필요하다. 그러나 실제로는 무한대의 주파수를 사용할 수 없으므로 유한개의 k를 사용하게 된다. 앞에서 사용된 구형파의 주기신호에서 k를 증가시키면서 만들어지는 파형을 살펴보면 그림 1-7과 같다. 그림 1-7에서는 $k=3$, $k=7$, $k=303$의 3가지 경우를 살펴보았는데, k를 증가시키면 구형파의 불연속점에서의 기울기는 점점 가파르게 되나 불연속 점에서의 리플 크기는 그대로인 현상을 관찰할 수 있다. 이 현상을 깁스 현상(Gibbs phenomenon)이라고 한다.

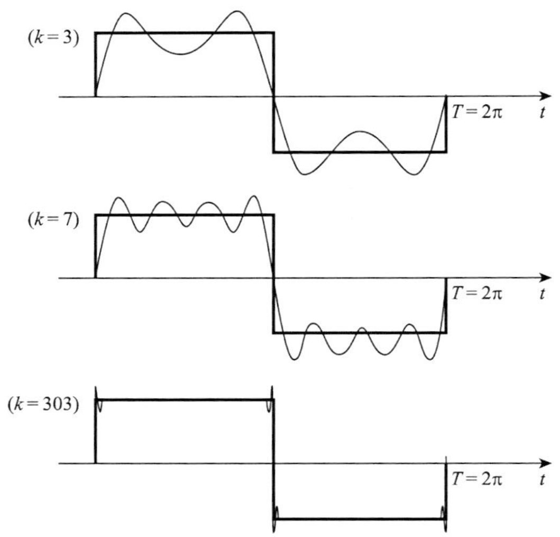

그림 1-7 구형파 주기신호의 삼각 푸리에급수 표현

1.2 지수 푸리에급수

주기 함수는 삼각 푸리에급수를 사용하여 표현할 수 있다. 특히 실수의 주기 함수 $\tilde{x}(t)$에 대하여 삼각 푸리에급수 계수 a_0, a_k, b_k는 역시 모두 실수인 특징을 갖고 있다. 삼각 푸리에급수는 한 개의 함수에 대하여 3가지의 계수를 따로 찾아야 하나, 이 절에서 논하게 될 지수 푸리에급수(exponential Fourier Series)를 사용하여 주기함수를 표현하면 이런 단점을 없앨 수 있다.

삼각 푸리에급수는 어느 하나의 k에 대하여 두 가지의 계수의 가중 합이 존재하는데, 다음의 식과 같이 한 가지 종류의 가중 합으로 표현하는 것이 가능하다.

$$
\begin{aligned}
& a_k \cos k\omega_0 t + b_k \sin k\omega_0 t \\
&= a_k \frac{e^{jk\omega_0 t} + e^{-jk\omega_0 t}}{2} + b_k \frac{e^{jk\omega_0 t} - e^{-jk\omega_0 t}}{2j} \\
&= \frac{a_k - jb_k}{2} e^{jk\omega_0 t} + \frac{a_k + jb_k}{2} e^{-jk\omega_0 t} \\
&= X_k e^{jk\omega_0 t} + X_{-k} e^{-jk\omega_0 t}
\end{aligned}
$$

위의 식에서 보듯이 양수의 2개의 항이 1개의 양수 항과 1개의 음수 항으로 표현됨을 알 수 있다. 즉, a_k와 b_k의 2종류의 계수가 X_k의 한 종류의 계수로 표현될 수 있다. 따라서 위의 식을 사용하면 삼각 푸리에급수를 다음 식과 같은 간단한 모양의 지수 푸리에급수로 표현할 수 있다.

$$\tilde{x}(t) = \sum_{k=-\infty}^{\infty} X_k e^{jk\omega_0 t}$$

위의 식에서 보듯이 지수 푸리에급수로 주기함수를 표현하면 삼각 푸리에급수의 a_0, a_k, b_k 의 세 종류 계수를 한 종류의 계수 X_k로 나타낼 수 있다. 이 대, 지수 푸리에급수 계수 X_k는 다음과 같이 구할 수 있다.

$$\int_0^T \tilde{x}(t)e^{-jm\omega_0 t}\,dt = \int_0^T \sum_{k=-\infty}^{\infty} X_k e^{j(k-m)\omega_0 t}\,dt$$

$$= \sum_{k=-\infty}^{\infty} X_k \int_0^T e^{j(k-m)\omega_0 t}\,dt$$

$$= \sum_{k=-\infty}^{\infty} X_k T\delta[k-m] = X_m T$$

$$\therefore X_m = \frac{1}{T}\int_0^T \tilde{x}(t)e^{-jm\omega_0 t}\,dt$$

위의 식에서 변수 m을 k로 치환하여 최종의 지수 푸리에급수의 계수를 다음 식과 같이 얻을 수 있다.

$$X_k = \frac{1}{T}\int_0^T \tilde{x}(t)e^{-jk\omega_0 t}\,dt$$

다시 지수 푸리에급수와 지수 푸리에급수 계수를 정의하면 다음과 같다.

지수 푸리에급수	지수 푸리에급수 계수
$\tilde{x}(t) = \sum_{k=-\infty}^{\infty} X_k e^{jk\omega_0 t}$	$X_k = \frac{1}{T}\int_0^T \tilde{x}(t)e^{-jk\omega_0 t}\,dt$

이와 같은 지수 푸리에급수 계수는 한 개의 주기 함수에 대하여 한 종류의 계수 X_k로 스펙트럼을 나타낼 수 있는 장점이 있으나 이 값이 일반적으로 복소수이므로 그림으로 표현할 때에 하나의 그림으로 나타낼 수 없다. 지수 푸리에급수 계수가 복소수이므로 직각형식(rectangular form)이나 극형식(polar form)으로 나타낼 수 있는데, 극형식이 주로 사용되며 다음과 같이 표기한다.

$$X_k = |X_k| e^{j\angle X_k}$$

위의 식에서 k에 대한 $|X_k|$의 그래프를 진폭 스펙트럼이라고 하며 $\tilde{x}(t)$를 구성하는 여러 주파수들의 진폭을 나타낸다. 또한 k에 대한 $\angle X_k$의 그래프를 위상 스펙트럼이라고 한다. 이와 같은 진폭 스펙트럼과 위상 스펙트럼들은 선으로 구성되므로 **선 스펙트럼(line spectrum)**이라고도 부른다.

예제 **다음 주기함수 $\tilde{x}(t)$의 지수 푸리에급수 계수 X_k를 구하시오.**

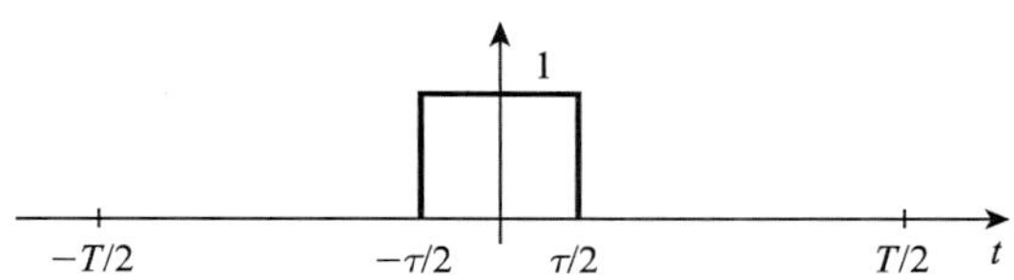

그림 1-8 예제의 주기함수

풀이
$$X_k = \frac{1}{T}\int_{-T/2}^{T/2} \tilde{x}(t) e^{-j\frac{2\pi}{T}kt} dt = \frac{1}{T}\int_{-\tau/2}^{\tau/2} e^{-j\frac{2\pi}{T}kt} dt$$

$$= \frac{1}{T}\left[\frac{e^{-j\frac{2\pi}{T}kt}}{-j\frac{2\pi}{T}k}\right]_{-\tau/2}^{\tau/2} = \frac{1}{j2\pi k}\left[e^{j\frac{\pi k\tau}{T}} - e^{-j\frac{\pi k\tau}{T}}\right] = \frac{1}{\pi k}\sin\frac{\pi k\tau}{T}$$

연습문제

1. 다음 구형파의 주기함수를 삼각 푸리에급수로 나타내었을 때, $k=0, 1, 2, \cdots, 10$까지 삼각 푸리에급수 계수를 구하고 컴퓨터를 사용하여 그리시오.(구형파의 크기는 1과 -1이다.)

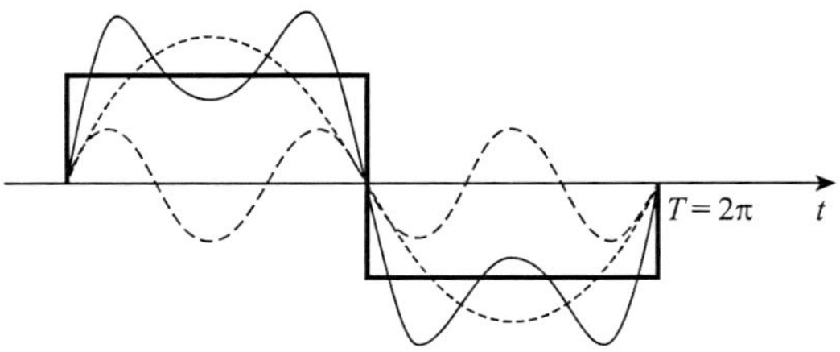

그림 I-1 예제의 구형파

2. 다음 구형파의 주기함수를 삼각 푸리에급수로 나타내었을 때, $k=0, 1, 2, \cdots, 10$까지 삼각 푸리에급수 계수를 구하고 컴퓨터를 사용하여 그리시오.

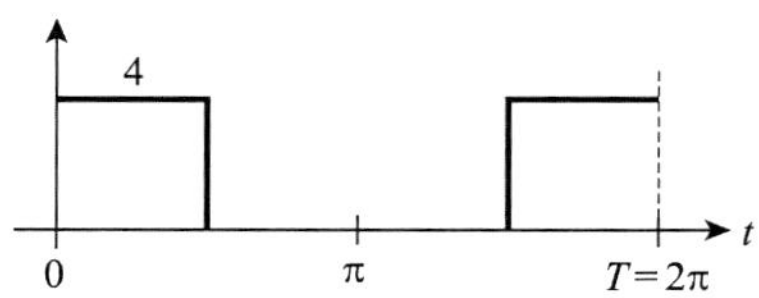

그림 I-2 예제의 구형파

3. 다음 주기 신호를 푸리에급수로 나타내었을 때, 푸리에급수 계수 X_k를 구하시오.

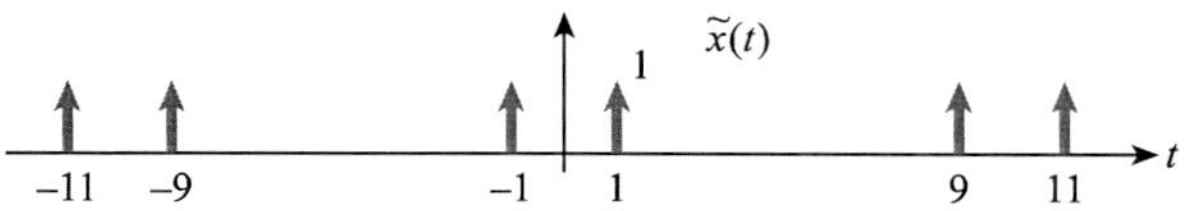

그림 I-3 예제의 주기 신호

CHAPTER 2 CTFT

2.1 CTFT의 정의

아날로그 주기신호의 스펙트럼을 분석하기 위하여 푸리에급수가 사용된다. 푸리에급수를 사용한 시스템 해석은 입력이 주기신호이어야 하는 제한을 갖고 있다. 그렇다면 비주기 신호에 대한 스펙트럼은 어떻게 나타낼 수 있을까? 푸리에급수와 비슷한 방법으로 비주기 신호를 표현하는 푸리에변환이 개발되었으며 이를 연속시간 푸리에변환(Continuous Time Fourier Transform, CTFT)이라고 한다.

푸리에변환은 주기신호의 주기를 무한대로 확장한 푸리에급수의 개념으로 이해할 수 있다. 이를 알아보기 위해 먼저 다음과 같은 주기 $T=5$인 구형파 주기신호와 그

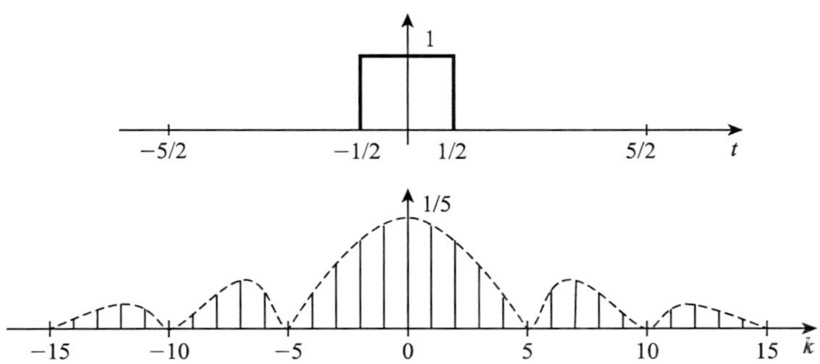

그림 2-1 $T=5$인 구형파 주기신호와 그 푸리에급수 계수 $|X_k|$

푸리에급수 계수 $|X_k|$를 그려보기로 하자.

이 주기신호의 푸리에급수 계수 $|X_k|$는 다음과 같으며 그래프로 나타내면 그림 2-1과 같다.

$$X_k = \frac{\sin(\pi k/5)}{\pi k}$$

이번에는 구형파의 모양은 똑같고 주기만 $T=10$인 다음 그림과 같은 구형파 주기신호의 푸리에급수 계수 $|X_k|$를 그려보기로 하자.

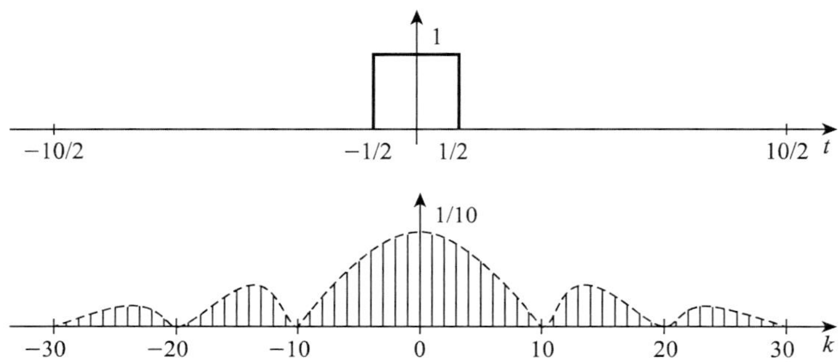

그림 2-2 $T=10$인 구형파 주기신호와 그 푸리에급수 계수 $|X_k|$

이 주기신호의 푸리에급수 계수는 다음 식과 같다.

$$X_k = \frac{\sin(\pi k/10)}{\pi k}$$

위의 두 예에서 보듯이 $T=10$으로 주기가 늘어나면 스펙트럼은 처음으로 0이 되는 지점까지의 선 스펙트럼의 수가 5개에서 10개로 늘어남을 볼 수 있다. 그렇다면 주기가 무한대가 되면 어떤 현상이 일어날까? 원점에서부터 처음 0이 되는 지점까지 선 스펙트럼이 무한대로 증가해서 선 스펙트럼이 연속 스펙트럼으로 나타나게 될 것이다. 이와 같은 개념으로 푸리에급수가 푸리에변환으로 확장된다.

이제 수학적으로 어떻게 변하는지 알아보기로 하자. 먼저 푸리에급수를 다시 불러보자.

푸리에급수	푸리에급수 계수
$\tilde{x}(t) = \sum_{k=-\infty}^{\infty} X_k e^{jk\omega_0 t}$	$X_k = \frac{1}{T}\int_0^T \tilde{x}(t) e^{-jk\omega_0 t}\,dt$

(1) 먼저 주기가 무한대가 되면 푸리에급수 계수 X_k가 어떻게 변하는지 알아보자. 주기가 무한대가 되면($T \to \infty$) 선스펙트럼의 주파수 간격 ω_0는 무한히 작아지므로 다음과 같이 $d\omega$가 된다.

$$\omega_0 = \frac{2\pi}{T} \xrightarrow{T \to \infty} d\omega = \frac{2\pi}{T}$$

또한 주기가 무한대가 되면 선스펙트럼의 주파수 $k\omega_0$는 연속 변수가 된다. 즉,

$$k\omega_0 \xrightarrow{T \to \infty} \omega$$

따라서 푸리에급수 계수 X_k는 다음과 같이 표현될 수 있다.

$$X_k = \frac{d\omega}{2\pi}\int_{-\infty}^{\infty} \tilde{x}(t) e^{-j\omega t}\,dt$$

(2) 이번에는 푸리에급수가 어떻게 변하는지 알아보자.

주기가 무한대가 되면 주기신호는 다음과 같이 표현할 수 있다.

$$\tilde{x}(t) \xrightarrow{T \to \infty} x(t)$$

$$\sum_{k=-\infty}^{\infty} \xrightarrow{T \to \infty} \int_{\omega=-\infty}^{\infty}$$

이 식들을 푸리에급수 식에 대입하면 다음과 같다.

$$\begin{aligned} x(t) &= \int_{\omega=-\infty}^{\infty} \frac{d\omega}{2\pi} \int_{t=-\infty}^{\infty} x(t) e^{-j\omega t} dt \ \ e^{j\omega t} \\ &= \frac{1}{2\pi} \int_{\omega=-\infty}^{\infty} \left\{ \int_{t=-\infty}^{\infty} x(t) e^{-j\omega t} dt \right\} e^{j\omega t} d\omega \end{aligned}$$

위의 결과로부터 다음의 CTFT를 정의할 수 있다.

$$X(\omega) = \int_{-\infty}^{\infty} x(t) e^{-j\omega t} dt \qquad : \text{CTFT}$$

$$x(t) = \frac{1}{2\pi} \int_{-\infty}^{\infty} X(\omega) \ e^{j\omega t} d\omega \qquad : \text{역 CTFT}$$

CTFT는 다음과 같이 표기한다.

$$x(t) \ \xleftrightarrow{\text{CTFT}} X(\omega)$$

CTFT의 변수로서 ω 대신에 $j\omega$를 사용하여 $X(j\omega)$로 표기하기도 한다. 직각 좌표(rectangular coordinate)로 나타내는 복소함수 $X(\sigma + j\omega)$에서 CTFT는 $\sigma = 0$인 $j\omega$ 축에서만 정의되므로 $X(j\omega)$로 나타내는 것도 효과적인 표현이다.

> **참고** 아날로그신호처리에서 사용되는 라플라스 변환 $X(s)$는 직각좌표로 나타내는 복소수에서 정의되므로 $X(\sigma + j\omega)$를 사용하는데 $s = \sigma + j\omega$의 치환을 사용하여 한 개의 변수 $X(s)$로 표현한다. 따라서 라플라스 변환은 CTFT의 일반화로 간주할 수 있다.

2.2 주파수 응답

이 절에서는 주기신호가 입력되는 시스템을 해석하는 것을 생각해보기로 한다. 먼저 다음의 LTI 시스템을 보자.

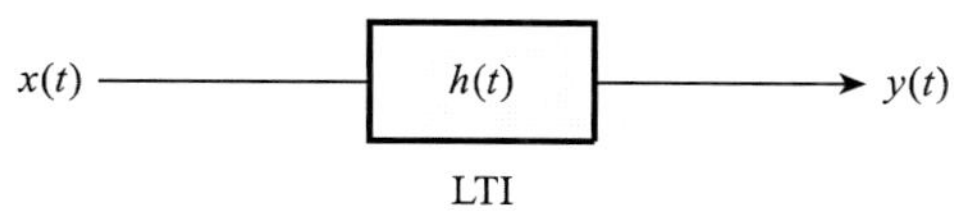

그림 2-3 LTI 시스템

이 시스템의 출력은 다음과 같이 컨볼류션으로 구할 수 있다.

$$y(t) = \int_{-\infty}^{\infty} h(\tau)x(t-\tau)d\tau$$

이 시스템에 $x(t) = e^{j\omega t}$의 주기신호가 입력되었을 경우 다음과 같이 출력을 구할 수 있다.

$$y(t) = \int_{-\infty}^{\infty} h(\tau)e^{j\omega(t-\tau)}d\tau = e^{j\omega t}\int_{-\infty}^{\infty} h(\tau)e^{-j\omega\tau}d\tau$$

위의 식에서 $e^{j\omega t}$ 이외의 부분을 다음과 같이 정의하여 주파수응답(frequency response)이라고 부른다.

$$H(\omega) = \int_{-\infty}^{\infty} h(\tau)e^{-j\omega\tau}d\tau$$

이 주파수응답의 정의는 지난 절에서 기술한 CTFT의 정의와 같음을 알 수 있다.

즉 임펄스응답 $h(t)$의 CTFT가 주파수 응답이다. 이와 같은 주파수 응답의 정의를 사용하여 시스템의 출력은 다음과 같이 나타낼 수 있다.

$$y(t) = H(\omega)e^{j\omega t}$$

이 식에서 ω는 주파수를 나타내는 연속 변수이다. 따라서 고정된 주파수 ω에 대한 $H(\omega)$는 상수이다. 또한 $H(\omega)$는 복소함수이므로 다음과 같이 진폭응답(magnitude response)과 위상응답(phase response)으로 나누어 표기하는 것이 효율적이다.

$$|H(\omega)|, \qquad \measuredangle H(\omega)$$

다음의 예제를 통하여 주파수 응답의 물리적 의미를 좀 더 살펴보기로 한다. 다음 그림과 같은 RC회로로 구성된 시스템에 여러 가지 주파수의 주기신호가 입력되는 경우에 어떤 신호가 출력되는지 살펴보자.

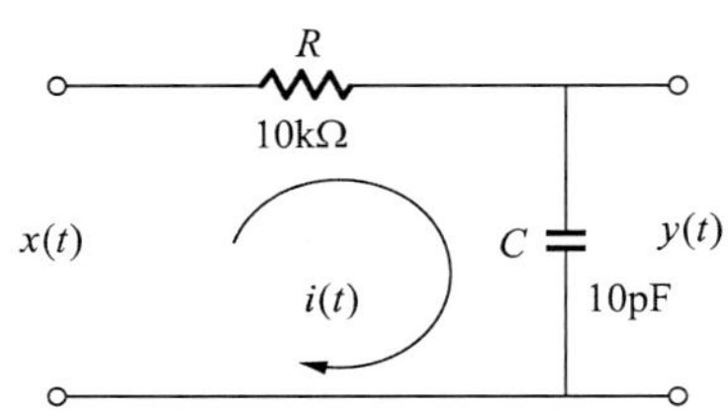

그림 2-4 RC회로 시스템

커패시터의 특성을 이용한 해석

가장 간단한 해석은 다음과 같다. 즉 DC 신호(주파수가 0)가 입력되면 커패시터는 open 상태이므로 저항의 크기와 상관없이 입력 신호가 그대로 출력에 나타난다. 그리고 높은 주파수의 신호가 입력되면 커패시터는 short 상태가 되어 저항이 거의 없게 된다. 따라서 출력단에는 높은 주파수의 입력신호가 나타나지 않는다. 이와 같이 2가지 경우를 종합하면 이 시스템은 저역통과 필터(LPF, Low Pass Filter)임을 알 수 있다.

주파수응답을 사용한 분석

이 시스템의 미분 방정식은 다음과 같다.

$$Ri(t)+y(t)=x(t), \qquad i(t)=C\frac{dy(t)}{dt}$$

위의 식을 이용하여 입력과 출력의 미분방정식을 구하면 다음과 같다.

$$\frac{dy(t)}{dt}+\frac{1}{RC}y(t)=\frac{1}{RC}x(t)$$

다음과 같은 시스템의 전달함수 관계식을 다시 불러보자.

$$x(t)=e^{j\omega t} \quad \Rightarrow \quad y(t)=H(\omega)e^{j\omega t}$$

이 식과 미분방정식을 이용하여 구한 주파수 응답은 다음과 같다.

$$j\omega H(\omega)e^{j\Omega t}+\frac{1}{RC}H(\omega)e^{j\omega t}=\frac{1}{RC}e^{j\omega t}$$

$$\Rightarrow \quad H(\omega)=\frac{1/RC}{1/RC+j\omega}$$

저항과 커패시터의 값을 대입하여 구한 이 시스템의 주파수 응답은 다음과 같다.

$$\frac{1}{RC}=\frac{1}{10^4\times 10^{-11}}=10^7, \quad H(\omega)=\frac{10^7}{10^7+j\omega}$$

이와 같은 주파수 응답은 일반적으로 복소함수이므로 그림으로 나타내기 위해서 진폭 응답을 구하면 다음과 같다.

$$|H(\omega)| = \frac{10^7}{\sqrt{10^{14} + \omega^2}}$$

이 식을 사용하면 특정 주파수에 대한 주파수 응답을 다음과 같이 쉽게 구할 수 있다.

$$\text{i) } \omega = 2\pi f = 2\pi \times 10^3, \quad |H(\omega)| = \frac{10^7}{\sqrt{10^{14} + (2\pi \times 10^3)^2}} \simeq 1$$

$$\text{ii) } \omega = 2\pi f = 2\pi \times 10^9, \quad |H(\omega)| = \frac{10^7}{\sqrt{10^{14} + (2\pi \times 10^9)^2}} \simeq \frac{10^7}{2\pi \times 10^9} = 0.00159$$

이 예제의 진폭 응답을 그리면 다음 그림과 같다.

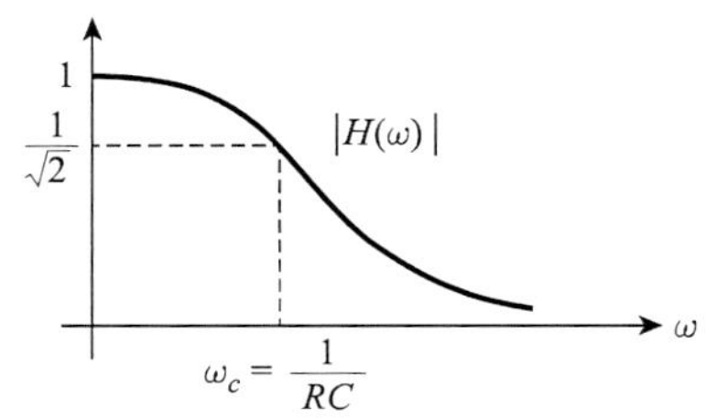

그림 2-5 예제의 주파수 응답

주파수 응답은 그림과 같이 $\omega = 0$일 때 1이 되며 주파수가 증가할수록 주파수 응답은 감소하게 된다. 주파수 응답에서 크기가 $1/\sqrt{2}$로 감소하는 주파수를 3 dB cut off 주파수라고 부른다. 이 예제에서는 다음과 같다.

$$|H(\omega)| = \frac{1/RC}{\sqrt{(1/RC)^2 + \omega_c^2}} = \frac{1}{\sqrt{2}} \Rightarrow \frac{(1/RC)^2}{(1/RC)^2 + \omega_c^2} = \frac{1}{2}$$

$$\Rightarrow \omega_c = \frac{1}{RC} = 10^7$$

$$\Rightarrow f_c = \frac{\omega_c}{2\pi} = 1{,}591{,}549\,\mathrm{Hz} \simeq 1.59\,\mathrm{MHz}$$

이 예제에서 보듯이 주기신호 입력에 대한 출력 관찰은 주파수 응답을 이용한 방법이 편리함을 알 수 있다.

2.3 여러 가지 신호의 CTFT

2.3.1 지수 신호의 CTFT

지수 신호의 CTFT는 매우 중요하다. 특히 R, L, C로 이루어진 시스템에서 임펄스 응답이 지수 신호인 경우가 많다. 이와 같이 지수 신호의 임펄스 응답을 갖는 시스템의 주파수 응답은 CTFT를 사용하여 구하게 된다. 다음과 같은 임펄스 응답을 보자.

$$h(t) = ae^{-at}u(t), \quad a > 0$$

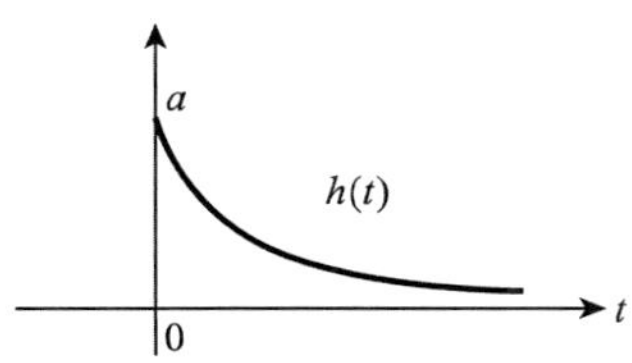

그림 2-6 지수 신호의 임펄스 응답

이 임펄스 응답의 CTFT는 다음과 같다.

$$H(\omega)=\int_{-\infty}^{\infty} ae^{-at}u(t)e^{-j\omega t}dt=a\int_{0}^{\infty} e^{-(a+j\omega)t}dt$$

$$=a\left[\frac{e^{-(a+j\omega)t}}{-(a+j\omega)}\right]_{0}^{\infty}=\frac{a}{a+j\omega}$$

$$\therefore h(t)=ae^{-at}u(t),\ a>0 \quad \leftrightarrow \quad H(\omega)=\frac{a}{a+j\omega}$$

2.3.2 임펄스 신호의 CTFT

가장 기본적인 신호인 임펄스 신호 $\delta(t)$의 CTFT를 구해보기로 한다. 이를 위해 임펄스 신호 $\delta(t)$의 솎음 성질 $\int_{-\infty}^{\infty} x(t)\delta(t-t_0)dt=x(t_0)$을 이용하면 다음과 같다.

$$\int_{-\infty}^{\infty} \delta(t)e^{-j\omega t}dt=1$$

따라서 다음과 같이 표현한다.

$$\delta(t) \quad \leftrightarrow \quad 1$$

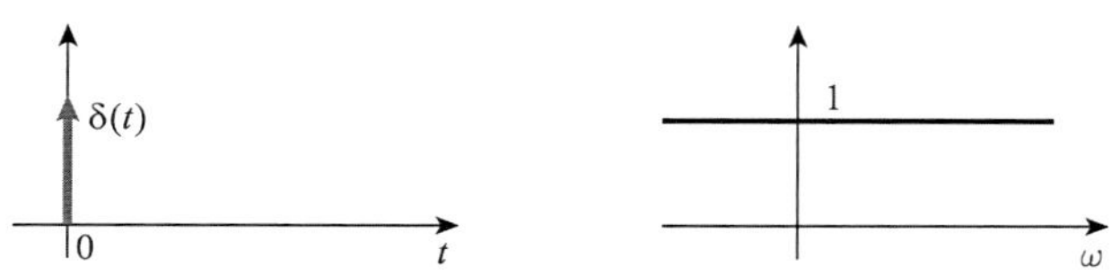

그림 2-7 $\delta(t)$와 그 CTFT

예제 **임펄스 신호 $\delta(t-2)$의 CTFT를 구하시오.**

풀이 솎음 성질을 이용하면 다음과 같다.

$$\int_{-\infty}^{\infty} \delta(t-2)e^{-j\omega t}dt = e^{-j2\omega}$$

이번에는 $\delta(\omega)$의 역 CTFT를 알아보기로 한다. 역시 솎음 성질을 이용하면 다음과 같다.

$$\frac{1}{2\pi}\int_{-\infty}^{\infty} \delta(\omega)e^{j\omega t}d\omega = \frac{1}{2\pi}$$

따라서 다음과 같이 표현한다.

$$1 \quad \leftrightarrow \quad 2\pi\delta(\omega)$$

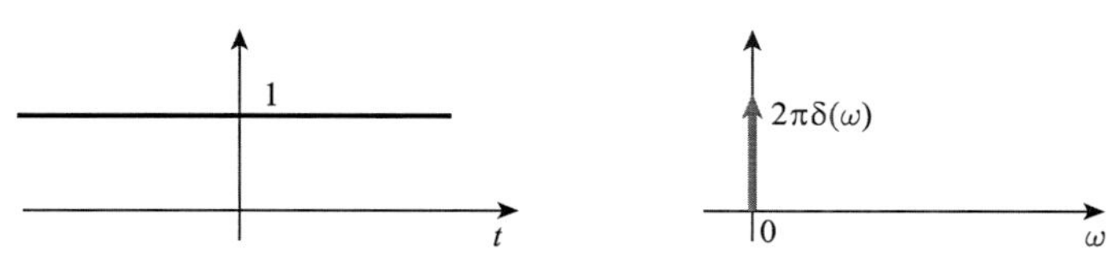

그림 2-8 $\delta(\omega)$와 역 CTFT

2.3.3 펄스 신호의 CTFT

다음과 같은 펄스신호 $x(t) = \text{rect}\left(\frac{t}{\tau}\right)$의 CTFT를 구해보기로 한다.

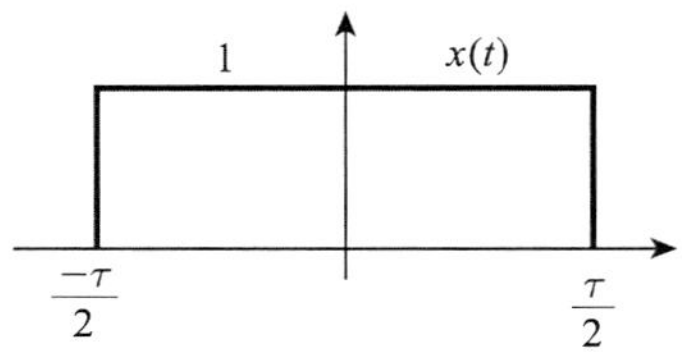

그림 2-9 예제의 펄스신호

CTFT의 정의에 펄스 신호를 대입하면 다음과 같다.

$$X(\omega) = \int_{-\infty}^{\infty} x(t)e^{-j\omega t}dt = \int_{-\tau/2}^{\tau/2} e^{-j\omega t}dt = \left[\frac{e^{-j\omega t}}{-j\omega}\right]_{-\tau/2}^{\tau/2}$$

$$= \frac{1}{j\omega}(e^{j\omega\tau/2} - e^{-j\omega\tau/2})$$

$$= \frac{2}{\omega}\frac{e^{j\omega\tau/2} - e^{-j\omega\tau/2}}{2j} = \frac{2\sin(\omega\tau/2)}{\omega}$$

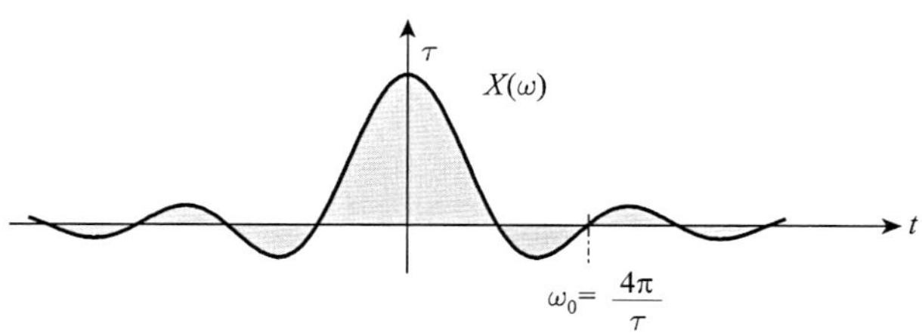

그림 2-10 예제의 CTFT

CTFT에서 $\omega = 0$에서의 값은 다음과 같다.

$$\left.\frac{(2\sin(\tau\omega/2))'}{\omega'}\right|_{\omega=0} = \left.\frac{\tau\cos(\tau\omega/2)}{1}\right|_{\omega=0} = \tau$$

이와 같이 펄스 신호(시간 영역)의 CTFT는 sinc 함수(주파수 영역)의 모양을 갖는다.

2.3.4 sinc 신호의 CTFT

펄스 신호의 CTFT가 주파수 영역에서 sinc 신호의 모양이 됨을 보았다. 이와 마찬가지로 sinc 신호의 CTFT는 주파수 영역에서 펄스의 모양을 갖는다. sinc 신호의 CTFT를 찾기 위하여 주파수 영역의 펄스를 역 CTFT하는 것이 쉽다. 이와 같은 주파수 영역의 펄스를 필터라고 부른다. 다음 그림의 $X(\omega) = \text{rect}\left(\frac{\omega}{2\omega_s}\right)$를 역 CTFT해보기로 한다.

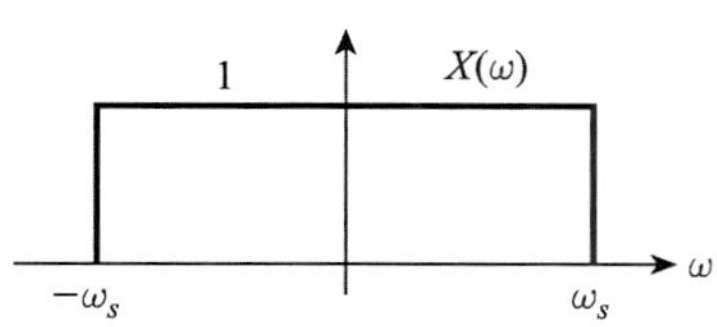

그림 2-11 예제의 $X(\omega)$

$$x(t) = \frac{1}{2\pi}\int_{-\infty}^{\infty} X(\omega)e^{j\omega t}d\omega = \frac{1}{2\pi}\int_{-\omega_s}^{\omega_s} e^{j\omega t}d\omega = \frac{1}{2\pi}\left[\frac{e^{j\omega t}}{jt}\right]_{-\omega_s}^{\omega_s}$$

$$= \frac{1}{2\pi jt}(e^{j\omega_s t} - e^{-j\omega_s t}) = \frac{\sin\omega_s t}{\pi t}$$

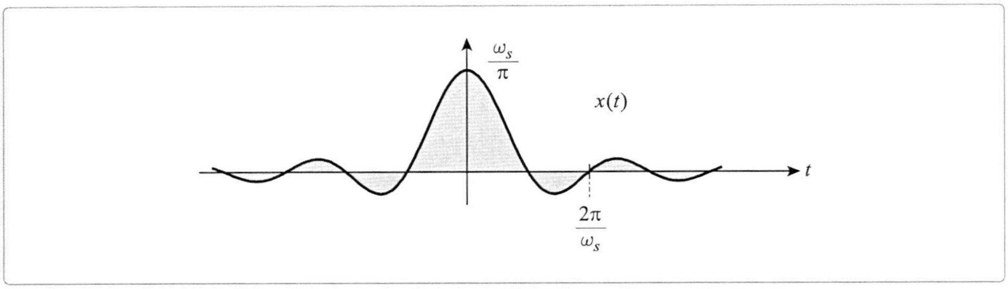

그림 2-12 예제의 $x(t)$

$x(0)$의 값은 다음과 같다.

$$\left.\frac{(\sin\omega_s t)'}{(\pi t)'}\right|_{t=0} = \left.\frac{\omega_s \cos\omega_s t}{\pi}\right|_{t=0} = \frac{\omega_s}{\pi}$$

이와 같이 저역통과 필터(주파수 영역)의 역 CTFT는 sinc 신호(시간 영역)가 됨을 보았다.

예제 다음 두 필터의 임펄스 응답을 구하시오.

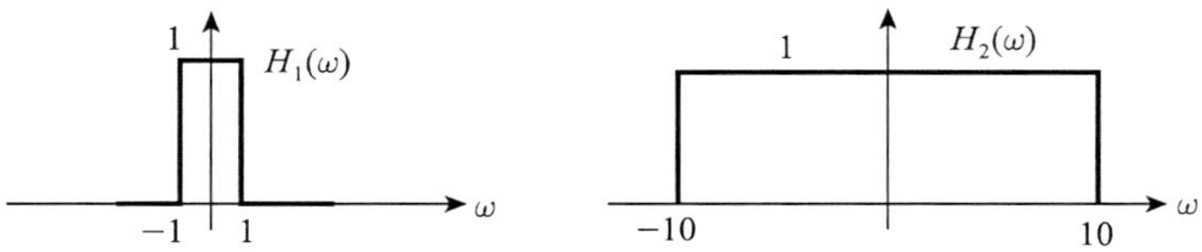

그림 2-13 예제의 필터

풀이 두 필터의 역 CTFT는 다음과 같다.

$$h_1(t)=\frac{1}{2\pi}\int_{-\infty}^{\infty}H_1(\omega)e^{j\omega t}d\omega=\frac{1}{2\pi}\int_{-1}^{1}e^{j\omega t}d\omega=\frac{1}{2\pi}\left[\frac{e^{j\omega t}}{jt}\right]_{-1}^{1}$$

$$=\frac{1}{2\pi jt}(e^{jt}-e^{-jt})=\frac{\sin t}{\pi t}$$

$$h_2(t)=\frac{1}{2\pi}\int_{-\infty}^{\infty}H_2(\omega)e^{j\omega t}d\omega=\frac{1}{2\pi}\int_{-10}^{10}e^{j\omega t}d\omega=\frac{1}{2\pi}\left[\frac{e^{j\omega t}}{jt}\right]_{-10}^{10}$$

$$=\frac{1}{2\pi jt}(e^{j10t}-e^{-j10t})=\frac{\sin 10t}{\pi t}$$

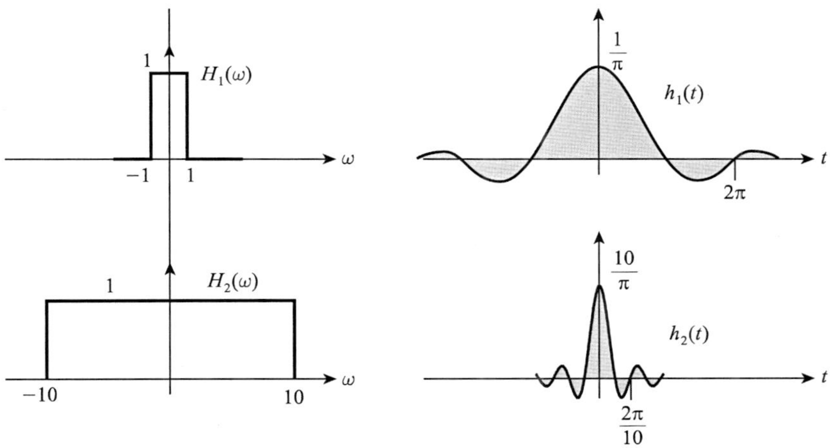

그림 2-14 예제의 임펄스 응답

$h_1(0)$과 $h_2(0)$의 값은 각각 다음과 같다.

$$\left.\frac{(\sin t)'}{(\pi t)'}\right|_{t=0}=\left.\frac{\cos t}{\pi}\right|_{t=0}=\frac{1}{\pi},\quad \left.\frac{(\sin 10t)'}{(\pi t)'}\right|_{t=0}=\left.\frac{10\cos 10t}{\pi}\right|_{t=0}=\frac{10}{\pi}$$

이 예제에서 보듯이 필터의 대역 폭을 계속 넓히면 역 CTFT인 임펄스 응답은 폭이 점점 좁아짐을 알 수 있다. 만일 대역 폭을 무한대로 넓히면 임펄스 응답은 임펄스로 수렴하게 된다.

2.3.5 복소 지수 신호의 CTFT

복소 지수 신호의 CTFT를 찾기 위하여 먼저 $\delta(\omega)$를 다음과 같이 나타내보자. $\delta(\omega)$의 역 CTFT가 $1/2\pi$이므로 CTFT 관계식을 사용하면 다음과 같이 나타낼 수 있다.

$$\frac{1}{2\pi} \leftrightarrow \delta(\omega), \quad \Rightarrow \quad \delta(\omega) = \int_{-\infty}^{\infty} \frac{1}{2\pi} e^{-j\omega t} dt = \frac{1}{2\pi} \int_{-\infty}^{\infty} e^{-j\omega t} dt$$

이제 복소 주기신호 $x(t) = e^{j\omega_0 t}$의 CTFT를 찾아보기로 한다. 이 복소 주기신호의 CTFT는 다음과 같다.

$$X(\omega) = \int_{-\infty}^{\infty} e^{j\omega_0 t} e^{-j\omega t} dt = \int_{-\infty}^{\infty} e^{-j(\omega - \omega_0)t} dt$$

$\int_{-\infty}^{\infty} e^{-j\omega t} dt = 2\pi\delta(\omega)$를 이용하면 다음과 같이 CTFT를 구할 수 있다.

$$X(\omega) = \int_{-\infty}^{\infty} e^{-j(\omega - \omega_0)t} dt = 2\pi\delta(\omega - \omega_0)$$

참고 다음과 같이 CTFT를 구할 수도 있다. 먼저 $x(t)$의 CTFT를 $X(\omega)$라고 하자. 이제 $x(t)e^{j\omega_0 t}$의 CTFT를 구해보기로 한다.

$$\int_{-\infty}^{\infty} x(t)e^{j\omega_0 t}e^{-j\omega t}dt = \int_{-\infty}^{\infty} x(t)e^{-j(\omega-\omega_0)t}dt = X(\omega-\omega_0)$$

또한 다음의 관계식을 이용한다.

$$1 \leftrightarrow 2\pi\delta(\omega)$$

위의 두 식을 이용하면 $e^{j\omega_0 t}$의 CTFT는 다음과 같다.

$$e^{j\omega_0 t} \leftrightarrow 2\pi\delta(\omega-\omega_0)$$

빈번하게 사용되는 CTFT 변환 쌍은 다음 표와 같다.

| 표 2-1 | 중요한 CTFT 변환 쌍

	신호	CTFT
1	$\delta(t)$	1
2	$\delta(t-t_0)$	$e^{-j\omega t_0}$
3	1	$2\pi\delta(\omega)$
4	$e^{j\omega_0 t}$	$2\pi\delta(\omega-\omega_0)$
5	$\cos\omega_0 t$	$\pi[\delta(\omega-\omega_0)+\delta(\omega+\omega_0)]$
6	$\sin\omega_0 t$	$\frac{\pi}{j}[\delta(\omega-\omega_0)+\delta(\omega+\omega_0)]$

┃표 2-1┃ 중요한 CTFT 변환 쌍(계속)

	신호	CTFT
7	$u(t)$	$\pi\delta(\omega)+\frac{1}{j\omega}$
8	$rect\left(\frac{t}{\tau}\right)$	$\frac{2\sin(\omega\tau/2)}{\omega}$
9	$\frac{\sin(\omega_s t)}{\pi t}$	$\mathrm{rect}\left(\frac{\omega}{2\omega_s}\right)$
10	$e^{-at}u(t),\ Re a>0$	$\frac{1}{a+j\omega}$
11	$e^{-a\vert t\vert}u(t),\ a>0$	$\frac{2a}{a^2+\omega^2}$
12	$te^{-at}u(t),\ a>0$	$\left(\frac{1}{a+j\omega}\right)^2$
13	$\mathrm{sgn}\,t$	$\frac{2}{j\omega}$
14	$\sum_{n=-\infty}^{\infty} e^{jn\omega_0 t}$	$2\pi\sum_{n=-\infty}^{\infty} a_n\delta(\omega-n\omega_0)$
15	$\sum_{n=-\infty}^{\infty}\delta(t-nT)$	$\frac{2\pi}{T}\sum_{n=-\infty}^{\infty}\delta(\omega-n\frac{2\pi}{T})$

연습문제

1. 어느 시스템의 주파수 응답 $H(\omega)$는 다음 그림과 같다. 이 시스템의 임펄스 응답 $h(t)$를 구하고 그리시오.

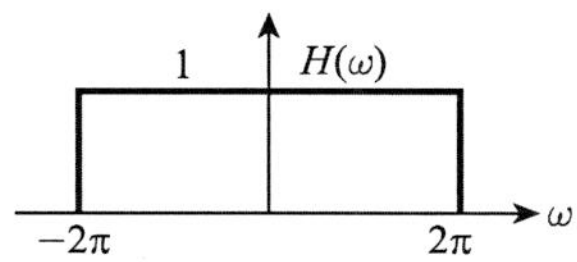

그림 II-1

2. 다음 그림의 RC 회로로 이루어진 시스템에서 주파수응답, 임펄스응답, cutoff 주파수를 구하시오. (단 $R=1\,\text{k}\Omega$, $C=0.01\,\mu\text{F}$이다.)

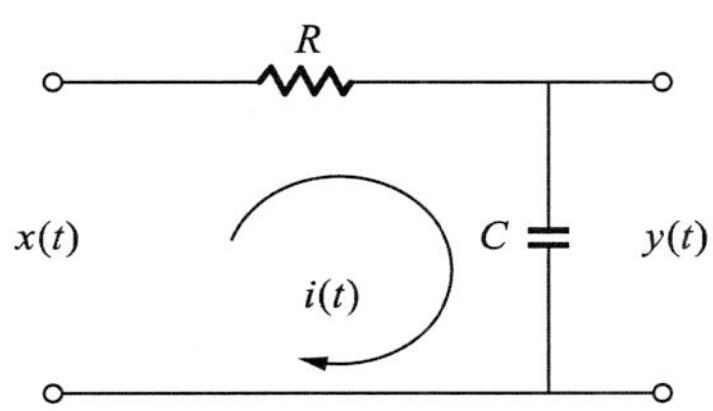

그림 II-2

3. 다음 그림의 RL 회로로 이루어진 시스템을 보고 물음에 답하시오. (단, $L=1\text{mH}$, $R=1\ \text{k}\Omega$이다.)

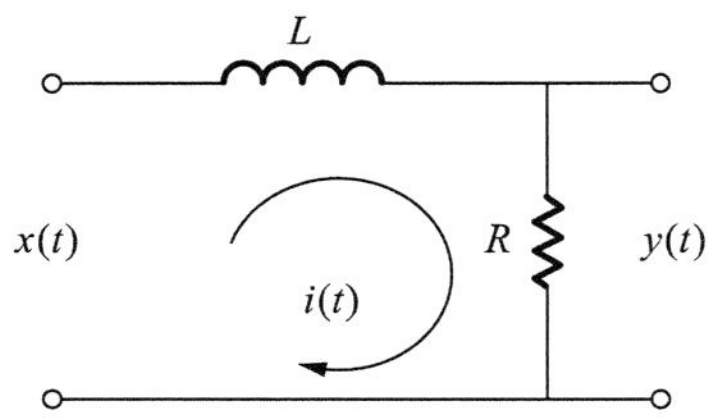

그림 II-3

(a) 주파수응답, 임펄스응답을 구하시오.

(b) cutoff 주파수, 1 kHz와 1 MHz 입력 주파수에 대한 이득을 구하시오.

4. 다음 그림과 같은 RC 회로로 이루어진 시스템에서 주파수응답과 cutoff 주파수를 구하시오. (단, $C=0.001\mu\text{F}$, $R=1\ \text{k}\Omega$이다.)

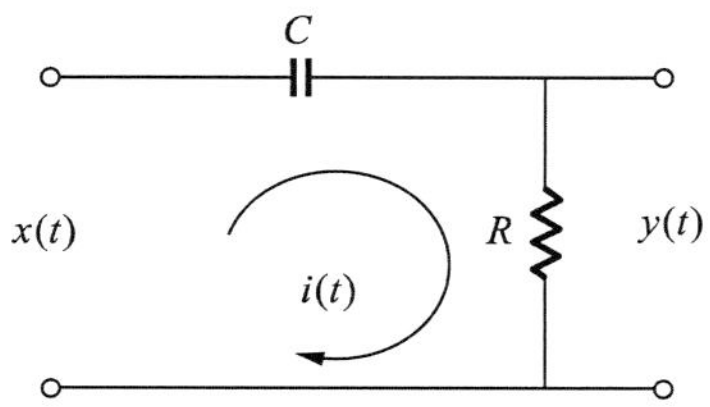

그림 II-4

5. 다음 그림과 같은 RL 회로로 이루어진 시스템에서 주파수응답과 cutoff 주파수를 구하시오. (단, $L = 10$ mH, $R = 1$ kΩ이다.)

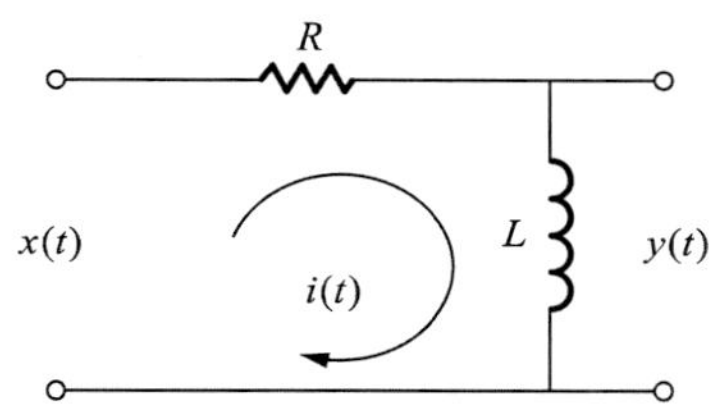

그림 II-5

6. 다음 $X(\omega)$의 역 CTFT를 구하시오.

$$X(\omega) = \text{rect}\left(\frac{\omega - 1}{2}\right)$$

CHAPTER

3 DTFT

여러 가지 신호의 주파수 변환은 다음과 같다.

$$\tilde{x}(t) \xleftrightarrow{\text{FS}} X_k$$

$$x(t) \xleftrightarrow{\text{CTFT}} X(\omega)$$

$$x[n] \xleftrightarrow{\text{DTFT}} X(e^{j\omega})$$

$$x[n] \xleftrightarrow{\text{DFT}} X(k)$$

이 장에서는 디지털신호 $x[n]$에 대한 주파수 변환인 이산시간 푸리에변환(Discrete Time Fourier Transform, DTFT)에 대하여 다룬다. 디지털 신호의 스펙트럼 표기 방법은 DTFT와 DFT의 두 종류가 사용되고 있다.

3.1 DTFT의 정의

3.1.1 DTFT 모델

이번 절에서는 연속신호의 스펙트럼으로부터 디지털신호의 스펙트럼을 정의하는 방법을 알아보기로 한다. 디지털 신호는 연속 신호에서 샘플링을 통하여 얻을 수 있다.

디지털 신호의 스펙트럼을 정의하기 위해서 샘플링을 다음 그림과 같은 모델로 나타내는 것이 편리하다.

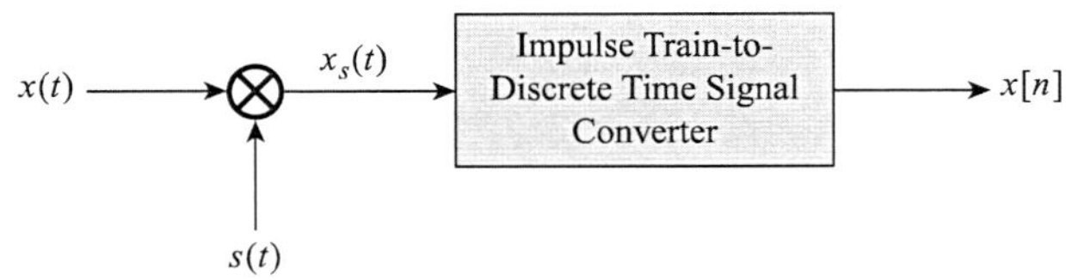

그림 3-1 디지털 신호의 스펙트럼을 정의하기 위한 샘플링 모델

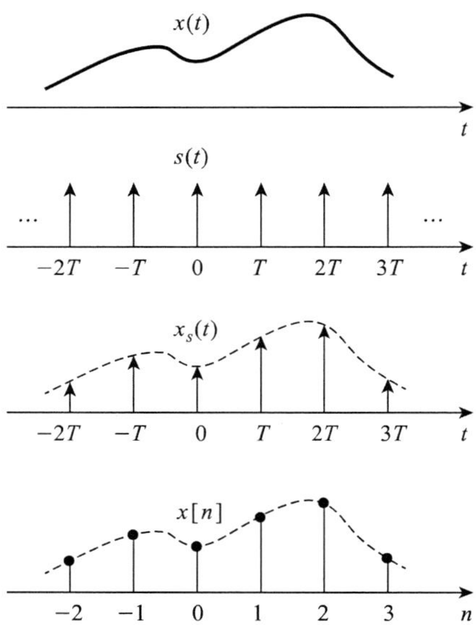

그림 3-2 샘플링 모델의 아날로그신호와 디지털신호

위의 그림 3-1의 모델은 디지털 신호의 스펙트럼을 정의하기 위한 샘플링의 모델이며 실제로 디지털신호를 얻을 때 사용하는 샘플링이 아니다. 즉, A/D 변환기(Analog-to-Digital Converter, ADC)에서는 샘플 유지 회로를 사용하여 디지털 신호를 얻으며 위 모델의 단계로 얻어지는 것이 아니다.

그림 3-2에서 첫 번째 신호의 스펙트럼은 이미 CTFT로서 정의하였으며, 나머지 신호들의 스펙트럼을 유도함으로서 최종적으로 디지털 신호 $x[n]$의 스펙트럼을 정의할 수 있게 될 것이다. 먼저 그림 3-2의 세 번째 신호인 임펄스 트레인 신호는 다음과 같은 식으로 나타낼 수 있다.

$$x_s(t) = x(t)s(t)$$

두 연속 신호의 곱은 주파수 영역에서는 두 스펙트럼의 아날로그 컨볼류션으로 다음과 같이 나타낼 수 있다.

$$x_s(t) = x(t)s(t) \xleftrightarrow{\text{CTFT}} X_s(\omega) = \frac{1}{2\pi} X(\omega) * S(\omega)$$

위의 주파수영역 컨볼류션에서 원래의 연속신호의 스펙트럼 $X(\omega)$는 이미 알고 있는 스펙트럼이므로 $S(\omega)$를 구해보기로 하자. 우선 $s(t)$는 다음과 같이 임펄스신호의 트레인으로 나타낼 수 있다.

$$s(t) = \sum_{n=-\infty}^{\infty} \delta(t - nT) = \tilde{\delta}(t)$$

이 임펄스 트레인 $s(t)$는 주기가 T인 주기 신호이므로 푸리에급수를 사용하여 다음과 같이 표현할 수 있다.

$$\tilde{\delta}(t) = \sum_{k=-\infty}^{\infty} X_k e^{jk\omega_0 t}$$

임펄스 트레인 $s(t)$의 주기가 T이므로 기본주파수 ω_0는 $\omega_0 = 2\pi/T$로 정의된다. 이 푸리에급수의 계수는 다음과 같이 구할 수 있다.

$$X_k = \frac{1}{T}\int_{-T/2}^{T/2} \delta(t) e^{-jk\omega_0 t} dt = \frac{1}{T}$$

이 계수를 푸리에급수에 다시 대입하면 임펄스 트레인 $s(t)$는 다음과 같이 푸리에급수, 즉 지수 함수의 합으로 나타낼 수 있다.

$$s(t) = \sum_{n=-\infty}^{\infty} \delta(t - nT) = \frac{1}{T}\sum_{k=-\infty}^{\infty} e^{jk\omega_0 t}$$

이 지수 함수의 푸리에변환은 다음과 같이 구할 수 있으므로 지수 함수들의 합에 대한 푸리에변환도 다음과 같이 표현할 수 있다.

$$1 \leftrightarrow 2\pi\delta(\omega), \qquad e^{jk\omega_0 t} \leftrightarrow 2\pi\delta(\omega - \omega_0)$$

$$s(t) = \frac{1}{T}\sum_{k=-\infty}^{\infty} e^{jk\omega_0 t} \leftrightarrow \frac{2\pi}{T}\sum_{k=-\infty}^{\infty} \delta(\omega - k\omega_0) = \omega_0 \sum_{k=-\infty}^{\infty} \delta(\omega - k\omega_0) = S(\omega)$$

이와 같이 임펄스 트레인 $s(t)$의 스펙트럼은 역시 그림 3-3의 우측 두 번째 그림과 같이 임펄스 트레인임을 알 수 있다. 이때 이 임펄스 트레인의 주기는 ω_0이다.

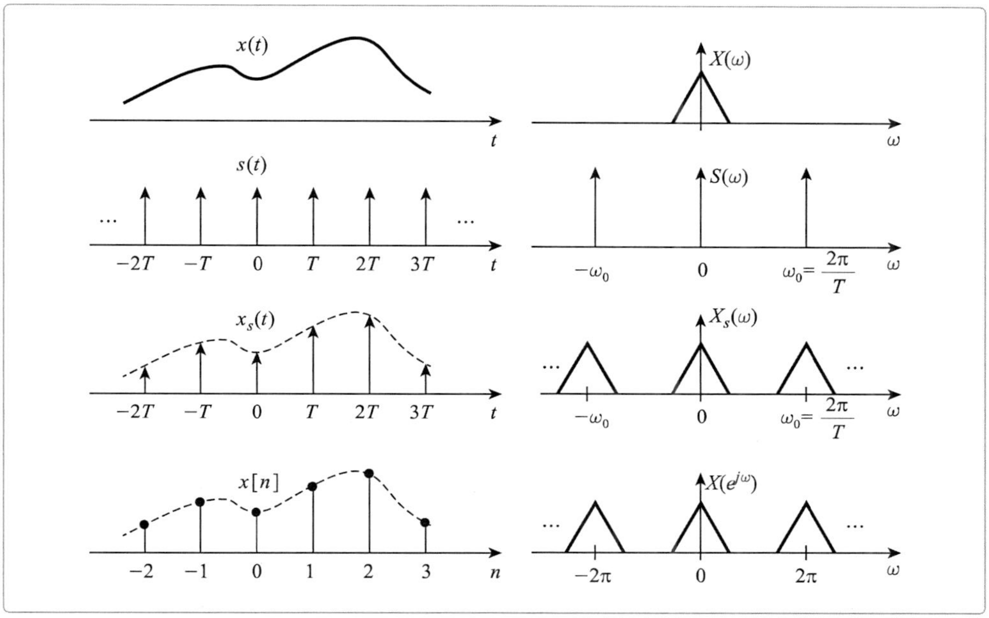

그림 3-3 아날로그신호와 디지털신호의 스펙트럼 관계

이제 아날로그 컨볼류션을 수행할 준비가 되었으므로 원 신호의 스펙트럼과 지금 구한 스펙트럼을 컨볼류션해 보자.

$$X_s(\omega) = \frac{1}{2\pi}X(\omega) * S(\omega) = \frac{1}{2\pi}X(\omega) * \frac{2\pi}{T}\sum_{k=-\infty}^{\infty}\delta(\omega - k\omega_0)$$

$$= \frac{1}{T}\sum_{k=-\infty}^{\infty}X(\omega - k\omega_0)$$

위의 식에서 보듯이 연속 신호 $x(t)$를 임펄스 트레인 신호 $x_s(t)$로 만들었을 때, 그 스펙트럼은 원 스펙트럼의 반복으로 나타남을 알 수 있다. 이와 같이 원 신호 $x(t)$의 스펙트럼 $X(\omega)$를 알고 있을 때 임펄스 트레인에 대한 스펙트럼도 그림 3-3의 우측 세 번째 그림과 같이 $X(\omega)$의 반복으로 나타낼 수 있게 된다. 단, 크기만 $1/T$이 된다.

지금까지는 스펙트럼 $X_s(\omega)$가 $X(\omega)$의 반복 버전임을 보이기 위한 설명이고 이제부터는 네 번째 그림인 $x[n]$과 $X(e^{j\omega})$의 그림에 대하여 설명하기로 한다. 이 그림은 CTFT의 스케일링 성질을 이용하여 이해할 수 있다. $x_s(t)$와 $x[n]$의 관계는 시간 축에서 nT가 n으로 스케일링되었으므로 $x[n]=x_s(nT)$이다. 따라서 CTFT의 스케일링 성질을 이용하면 $x[n]$의 스펙트럼은 다음과 같다.

$$\frac{1}{T}X_s\left(\frac{\omega}{T}\right)$$

음성신호의 경우에 $T=1/8000$을 많이 사용하므로 이 경우에 $x[n]$의 스펙트럼은 다음과 같다.

$$8000X_s(8000\omega)$$

따라서 $X_s(\omega)$의 $\omega_0=2\pi/T=16000\pi$가 $x[n]$의 스펙트럼에서는 2π로 매핑된다.

이제부터는 $x_s(t)$와 $X_s(\omega)$를 수학적으로 표현해보기로 한다. 먼저 $x_s(t)$는 다음과 같이 나타낼 수 있다.

$$x_s(t)=x(t)s(t)=x(t)\sum_{n=-\infty}^{\infty}\delta(t-nT)=\sum_{n=-\infty}^{\infty}x(nT)\delta(t-nT)$$

따라서 $X_s(\omega)$는 다음과 같다.

$$X_s(\omega)=\sum_{n=-\infty}^{\infty}x(nT)e^{-j\omega nT}$$

위의 식의 nT를 n으로 치환하면 다음의 스펙트럼 식을 얻을 수 있다. 이 식이 그림 3-3 우측의 네 번째 그림에 대한 스펙트럼 식이다.

$$X(e^{j\omega}) = \sum_{n=-\infty}^{\infty} x[n]e^{-j\omega n}$$

위의 식의 우변은 $e^{j\omega}$의 함수이므로 $X(e^{j\omega})$라고 표현하며 이를 디지털신호에 대한 DTFT(Discrete Time Fourier Transform)로 정의한다.

그림 3-3에서 보듯이 DTFT는 $-\pi$에서 π까지의 모양이 계속 주기적으로 반복됨을 알 수 있다. 또한 0에서 $-\pi$까지의 스펙트럼은 0에서 π까지의 스펙트럼과 대칭이므로 실제로 스펙트럼의 정보는 0에서 π까지 나타내는 것이 일반적이다.

예제 $x[n] = \delta[n]$**의 DTFT를 구하시오.**

풀이 $\delta[n]$을 DTFT의 정의에 대입하면 다음과 같다.

$$X(e^{j\omega}) = \sum_{n=-\infty}^{\infty} \delta[n]e^{-j\omega n} = 1$$

이를 그림으로 표현하면 다음과 같다.

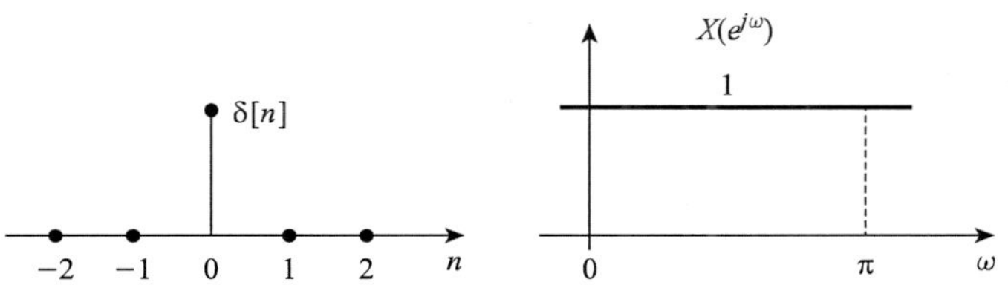

그림 3-4 임펄스신호의 스펙트럼

예제 $x[n] = \delta[n-3]$**의 스펙트럼을 구하시오.**

풀이 $\delta[n-3]$를 DTFT의 정의에 대입하면 다음과 같다.

$$X(e^{j\omega}) = \sum_{n=-\infty}^{\infty} \delta[n-3] e^{-j\omega n} = e^{-j3\omega}$$

위의 예제에서 보듯이 DTFT는 복소함수이다. 따라서 그림으로 표현하기 위해서는 스펙트럼을 다음과 같이 극형으로 나타낸다.

$$X(e^{j\omega}) = |X(e^{j\omega})| e^{j\measuredangle X(e^{j\omega})}$$

위의 식에서 $|X(e^{j\omega})|$를 진폭 스펙트럼(magnitude spectrum)이라고 하고, $\measuredangle X(e^{j\omega})$를 위상 스펙트럼(phase spectrum)이라고 부른다.

예제 $x[n] = \delta[n-3]$**의 진폭 스펙트럼과 위상 스펙트럼을 구하시오.**

풀이 $\delta[n-3]$를 DTFT의 정의에 대입하면 다음과 같다.

$$X(e^{j\omega}) = \sum_{n=-\infty}^{\infty} \delta[n-3] e^{-j\omega n} = e^{-j3\omega}$$

위의 식으로부터 진폭 스펙트럼과 위상 스펙트럼은 다음과 같이 구할 수 있다.

$$|X(e^{j\omega})| = 1, \quad \measuredangle X(e^{j\omega}) = -3\omega$$

3.1.2 역 DTFT

DTFT에 대한 역 변환을 역 DFFT(inverse DTFT)라고 하며 다음과 같이 정의한다.

$$x[n] = \frac{1}{2\pi}\int_{-\pi}^{\pi} X(e^{j\omega})e^{j\omega n}d\omega$$

역 DTFT를 증명해보기로 하자.

증명 역 DTFT의 식에 다음과 같이 DTFT를 대입하여 그 결과가 $x[n]$이 됨을 보임으로써 증명한다.

$$\frac{1}{2\pi}\int_{-\pi}^{\pi}\left\{\sum_{m=-\infty}^{\infty} x[m]e^{-j\omega m}\right\}e^{j\omega n}d\omega = \hat{x}[n]$$

위의 $\hat{x}[n]$이 $x[n]$과 같음을 증명해 보자. 위의 식에서 $\int$과 $\sum$의 위치가 서로 교환될 수 있으므로 다음과 같이 나타낼 수 있다.

$$\hat{x}[n] = \sum_{m=-\infty}^{\infty} x[m]\left\{\frac{1}{2\pi}\int_{-\pi}^{\pi} e^{j\omega(n-m)}d\omega\right\}$$

위의 식에서 대괄호의 값이 크로네커 델타 함수(Kronecker delta function)가 되어 결과 값이 $x[n]$이 된다. 크로네커 델타 함수가 되는 증명은 다음과 같다.

$$\frac{1}{2\pi}\int_{-\pi}^{\pi} e^{j\omega(n-m)}d\omega = \frac{1}{2\pi}\left[\frac{e^{j\omega(n-m)}}{j(n-m)}\right]_{\pi}^{\pi}$$

$$= \frac{1}{2\pi}\frac{e^{j\pi(n-m)} - e^{-j\pi(n-m)}}{j(n-m)}$$

$$= \frac{\sin\pi(n-m)}{\pi(n-m)}$$

위의 결과식은 n과 m이 서로 다른 정수이면 분자가 0이 되므로 0이 되고, n과 m이 같을 때는 부정형이므로 미분하여 값을 구하면 다음과 같이 1이 된다.

i) $n \neq m, \quad \frac{\sin\pi(n-m)}{\pi(n-m)} = 0$

ii) $n = m, \quad \frac{\sin\pi(n-m)}{\pi(n-m)} \Rightarrow \cos\pi(n-m) = 1$

i)과 ii)로부터 $\frac{\sin\pi(n-m)}{\pi(n-m)} = \delta[n-m]$

위의 결과를 대입하면 다음과 같이 증명된다.

$$\hat{x}[n] = \sum_{m=-\infty}^{\infty} x[m]\delta[n-m] = x[n]$$

3.2 주파수응답

이 절에서는 신호와 시스템의 주파수영역 해석방법에 대하여 알아보기로 한다. 시스템에서 입력, 출력, 임펄스응답에 대한 DTFT를 다음 그림과 같이 나타낸다.

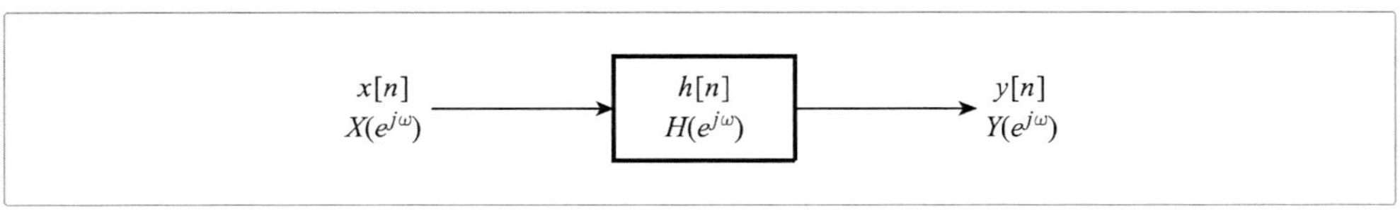

그림 3-5 시스템에서의 스펙트럼 표현

위의 그림의 입력, 출력, 임펄스응답에 대한 DTFT는 다음과 같이 표기한다.

$$x[n] \xleftrightarrow{\text{DTFT}} X(e^{j\omega})$$

$$h[n] \xleftrightarrow{\text{DTFT}} H(e^{j\omega})$$

$$y[n] \xleftrightarrow{\text{DTFT}} Y(e^{j\omega})$$

위의 식에서 임펄스응답의 스펙트럼을 주파수응답(frequency response)으로 다음과 같이 정의한다.

$$H(e^{j\omega}) = \sum_{n=-\infty}^{\infty} h[n]e^{-j\omega n}$$

주파수응답을 정의하는 다른 방법도 있다. 이 방법은 시스템의 입력으로서 $e^{j\omega n}$을 입력시켜서 출력을 관찰하는 방법이다. 즉, $e^{j\omega n}$을 입력시켰을 때 출력은 이 입력과 $e^{j\omega}$의 함수와의 곱으로 나타낼 수 있으며, 이 $e^{j\omega}$의 함수를 주파수응답으로 정의한다. $e^{j\omega n}$을 입력시켰을 때의 출력을 디지털 컨볼류션으로 구해보자.

$$y[n] = \sum_{k=-\infty}^{\infty} h[k]x[n-k] = \sum_{k=-\infty}^{\infty} h[k]e^{j\omega(n-k)}$$

$$= e^{j\omega n}\sum_{k=-\infty}^{\infty} h[k]e^{-j\omega k} = H(e^{j\omega})e^{j\omega n}$$

위의 식에서의 주파수응답의 정의도 DTFT의 정의와 같음을 알 수 있다. 위의 식에서 입력 $e^{j\omega n}$은 $\cos\omega n + j\sin\omega n$이므로 싸인파 신호의 일반화로 생각할 수 있다. 따라서 주파수응답은 모든 주파수의 싸인파 입력에 대한 진폭응답을 연속함수로 나타내는 매우 중요한 도구이다. 이 주파수응답을 관찰하면 임의의 입력 주파수에 대한 출력의 반응 정도를 관찰할 수 있다.

아날로그 시스템에서는 주파수응답이 복소평면(complex plane)의 허수축에서 정의되므로 허수축을 나타내는 $j\omega$를 사용하여 $H(j\omega)$로 표현하듯이 디지털 시스템에서는 주파수응답이 복소평면의 단위원(unit circle)에서 정의되므로 복소평면에서 단위원을 나타내는 $e^{j\omega}$를 사용하여 $H(e^{j\omega})$로 표현한다.

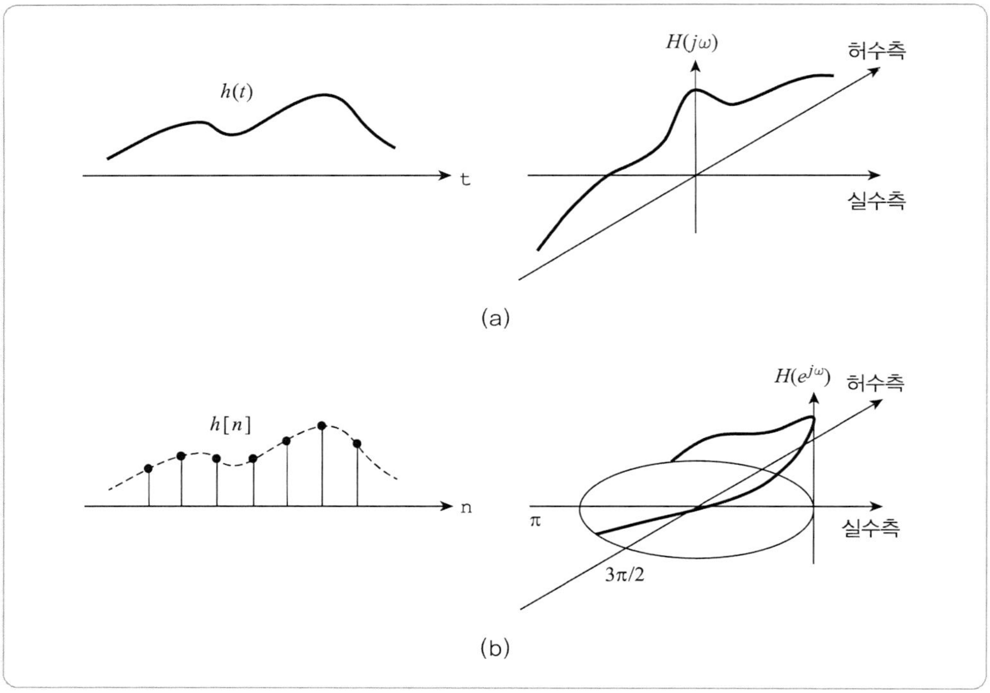

그림 3-6 (a) 아날로그 시스템의 주파수응답, (b) 디지털 시스템의 주파수응답

디지털 신호처리 시스템에서 주파수응답은 그림 3-6과 같이 복소평면 중에서 단위원(unit circle)에서만 정의된다. 복소평면에서는 단위 원을 나타내기 위해서 $e^{j\omega}$의 극좌표를 사용한다. 즉, 극좌표(polar coordinate)로 나타내는 복소함수 $H(re^{j\omega})$에서 주

파수응답은 $r=1$인 $e^{j\omega}$(단위 원)에서만 정의되므로 $H(e^{j\omega})$로 표현하는 것이 일반적이다($X(\omega)$로 표기하는 서적도 있다).

z 변환 $X(z)$는 극 좌표로 나타내는 복소평면에서 정의되므로 $X(re^{j\omega})$를 사용하는데 $z=re^{j\omega}$의 치환을 사용하여 한 개의 변수 $X(z)$로 표현한다. 따라서 z 변환은 DTFT의 일반화로 간주할 수 있다.

그림 3-6에서 보듯이 아날로그 시스템의 주파수응답 $H(j\omega)$는 복소평면의 허수 축을 따라 주파수가 무한하게 분포할 수 있으나, 디지털 시스템의 주파수응답 $H(e^{j\omega})$는 2π를 주기로 반복됨을 알 수 있다. 주파수응답을 2차원의 평면에 펼쳐서 그리면 그림 3-7과 같다.

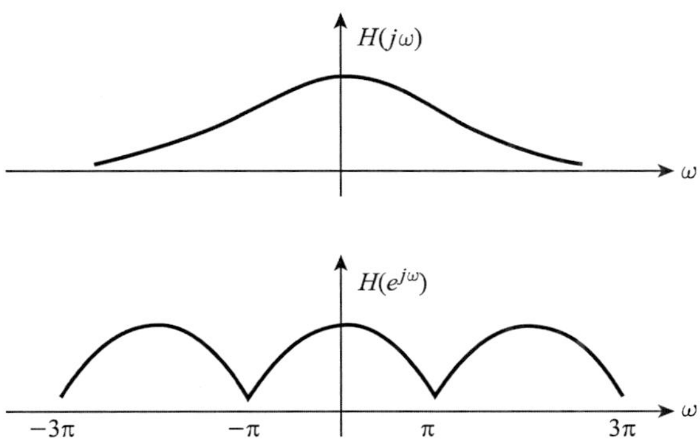

그림 3-7 주파수응답의 2차원 표현

그러나 위의 그림은 주파수응답의 개념을 이해하기 위해서 실수(real number)로 가정하고 그린 것이고 일반적으로는 주파수응답은 복소수이므로 위와 같이 그릴 수 없다. 따라서 일반적으로 임의의 주파수응답을 정량적으로 나타내기 위해서는 다음과 같이 진폭응답(magnitude response)과 위상응답(phase response)으로 나누어서 표시한다.

$$H(e^{j\omega}) = |H(e^{j\omega})| e^{j\measuredangle H(e^{j\omega})}$$

위의 식에서 $|H(e^{j\omega})|$ 를 진폭응답이라고 하고, $\measuredangle H(e^{j\omega})$를 위상응답이라고 부른다.

예제 **어느 시스템의 임펄스응답은 다음과 같다.**

$$h[n] = \frac{1}{3}\{\delta[n] + \delta[n-1] + \delta[n-2]\}$$

진폭응답과 위상응답을 구하시오.

풀이 주파수응답은 다음과 같다.

$$\begin{aligned} H(e^{j\omega}) &= \sum_{n=-\infty}^{\infty} \frac{1}{3}\{\delta[n] + \delta[n-1] + \delta[n-2]\} e^{-j\omega n} \\ &= \frac{1}{3}\{1 + e^{-j\omega} + e^{-j2\omega}\} \\ &= \frac{1}{3}\{e^{-j\omega}(e^{j\omega} + e^{-j\omega}) + e^{-j\omega}\} \\ &= \frac{1}{3}\{2\cos\omega + 1\} e^{-j\omega} \end{aligned}$$

위의 주파수응답에서 진폭응답과 위상응답을 다음과 같이 구할 수 있다.

$$|H(e^{j\omega})| = \left|\frac{1}{3}\{2\cos\omega + 1\}\right|$$

$$\measuredangle H(e^{j\omega}) = -\omega$$

진폭응답과 위상응답을 그림으로 나타내면 그림 3-8과 같다.

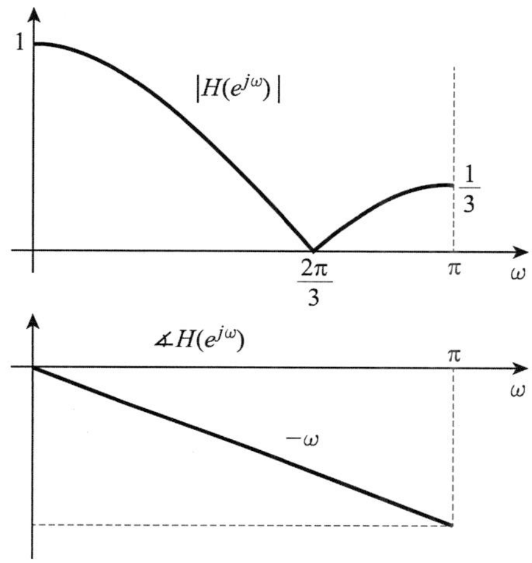

그림 3-8 예제의 진폭응답과 위상응답

예제 어느 시스템의 임펄스응답은 다음과 같다.

$$h[n] = \{\underset{\uparrow}{1/9},\ 1/9, 1/9,\ 1/9, 1/9,\ 1/9, 1/9,\ 1/9, 1/9\}$$

진폭응답과 위상응답을 구하시오.

풀이 주파수응답은 다음과 같다.

$$H(e^{j\omega}) = \sum_{n=-\infty}^{\infty} \frac{1}{9}\{\delta[n] + \delta[n-1] + \delta[n-2] + \cdots + \delta[n-8]\}e^{-j\omega n}$$

$$= \frac{1}{9}(1 + e^{-j\omega} + e^{-j2\omega} + \cdots + e^{-j8\omega})$$

$$= \frac{1}{9}[e^{-j4\omega}(e^{j4\omega}+e^{-j4\omega})+e^{-j4\omega}(e^{j3\omega}+e^{-j3\omega})$$

$$+e^{-j4\omega}(e^{j2\omega}+e^{-j2\omega})+e^{-j4\omega}(e^{j\omega}+e^{-j\omega})+e^{-j4\omega}]$$

$$= \frac{1}{9}(2\cos 4\omega + 2\cos 3\omega + 2\cos 2\omega + 2\cos\omega + 1)e^{-j4\omega}$$

위의 주파수응답에서 진폭응답과 위상응답을 다음과 같이 나타낸다.

$$|H(e^{j\omega})| = \left|\frac{1}{9}\{2\cos 4\omega + 2\cos 3\omega + 2\cos 2\omega + 2\cos\omega + 1\}\right|$$

$$\measuredangle H(e^{j\omega}) = -4\omega$$

이와 같은 진폭응답은 수작업으로 그리는데 많은 시간이 필요하므로 신호처리용 S/W 도구를 사용하는 것이 편리하다. 이 예제의 진폭응답과 위상응답을 신호처리 S/W 도구인 MATLAB을 사용하여 그리면 그림 3-9와 같다.

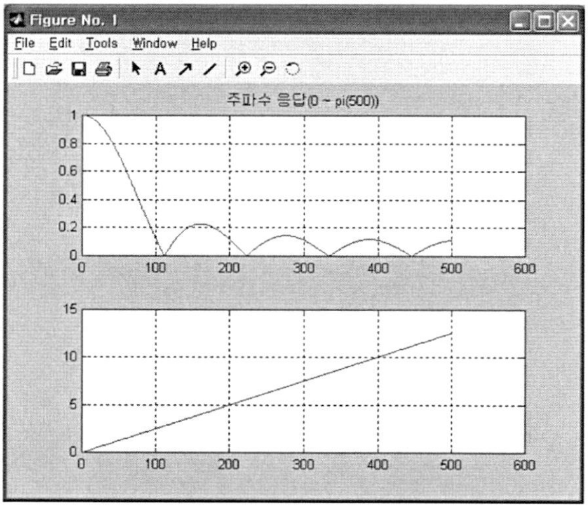

그림 3-9 예제의 진폭응답과 위상응답

이 예제의 MATLAB 프로그램은 다음 그림 3-10과 같다.

```
w=[0:1:500]*pi/500;
H=1/9*(2*cos(4*w)+2*cos(3*w)+2*cos(2*w)+2*
    cos(w)+1);
subplot(2, 1, 1);
plot(abs(H));
grid;
title('주파수 응답(0~pi(500))');

E=(-j*4*w);
subplot(2, 1, 2);
plot(abs(E));
grid;
```

그림 3-10 예제의 진폭응답과 위상응답용 MATLAB 프로그램

위의 진폭응답에서 보듯이 디지털 신호처리 시스템의 스펙트럼은 보통 0에서 π까지 표시한다. 실수로 표현되는 디지털신호의 스펙트럼은 우함수이므로 0에서 $-\pi$의 스펙트럼은 0에서 π까지의 스펙트럼과 대칭이기 때문이다. 이 스펙트럼에서 0의 주파수 부분을 저주파수 대역(low frequency band)이라고 하고, π의 주파수 부분을 고주파수 대역(high frequency band)이라고 한다. 예를 들면 0에서부터 4000 Hz의 주파수 성분을 갖고 있는 아날로그신호를 1초에 8000개 씩 샘플링을 했다고 가정하면 4000 Hz의 고주파수가 π로 매핑된다. 임펄스응답을 DTFT한 주파수응답도 같은 방법으로 해석할 수 있다. 따라서 주파수응답의 그림에서 π의 주파수가 의미하는 정확한 고주파수의 의미는 그 시스템에서 사용하는 샘플링 주파수를 알아야 한다. 음성 신호처리에서는 8000 Hz의 샘플링 주파수를 사용하므로 π는 4000 Hz의 아날로그 주파수를 나타내며, 오디오 신호처리에서는 44100 Hz의 샘플링 주파수를 사용하므로 π는 22050 Hz의

아날로그 주파수를 나타낸다.

그림 3-9의 진폭응답을 보면 저주파수 대역의 이득은 매우 크고 고주파수 대역의 이득은 상대적으로 매우 작음을 관찰할 수 있다. 이와 같은 필터를 저역통과 필터(Low-Pass Filter, LPF)라고 부른다. 일반적으로 시스템과 필터는 같은 의미로 사용된다.

예제 **어느 시스템의 임펄스응답과 입력은 다음과 같다.**

$$h[n] = \{\underset{\uparrow}{1/3},\ 1/3, 1/3\}$$

$$x[n] = \{\underset{\uparrow}{1},\ 1/2,\ 1,\ 1/2,\ 1, 1/2,\ \cdots\}$$

출력을 구하시오.

풀이 입력 신호는 직류성분의 저주파수와 고주파수 성분을 갖고 있다. 슬라이딩 방식을 표를 사용하여 적용하면 다음과 같다.

표 3-1 **예제의 출력**

$y[n]$	1/3	1/2	5/6	4/6	5/6	4/6	5/6	4/6	5/6	4/6	5/6	4/6	5/6
k	0	1	2	3	4	5	6	7	8	9	10	11	12
$h[k]$	1/3	1/3	1/3										
$x[0-k]$	1												
$x[1-k]$	1/2	1											
$x[2-k]$	1	1/2	1										
$x[3-k]$	1/2	1	1/2	1									
$x[4-k]$	1	1/2	1	1/2	1								
$x[5-k]$	1/2	1	1/2	1	1/2	1							
$x[6-k]$	1	1/2	1	1/2	1	1/2	1						

표 3-1 예제의 출력(계속)

$y[n]$	1/3	1/2	5/6	4/6	5/6	4/6	5/6	4/6	5/6	4/6	5/6	4/6	5/6
$x[7-k]$	1/2	1	1/2	1	1/2	1	1/2	1					
$x[8-k]$	1	1/2	1	1/2	1	1/2	1	1/2	1				
$x[9-k]$	1/2	1	1/2	1	1/2	1	1/2	1	1/2	1			
$x[10-k]$	1	1/2	1	1/2	1	1/2	1	1/2	1	1/2	1		
$x[11-k]$	1/2	1	1/2	1	1/2	1	1/2	1	1/2	1	1/2	1	
$x[12-k]$	1	1/2	1	1/2	1	1/2	1	1/2	1	1/2	1	1/2	1

이 출력을 그림으로 나타내면 그림 3-11과 같다.

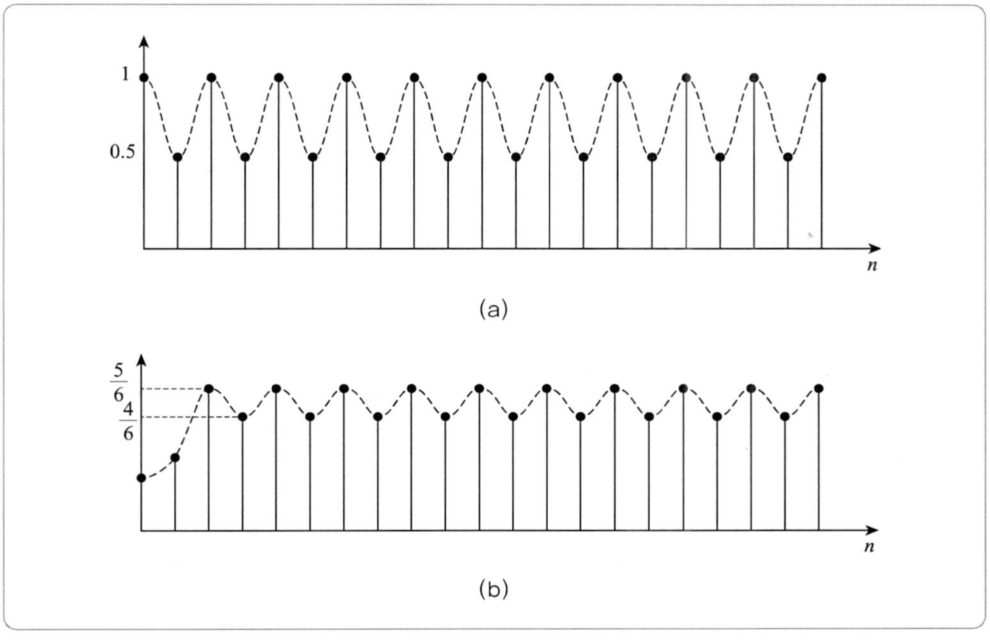

그림 3-11 예제의 입출력 (a) 입력, (b) 출력

그림에서 보듯이 0.75의 입력 직류성분은 출력에서도 0.75이므로 이득이 1임을 알 수 있다. 그러나 진폭이 0.25인 입력의 고주파수 성분은 출력에서는 진폭이 0.0833 (5/6−4/6=1/6, 1/6×1/2=0.0833)으로 줄었으므로 이득이 0.33이다. 따라서 이 임펄스 응답은 저역통과 필터임을 알 수 있으며 주파수응답은 그림 3-8과 같다. 그림 3-11의 출력을 관찰하면 정상상태의 5/6과 4/6의 출력이 나올 때까지 2개의 과도 상태가 출력되고 있음을 관찰할 수 있다.

그림 3-12와 같은 주파수응답을 이상적인 저역통과 필터(ideal LPF)라고 한다. 그림에서 필터 이득이 1인 0부터 ω_c까지의 주파수 대역을 통과대역(pass band)이라고 하고 필터 이득이 0인 ω_c부터 π까지의 주파수 대역을 저지대역(stop band)이라고 한다. 아래 그림은 통과대역 이득과 저지대역 이득이 완전한 1과 0이며 통과대역에서 저지대역으로의 기울기가 90도이므로 이상적인 저역통과 필터라고 부른다.

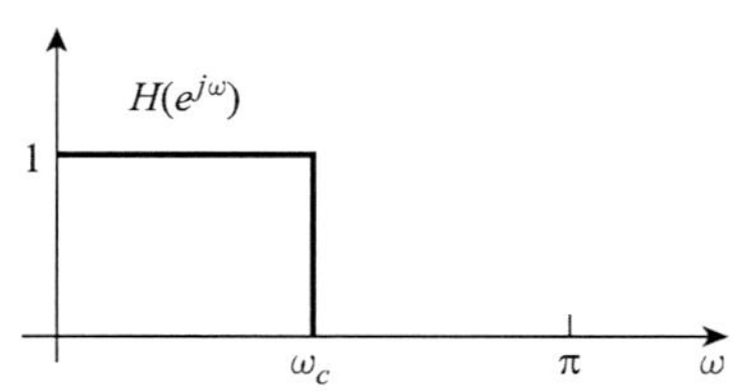

그림 3-12 이상적인 저역통과 필터의 주파수응답

이 주파수응답은 다음의 식으로 나타낼 수 있다.

$$H(e^{j\omega}) = \begin{cases} 1, & |\omega| < \omega_c \\ 0, & \omega_c < |\omega| \leq \pi \end{cases}$$

이 주파수응답을 역 DTFT하면 임펄스응답을 구할 수 있다. 위의 이상적인 저역통과 필터의 주파수응답을 만족하는 임펄스응답을 구해보기로 한다.

$$h[n] = \frac{1}{2\pi}\int_{-\pi}^{\pi} H(e^{j\omega})e^{j\omega n}d\omega = \frac{1}{2\pi}\int_{-\omega_c}^{\omega_c} e^{j\omega n}d\omega = \frac{1}{2\pi}\left[\frac{e^{j\omega n}}{jn}\right]_{-\omega_c}^{\omega_c}$$

$$= \frac{1}{\pi n}\frac{e^{j\omega_c n} - e^{-j\omega_c n}}{2j} = \frac{\sin\omega_c n}{\pi n}, \quad -\infty < n < \infty$$

위의 필터에서 통과대역 주파수가 $\omega_c = \pi/2$인 경우에 임펄스응답을 그려보면 다음 그림과 같다.

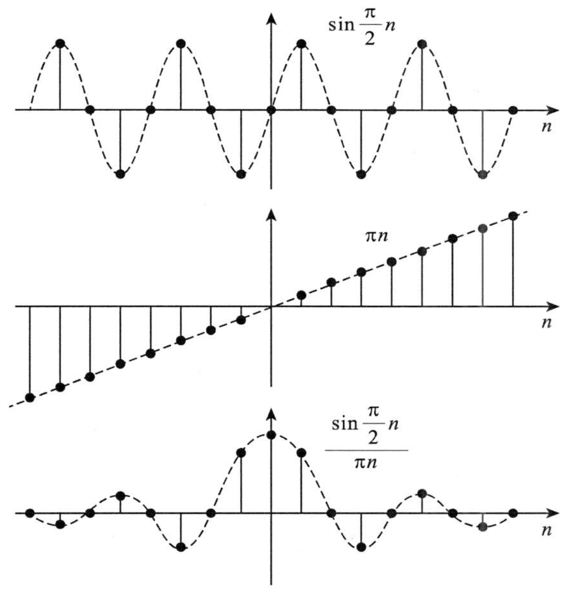

그림 3-13 이상적인 저역통과 필터의 임펄스응답($\omega_c = \pi/2$)

이와 같은 이상적인 저역통과 필터의 임펄스응답은 길이가 무한대이므로 구현할 수 없다. 또한 $n < 0$일 때에도 임펄스응답이 있으므로 인과 시스템이 아니다. 따라서 구

현 가능한 인과 시스템으로 만들기 위해서 위의 임펄스응답의 길이를 $-M$에서 M까지 제한한 다음에 우측으로 M만큼 쉬프트해서 사용한다. M이 5인 경우에 임펄스응답은 다음 그림과 같다.

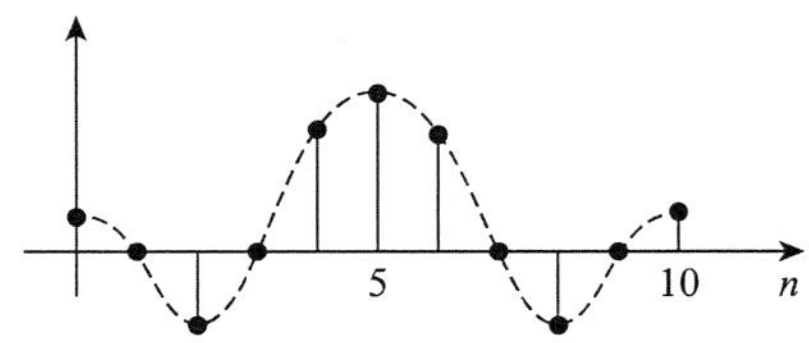

그림 3-14 $M=10$**인 저역통과 필터의 임펄스응답**($\omega_c=\pi/5$)

예제 **어느 시스템의 임펄스응답은 다음과 같다.**

$$h[n]=\frac{1}{3}\{-\delta[n]+\delta[n-1]-\delta[n-2]\}$$

진폭응답과 위상응답을 구하시오.

풀이 주파수응답은 다음과 같다.

$$H(e^{j\omega})=\sum_{n=-\infty}^{\infty}\frac{1}{3}\{-\delta[n]+\delta[n-1]-\delta[n-2]\}e^{-j\omega n}$$

$$=\frac{1}{3}\{-1+e^{-j\omega}-e^{-j2\omega}\}$$

$$=\frac{1}{3}\{-e^{-j\omega}(e^{j\omega}+e^{-j\omega})+e^{-j\omega}\}$$

$$=\frac{1}{3}\{-2\cos\omega+1\}e^{-j\omega}$$

위의 주파수응답으로부터 진폭응답과 위상응답을 다음과 같이 나누어 구할 수 있다.

$$|H(e^{j\omega})| = \left|\frac{1}{3}\{-2\cos\omega + 1\}\right|$$

$$\measuredangle H(e^{j\omega}) = -\omega$$

진폭응답과 위상응답을 그림으로 나타내면 다음 그림과 같다.

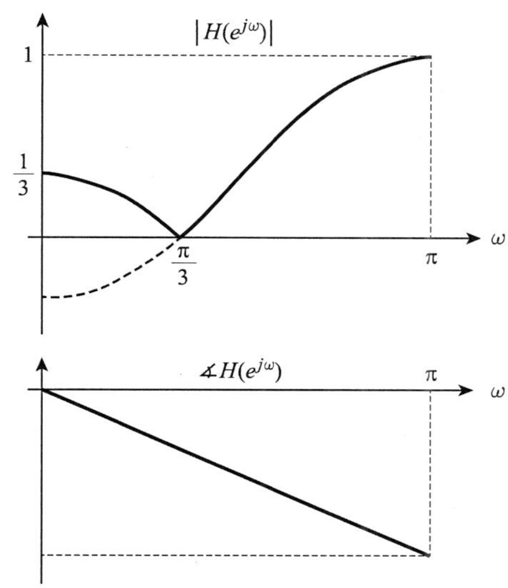

그림 3-15 예제의 주파수응답 (a) 진폭응답, (b) 위상응답

그림 3-15의 진폭응답을 보면 저주파수 대역의 이득은 매우 작고 고주파수 대역의 이득은 상대적으로 매우 큼을 관찰할 수 있다. 이와 같은 시스템을 고역통과 필터(High-Pass Filter, HPF)라고 부른다.

예제 어느 시스템의 임펄스응답과 입력은 다음과 같다. 출력을 구하시오.

$$h[n] = \{-\underset{\uparrow}{1/3},\ 1/3,\ -1/3\}$$

$$x[n] = \{\underset{\uparrow}{1},\ 1/2,\ 1,\ 1/2,\ 1, 1/2,\ \cdots\}$$

풀이 입력 신호는 직류성분의 저주파수와 고주파수 성분을 갖고 있다. 슬라이딩 방식을 표를 사용하여 적용하면 다음과 같다.

표 3-2 예제의 출력

$y[n]$	−1/3	1/6	−1/2	0	−1/2	0	−1/2	0	−1/2	0	−1/2	0	−1/2
k	0	1	2	3	4	5	6	7	8	9	10	11	12
$h[k]$	−1/3	1/3	−1/3										
$x[0-k]$	1												
$x[1-k]$	1/2	1											
$x[2-k]$	1	1/2	1										
$x[3-k]$	1/2	1	1/2	1									
$x[4-k]$	1	1/2	1	1/2	1								
$x[5-k]$	1/2	1	1/2	1	1/2	1							
$x[6-k]$	1	1/2	1	1/2	1	1/2	1						
$x[7-k]$	1/2	1	1/2	1	1/2	1	1/2	1					
$x[8-k]$	1	1/2	1	1/2	1	1/2	1	1/2	1				
$x[9-k]$	1/2	1	1/2	1	1/2	1	1/2	1	1/2	1			
$x[10-k]$	1	1/2	1	1/2	1	1/2	1	1/2	1	1/2	1		
$x[11-k]$	1/2	1	1/2	1	1/2	1	1/2	1	1/2	1	1/2	1	
$x[12-k]$	1	1/2	1	1/2	1	1/2	1	1/2	1	1/2	1	1/2	1

이 출력을 그림으로 나타내면 다음 그림과 같다.

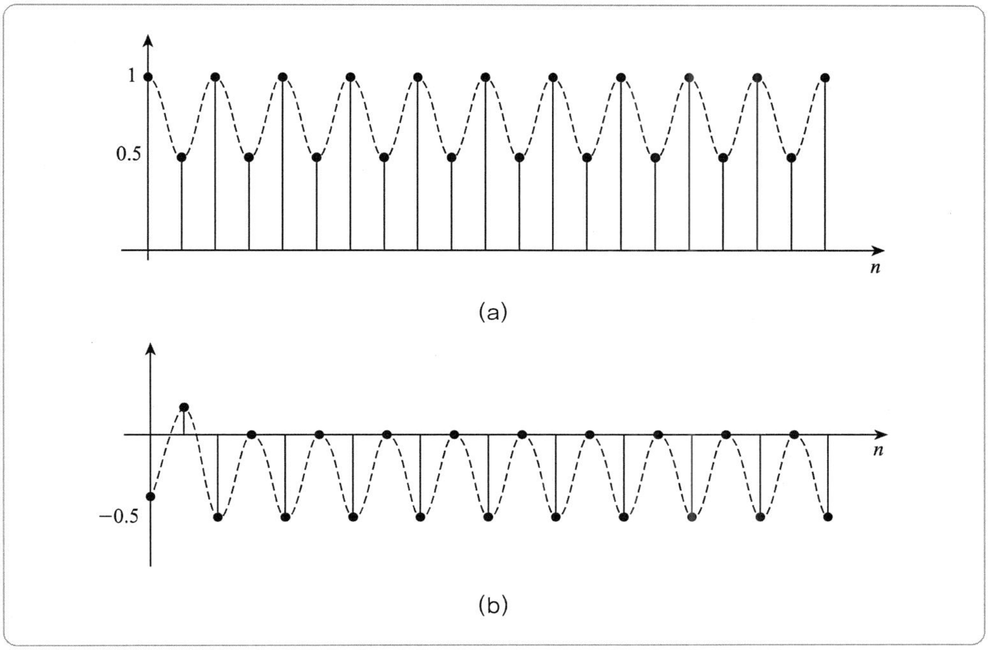

그림 3-16 예제의 입력과 출력

그림에서 보듯이 0.75의 입력 직류성분은 출력에서는 0.25로 이득이 0.33임을 알 수 있다. 그러나 진폭이 0.25인 입력의 고주파수 성분은 출력에서는 진폭이 0.25이므로 이득이 1이다. 따라서 이 임펄스응답은 고역통과 필터임을 알 수 있다.

3.3 DTFT의 성질

이 절에서는 DTFT가 디지털신호처리 시스템에서 유용하게 사용되기 위하여 어떤 중요한 성질들을 갖고 있는지 알아보도록 한다.

3.3.1 선형성

2개의 신호 $x_1[n]$과 $x_2[n]$대한 DTFT를 각각 $X_1(e^{j\omega})$, $X_2(e^{j\omega})$라고 하자. 이 때 두 신호의 가중 합에 대한 DTFT는 다음과 같다.

$$a\,x_1[n]+b\,x_2[n]\xleftrightarrow{\text{DTFT}}a\,X_1(e^{j\omega})+b\,X_2(e^{j\omega})$$

위의 성질을 DTFT의 선형성(linearity)이라고 한다. 위의 식에서 a와 b는 상수의 계수들이다.

3.3.2 시간 쉬프팅(time shifting)

어느 디지털신호 $x[n]$에 대한 DTFT를 $X(e^{j\omega})$라고 하자. 이 때 $x[n]$의 신호를 우측으로 k 만큼 쉬프트시킨 신호인 $x[n-k]$의 DTFT는 다음과 같다.

$$x[n-k]\xleftrightarrow{\text{DTFT}}e^{-j\omega k}X(e^{j\omega})$$

증명 $$\sum_{n=-\infty}^{\infty}x[n-k]e^{-j\omega n}=\sum_{m=-\infty}^{\infty}x[m]e^{-j\omega(m+k)}=e^{-j\omega k}\sum_{m=-\infty}^{\infty}x[m]e^{-j\omega m}$$

$$=e^{-j\omega k}X(e^{j\omega})$$

3.3.3 주파수 쉬프팅(frequency shifting)

어느 디지털신호 $x[n]$에 대한 DTFT를 $X(e^{j\omega})$라고 하자. 이 때 $X(e^{j\omega})$의 스펙트럼을 우측으로 ω_0 만큼 쉬프트시킨 $X(e^{j(\omega-\omega_0)})$의 역 DTFT는 다음과 같다.

$$e^{j\omega_0 n}x[n] \xleftrightarrow{\text{DTFT}} X(e^{j(\omega-\omega_0)})$$

위의 시간 쉬프팅과 주파수 쉬프팅의 성질에서 보듯이 어느 한쪽에서 주파수가 곱해지면 다른 영역에서는 쉬프트가 일어남을 알 수 있다.

3.3.4 모듈레이션(modulation)

어느 디지털신호 $x[n]$에 대한 DTFT를 $X(e^{j\omega})$라고 하자. 이 때 $x[n]$의 신호를 $\cos\omega_0 n$으로 모듈레이션 시킨 신호의 스펙트럼은 다음과 같다.

$$x[n]\cos\omega_0 n \xleftrightarrow{\text{DTFT}} \frac{1}{2}X(e^{j(\omega+\omega_0)}) + \frac{1}{2}X(e^{j(\omega-\omega_0)})$$

증명 $x[n]\cos\omega_0 n$은 다음과 같이 나타낼 수 있다.

$$x[n]\cos\omega_0 n = x[n]\frac{e^{j\omega_0 n} + e^{-j\omega_0 n}}{2}$$

위의 식에 주파수 쉬프팅을 적용하면 위의 모듈레이션 성질을 얻을 수 있다.

3.3.5 컨볼류션

어느 시스템에서 입력 $x[n]$과 임펄스응답 $h[n]$이 주어지면 출력 $y[n]$은 다음과 같이 디지털 컨볼류션으로 표현된다.

$$y[n] = h[n]*x[n]$$

이 때 $x[n]$, $h[n]$, $y[n]$의 DTFT를 각각 $X(e^{j\omega})$, $H(e^{j\omega})$, $Y(e^{j\omega})$라고 하면 스펙트럼들 사이에 다음의 관계가 성립한다.

$$Y(e^{j\omega}) = H(e^{j\omega})X(e^{j\omega})$$

증명

$$Y(e^{j\omega}) = \sum_{n=-\infty}^{\infty} y[n]e^{-j\omega n} = \sum_{n=-\infty}^{\infty} \left\{ \sum_{k=-\infty}^{\infty} h[k]x[n-k] \right\} e^{-j\omega n}$$

$$= \sum_{k=-\infty}^{\infty} h[k] \left\{ \sum_{n=-\infty}^{\infty} x[n-k]e^{-j\omega n} \right\}$$

$$= \sum_{k=-\infty}^{\infty} h[k] \left\{ \sum_{m=-\infty}^{\infty} x[m]e^{-j\omega(k+m)} \right\}$$

$$= \sum_{k=-\infty}^{\infty} h[k]e^{-j\omega k} \left\{ \sum_{m=-\infty}^{\infty} x[m]e^{-j\omega m} \right\} = H(e^{j\omega})X(e^{j\omega})$$

위의 식으로부터 두 신호의 디지털 컨볼류션은 주파수 영역에서 곱으로 표시됨을 알 수 있다. 다음의 예제를 통하여 주파수 영역에서 출력이 어떻게 표현되는지 알아보자.

예제 **다음의 주어진 입력 스펙트럼과 주파수응답으로부터 출력 신호의 스펙트럼을 구하시오.**

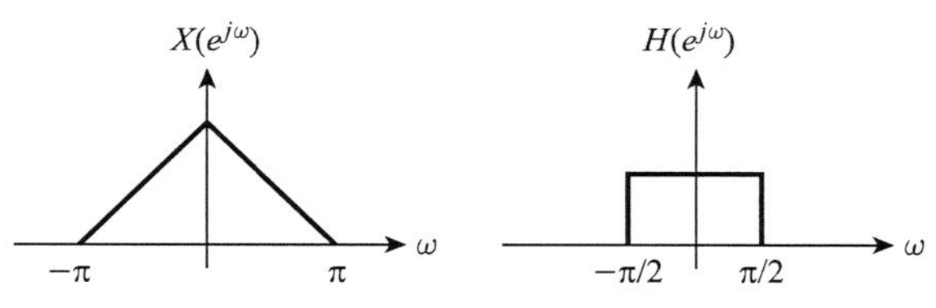

그림 3-17 입력 스펙트럼과 주파수응답

풀이 출력의 스펙트럼은 다음과 같이 입력 스펙트럼과 주파수응답의 곱으로 다음 그림 3-18과 같이 구할 수 있다.

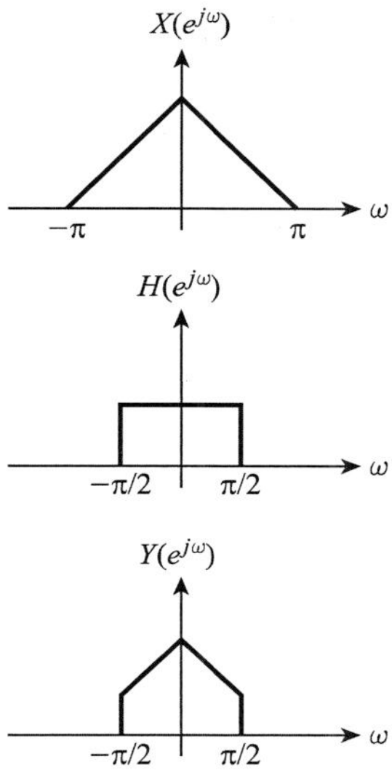

그림 3-18 출력의 스펙트럼

위의 예제에서 보듯이 어떤 신호에서 특정한 주파수 대역을 뽑아내는 필터의 개념은 주파수 영역에서 스펙트럼으로 이해하는 것이 편리하다. 위의 예제에서 필터는 0에서 $\pi/2$까지의 주파수를 걸러내고 있음을 볼 수 있다. 필터는 위와 같이 DTFT를 사용하면 이해하기 쉬우나 실제 출력을 구하는 처리는 시간영역에서 디지털 컨볼류션을 사용하는 것이 일반적이다. 따라서 실제로는 위의 주파수응답을 갖는 임펄스응답이 필요하다.

3.3.6 Windowing 정리

디지털신호 $x[n]$의 어느 구간을 선택하기 위하여 다음과 같이 $w[n]$을 곱하는 연산을 windowing이라고 한다.

$$y[n]=x[n]w[n]$$

이때 $x[n]$, $w[n]$, $y[n]$의 DTFT를 각각 $X(e^{j\omega})$, $W(e^{j\omega})$, $Y(e^{j\omega})$라고 하면 스펙트럼들 사이에 다음의 관계가 성립한다.

$$Y(e^{j\omega})=\frac{1}{2\pi}X(e^{j\omega})*W(e^{j\omega})$$

증명

$$\begin{aligned}
Y(e^{j\omega}) &= \sum_{n=-\infty}^{\infty} y[n]e^{-j\omega n} = \sum_{n=-\infty}^{\infty} x[n]w[n]e^{-j\omega n} \\
&= \sum_{n=-\infty}^{\infty}\left\{\frac{1}{2\pi}\int_{-\pi}^{\pi}X(e^{j\theta})e^{j\theta n}\right\}w[n]e^{-j\omega n} \\
&= \frac{1}{2\pi}\int_{-\pi}^{\pi}X(e^{j\theta})\left\{\sum_{n=-\infty}^{\infty}w[n]e^{-j(\omega-\theta)n}\right\}d\theta \\
&= \frac{1}{2\pi}\int_{-\pi}^{\pi}X(e^{j\theta})\,W(e^{j(\omega-\theta)})d\theta = \frac{1}{2\pi}X(e^{j\omega})*W(e^{j\omega})
\end{aligned}$$

위의 windowing 정리와 컨볼류션 성질을 비교해보면 어느 한 영역에서 곱의 연산이 다른 영역에서 컨볼류션이 됨을 알 수 있다. 그러나 $X(e^{j\omega})$와 $W(e^{j\omega})$의 스펙트럼은 연속함수이므로 아날로그 컨볼류션이 된다.

참고 아날로그신호를 처리하는 시스템에서 입력과 임펄스응답을 각각 $x(t)$와 $h(t)$라고 하면 출력 $y(t)$는 다음과 같이 아날로그 컨볼류션으로 구한다.

$$y(t)=h(t)*x(t)=\int_{-\infty}^{\infty}h(\tau)x(t-\tau)d\tau$$

위의 식을 아날로그 컨볼류션이라고 정의한다.

3.3.7 Parseval 정리

어느 디지털신호 $x[n]$에 대한 DTFT를 $X(e^{j\omega})$라고 하자. 이 때 신호 $x[n]$의 에너지는 다음과 같이 스펙트럼의 에너지의 $1/2\pi$과 같다.

$$\text{신호의 에너지} = \sum_{n=-\infty}^{\infty} |x[n]|^2 = \frac{1}{2\pi}\int_{-\pi}^{\pi} |X(e^{j\omega})|^2 d\omega$$

증명

$$\sum_{n=-\infty}^{\infty} |x[n]|^2 = \sum_{n=-\infty}^{\infty} x[n]x^*[n] = \sum_{n=-\infty}^{\infty} x[n]\left\{\frac{1}{2\pi}\int_{-\pi}^{\pi} X(e^{j\omega})e^{j\omega n}d\omega\right\}^*$$

$$= \sum_{n=-\infty}^{\infty} x[n]\left\{\frac{1}{2\pi}\int_{-\pi}^{\pi} X^*(e^{j\omega})e^{-j\omega n}d\omega\right\}$$

$$= \frac{1}{2\pi}\int_{-\pi}^{\pi} X^*(e^{j\omega})\left\{\sum_{n=-\infty}^{\infty} x[n]e^{-j\omega n}\right\}d\omega$$

$$= \frac{1}{2\pi}\int_{-\pi}^{\pi} X^*(e^{j\omega})X(e^{j\omega})d\omega$$

$$= \frac{1}{2\pi}\int_{-\pi}^{\pi} |X(e^{j\omega})|^2 d\omega$$

예제 **신호 $x[n] = \delta[n]$의 에너지와 그 스펙트럼 $X(e^{j\omega})$의 에너지가 Parseval 정리를 만족함을 보이시오.**

풀이 임펄스신호의 에너지와 그 스펙트럼의 에너지는 각각 다음과 같다.

$$\text{신호의 에너지} = \sum_{n=-\infty}^{\infty} |\delta[n]|^2 = 1$$

$$X(e^{j\omega}) = \sum_{n=-\infty}^{\infty} \delta[n]e^{-j\omega n} = 1$$

$$\therefore \text{ 스펙트럼의 에너지} = \int_{-\pi}^{\pi} |X(e^{j\omega})|^2 d\omega = 2\pi$$

따라서 스펙트럼 에너지의 $1/2\pi$이 신호의 에너지와 같음을 알 수 있다.

지금까지 알아본 DTFT의 여러 성질 이외에 다음과 같은 몇 가지 중요한 DTFT 쌍이 있다.

$$\delta[n] \longleftrightarrow 1$$

$$\delta[n-k] \longleftrightarrow e^{j\omega k}$$

$$1(-\infty < n < \infty) \longleftrightarrow \sum_{k=-\infty}^{\infty} 2\pi\delta(\omega + 2\pi k)$$

$$a^n u[n] \longleftrightarrow \frac{1}{1 - ae^{-j\omega}}$$

연습문제

1. 어떤 LTI 시스템의 임펄스응답이 $g[n]$이며 주파수 응답은 다음과 같다. 즉,

$$G(e^{j\omega}) = \begin{cases} 1, & |\omega| \le \dfrac{\pi}{4} \\ 0, & \dfrac{\pi}{4} < |\omega| \le \pi \end{cases}$$

또 다른 어느 시스템의 임펄스응답은 다음과 같다. 즉,

$$h[n] = (-1)^n g[n]$$

그리고 이 시스템으로 입력되는 입력신호의 DTFT는 다음과 같다.

$$X(e^{j\omega}) = 1 - \frac{|\omega|}{2\pi} \text{ for } |\omega| \le \pi$$

이 시스템의 출력신호 $y[n] = h[n] * x[n]$의 DTFT $Y(e^{j\omega})$를 그리시오.

2. 다음과 같은 신호가 있다.

$$x[n] = 0.25^n u[n+2]$$

(a) 위 신호의 DTFT인 $X(e^{j\omega})$를 구하시오.

(b) $\int_{-\pi}^{\pi} X(e^{j\omega}) d\omega$를 구하시오.

(c) $\int_{-\pi}^{\pi} |X(e^{j\omega})|^2 d\omega$ 를 구하시오.

3. 어떤 LTI 시스템의 임펄스응답 $h[n]$이 다음과 같다.

$$h[n]=\frac{1}{3}\{\delta[n]+\delta[n-1]+\delta[n-2]\}$$

진폭응답 $|H(e^{j\omega})|$를 그리시오.($\omega=0$과 $\omega=\pi$ 에서의 값을 표시하시오.)

4. 어떤 LTI 시스템의 임펄스응답 $h[n]$은 다음과 같다.

$$h[n]=0.5\delta[n]-0.5\delta[n-1]$$

진폭응답 $|H(e^{j\omega})|$를 그리시오.($\omega=0$과 $\omega=\pi$ 에서의 값을 표시하시오.)

5. 어느 LTI 시스템의 임펄스응답 $h[n]$은 다음과 같다.

$$h[n]=0.5\delta[n]-0.5\delta[n-2]$$

진폭응답 $|H(e^{j\omega})|$를 그리시오.($\omega=0$과 $\omega=\pi$ 에서의 값을 표시하시오.)

6. 어느 LTI 시스템의 임펄스응답 $h[n]$은 다음과 같다.

$$h[n]=0.5\delta[n]-0.5\delta[n-4]$$

진폭응답 $|H(e^{j\omega})|$를 그리시오.($\omega=0$과 $\omega=\pi$ 에서의 값을 표시하시오.)

7. 어느 LTI 시스템의 주파수응답이 다음과 같다.

$$H(e^{j\omega})=\begin{cases}1, & |\omega|\le\dfrac{\pi}{3}\\ 0, & \dfrac{\pi}{3}<|\omega|\le\pi\end{cases}$$

이 시스템의 임펄스응답을 구하고 그리시오.

8. 어느 LTI 시스템의 주파수응답이 다음과 같다.

$$H(e^{j\omega}) = \begin{cases} 1, & |\omega| \le \dfrac{\pi}{4} \\ 0, & \dfrac{\pi}{4} < |\omega| \le \pi \end{cases}$$

이 시스템의 임펄스응답을 구하고 그리시오.

9. 어떤 아날로그신호 $x(t)$의 최대 주파수가 4000 Hz이다. 이 아날로그신호를 디지털신호로 만들기 위해서 8000 Hz로 샘플링하였다. 물음에 답하시오.

(a) 최대주파수 4000 Hz의 주파수 성분이 샘플링된 후의 디지털신호 $x_{\pi}[n]$을 구하시오.

(a) 2000 Hz의 주파수 성분이 샘플링된 후의 디지털신호 $x_{\pi/2}[n]$을 구하시오.

10. 어떤 아날로그신호 $x(t)$의 최대 주파수가 24000 Hz이다. 이 아날로그신호를 디지털신호로 만들기 위해서 48000 Hz로 샘플링하였다. 물음에 답하시오.

(a) 최대주파수 24000 Hz의 주파수 성분이 샘플링된 후의 디지털신호 $x_{\pi}[n]$을 구하시오.

(a) 12000 Hz의 주파수 성분이 샘플링된 후의 디지털신호 $x_{\pi/2}[n]$을 구하시오.

11. 어떤 LTI 시스템의 임펄스응답 $h[n]$이 다음과 같다.

$$h[n] = \frac{1}{3}\{\delta[n] + \delta[n-1] + \delta[n-2]\}$$

(a) 진폭응답 $|H(e^{j\omega})|$를 그리고 $\omega = 0.5\pi$ 에서의 이득을 구하시오.

(b) 다음과 같은 $\omega = 0.5\pi$의 주파수성분의 신호가 입력되었다.

$$x[n] = \{\underset{\uparrow}{1},\ 0,\ -1,\ 0,\ 1,\ 0,\ -1,\ 0,\ \cdots\}$$

출력신호를 10개까지 구하시오.

(c) (a)에서 구한 진폭응답의 이득과 일치하는지 기술하시오.

12. 어떤 LTI 시스템의 임펄스응답 $h[n]$이 다음과 같다.

$$h[n] = \frac{1}{3}\{\delta[n] + \delta[n-1] + \delta[n-2]\}$$

(a) 진폭응답 $|H(e^{j\omega})|$를 그리고 $\omega = 0.25\pi$에서의 이득을 구하시오.

(b) 다음과 같은 $\omega = 0.25\pi$의 주파수성분의 신호가 입력되었다.

$$x[n] = \{\underset{\uparrow}{1},\ 0.707, 0,\ -0.707,\ -1,\ -0.707,\ 0,\ 0.707,\ \cdots\}$$

출력신호를 10개까지 구하시오.

(c) (a)에서 구한 진폭응답의 이득과 일치하는지 기술하시오.

13. 어떤 LTI 시스템의 임펄스응답 $h[n]$과 입력신호가 다음과 같다.

$$h[n] = \frac{1}{3}\{\delta[n] + \delta[n-1] + \delta[n-2]\},\ x[n] = \frac{1}{3}\{\delta[n] + \delta[n-1] + \delta[n-2]\}$$

주파수응답 $H(e^{j\omega})$, 입력 스펙트럼 $X(e^{j\omega})$를 구하고 이들을 곱하여 출력 스펙트럼 $Y(e^{j\omega})$를 구하시오.

14. 3-13의 임펄스응답 $h[n]$과 입력신호에서 컨볼류션을 사용하여 출력 $y[n]$을 구하고, DTFT를 사용하여 출력 스펙트럼 $Y(e^{j\omega})$를 구하시오. 이 스펙트럼이 3-13의 결과와 일치하는지 기술하시오.

CHAPTER

4 DFT

4.1 DFT의 정의

디지털 신호의 다음과 같은 주파수 영역 변환을 이산 푸리에변환(Discrete Fourier Transform, DFT)이라고 한다.

$$X(k) = \sum_{n=0}^{N-1} x[n] e^{-j\frac{2\pi}{N}kn}, \quad k = 0,\ 1,\ \cdots,\ N-1$$

이 식에서 보듯이 N개의 시간영역의 디지털 신호 $x[n]$을 N개의 주파수 영역의 디지털 신호 $X(k)$로 변환한다. 그런데 이 변환은 다음의 DTFT와 매우 비슷하다.

$$X(e^{j\omega}) = \sum_{n=0}^{N-1} x[n] e^{-j\omega n}$$

위의 두 변환이 다른 점은 DFT는 주파수 축의 표기가 k인 이산신호이며, DTFT는 주파수 축의 표기가 ω인 연속신호이다. 위의 식을 비교해보면 DTFT에서 $\omega = (2\pi/N)k$일 때 DFT와 같아짐을 알 수 있다. 즉, 두 변환은 다음의 관계가 있다.

$$X(k) = \begin{cases} X(e^{j\omega})|_{\omega=(2\pi/N)k}, & 0 \le k \le N-1 \\ 0 & \text{otherwise} \end{cases}$$

위의 관계를 그림으로 표현하면 그림 4-1과 같다.

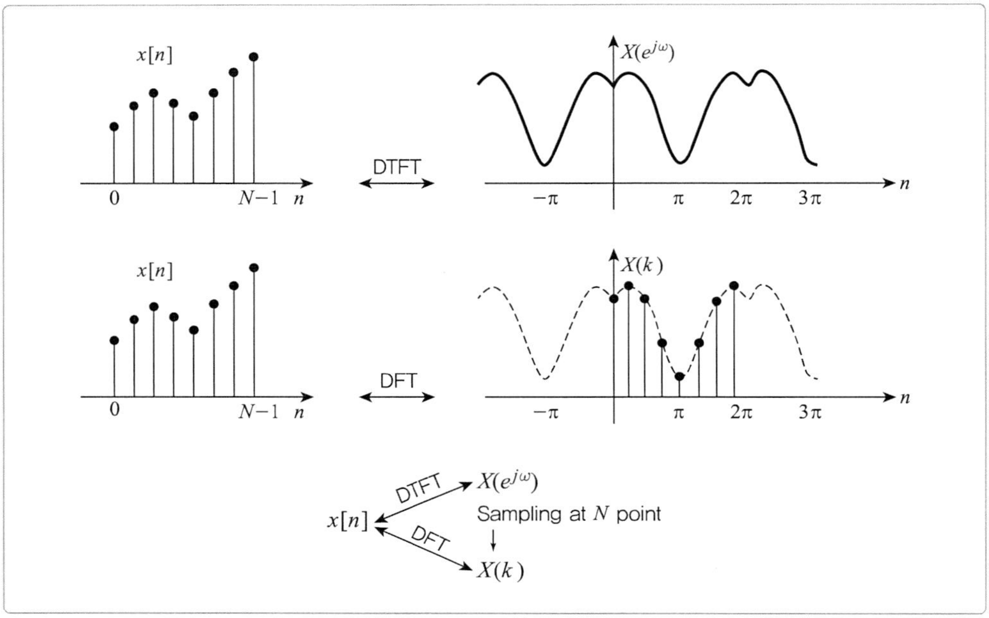

그림 4-1 DFT와 DTFT의 관계

N개의 신호 $x[n]$과 N개의 신호 $X(k)$의 관계인 DFT는 다음과 같이 표기한다.

$$x[n] \xleftrightarrow{\text{DFT}} X(k)$$

$$\text{DFT:} \quad X(k) = \sum_{n=0}^{N-1} x[n]\, W^{kn}, \quad W = e^{-j\frac{2\pi}{N}}$$

$$\text{역 DFT:} \quad x[n] = \frac{1}{N}\sum_{k=0}^{N-1} X(k)\, W^{-kn}$$

주파수 변환인 DFT는 디지털 신호이므로 저장이 용이하다. 따라서 DTFT에 비해 실무에서 더 많이 사용되고 있다.

예제 다음 그림의 디지털신호 $x[n]$에 대한 DTFT $|X(e^{j\omega})|$를 $0 \le \omega \le 2\pi$의 구간에서 그리시오. 또한 3-point DFT $|X(k)|$를 구하고 DTFT와 DFT의 관계를 설명하시오.

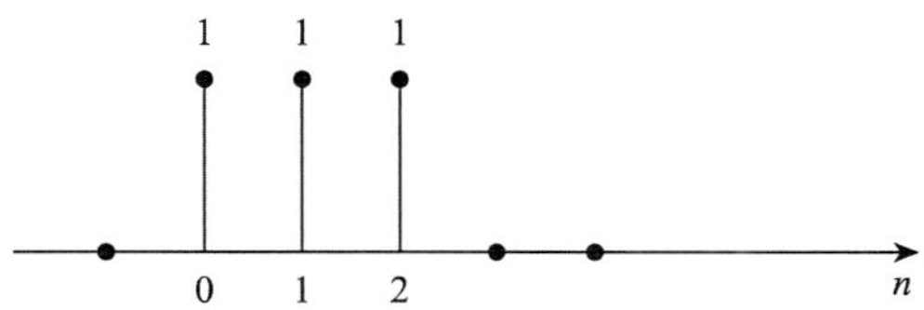

그림 4-2 예제를 위한 이산신호

풀이 DTFT를 구하면 다음과 같다.

$$X(e^{j\omega}) = \sum_{n=0}^{2} x[n]e^{-j\omega n} = 1 + e^{-j\omega} + e^{-j2\omega}$$

$$= e^{-j\omega}(e^{j\omega} + e^{-j\omega}) + e^{-j\omega}$$

$$= 2\cos\omega e^{-j\omega} + e^{-j\omega} = (2\cos\omega + 1)e^{-j\omega}$$

따라서 진폭 스펙트럼 $|X(e^{j\omega})|$ 는 다음과 같다.

$$|X(e^{j\omega})| = |2\cos\omega + 1|$$

진폭 스펙트럼 $|X(e^{j\omega})|$의 그림은 그림 4-3과 같다.

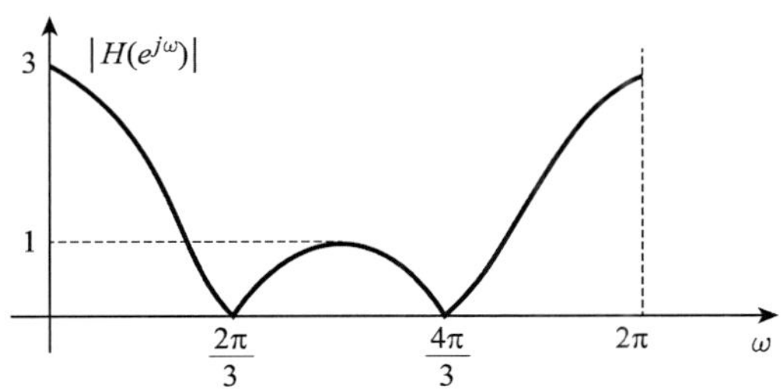

그림 4-3 예제의 DTFT의 진폭 스펙트럼

이제 3-point DFT는 $N=3$이므로 다음과 같다.

$$X(k)=\sum_{n=0}^{2} x[n]e^{-j\frac{2\pi}{3}kn}, \qquad k=0,1,2$$

$k=0$, 1, 2인 경우를 각각 구해보자.

i) $k=0$, $X(0)=\sum_{n=0}^{2} x[n]=1+1+1=3$

ii) $k=1$, $X(1)=\sum_{n=0}^{2} x[n]e^{-j\frac{2\pi}{3}n}=1+e^{-j\frac{2\pi}{3}}+e^{-j\frac{2\pi}{3}2}$

$$=e^{-j\frac{2\pi}{3}}(e^{j\frac{2\pi}{3}}+e^{-j\frac{2\pi}{3}})+e^{-j\frac{2\pi}{3}}$$

$$=2\cos\frac{2\pi}{3}e^{-j\frac{2\pi}{3}}+e^{-j\frac{2\pi}{3}}=(2\cos\frac{2\pi}{3}+1)e^{-j\frac{2\pi}{3}}$$

$\therefore |X(1)|=\left|2\cos\frac{2\pi}{3}+1\right|=0$

iii) $k=2$, $X(2)=\sum_{n=0}^{2} x[n]e^{-j\frac{4\pi}{3}n}=1+e^{-j\frac{4\pi}{3}}+e^{-j\frac{4\pi}{3}2}$

$$=e^{-j\frac{4\pi}{3}}(e^{j\frac{4\pi}{3}}+e^{-j\frac{4\pi}{3}})+e^{-j\frac{4\pi}{3}}$$

$$=2\cos\frac{4\pi}{3}e^{-j\frac{4\pi}{3}}+e^{-j\frac{4\pi}{3}}=(2\cos\frac{4\pi}{3}+1)e^{-j\frac{4\pi}{3}}$$

$\therefore |X(2)|=\left|2\cos\frac{4\pi}{3}+1\right|=0$

3-point DFT에 대한 진폭 스펙트럼 $|X(k)|$는 다음 그림과 같다.

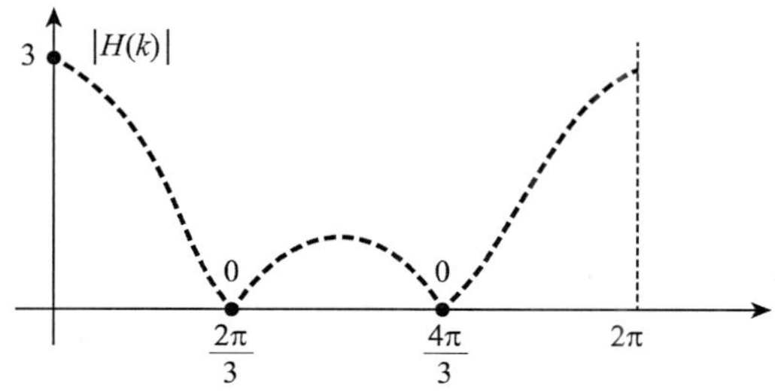

그림 4-4 예제의 DFT의 진폭 스펙트럼

위의 두 그림에서 보듯이 3-point DFT는 DTFT의 표본값임을 알 수 있다.

위의 예제에서 알 수 있듯이 DTFT $X(e^{j\omega})$에서 DFT $X(k)$를 구할 경우에 $X(e^{j\omega})$의 표본값을 이용할 수 있다.

예제 **다음 그림의 디지털신호 $x[n]$에 대한 DTFT $|X(e^{j\omega})|$를 $0 \le \omega \le 2\pi$의 구간에서 그리시오. 또한 4-point DFT $|X(k)|$를 구하고 DTFT와 DFT의 관계를 설명하시오.**

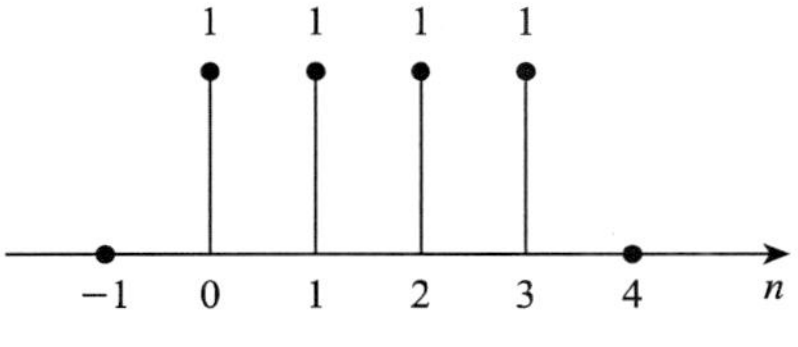

그림 4-5 예제를 위한 이산신호

풀이 DTFT를 구하면 다음과 같다.

$$X(e^{j\omega}) = \sum_{n=0}^{3} x[n]e^{-j\omega n} = 1 + e^{-j\omega} + e^{-j2\omega} + e^{-j3\omega}$$

$$= (e^{j\frac{3}{2}\omega} + e^{-j\frac{3}{2}\omega})e^{-j\frac{3}{2}\omega} + (e^{j\frac{1}{2}\omega} + e^{-j\frac{1}{2}\omega})e^{-j\frac{3}{2}\omega}$$

$$= \left(2\cos\frac{3}{2}\omega\right)e^{-j\frac{3}{2}\omega} + \left(2\cos\frac{1}{2}\omega\right)e^{-j\frac{3}{2}\omega}$$

$$= \left(2\cos\frac{3}{2}\omega + 2\cos\frac{1}{2}\omega\right)e^{-j\frac{3}{2}\omega}$$

$$\therefore X(e^{j\omega}) = \left|2\left(\cos\frac{3}{2}\omega + \cos\frac{1}{2}\omega\right)\right|$$

진폭 스펙트럼 $|X(e^{j\omega})|$의 그림은 그림 4-6과 같다.

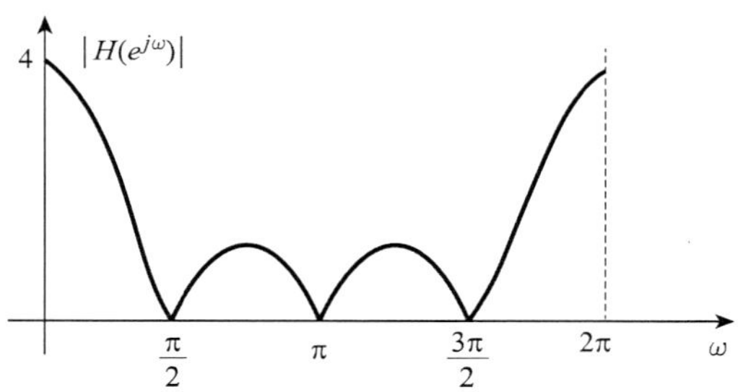

그림 4-6 예제의 DTFT의 진폭 스펙트럼

이제 4-point DFT는 $N=4$이므로 다음과 같다.

$$X(k) = \sum_{n=0}^{3} x[n]e^{-j\frac{2\pi}{4}kn}, \quad k = 0,\ 1,\ 2,\ 3$$

$k = 0,\ 1,\ 2,\ 3$인 경우를 각각 구해보자.

i) $k=0,\ X(0)=\sum_{n=0}^{3} x[n]=1+1+1+1=4$

ii) $k=1,\ X(1)=\sum_{n=0}^{3} x[n]e^{-j\frac{2\pi}{4}n}=1+e^{-j\frac{2\pi}{4}}+e^{-j\frac{4\pi}{4}}+e^{-j\frac{6\pi}{4}}$

$$=e^{-j\frac{3\pi}{4}}(e^{j\frac{3\pi}{4}}+e^{-j\frac{3\pi}{4}})+e^{-j\frac{3\pi}{4}}(e^{j\frac{\pi}{4}}+e^{-j\frac{\pi}{4}})$$

$$=(2\cos\frac{3\pi}{4}+2\cos\frac{\pi}{4})e^{-j\frac{3\pi}{4}}$$

$$\therefore |X(1)|=\left|2\cos\frac{3\pi}{4}+2\cos\frac{\pi}{4}\right|=0$$

iii) $k=2,\ |X(2)|=0$

iv) $k=3,\ |X(3)|=0$

4-point DFT에 대한 진폭 스펙트럼 $|X(k)|$와 DTFT를 중첩해서 나타내면 다음 그림과 같다.

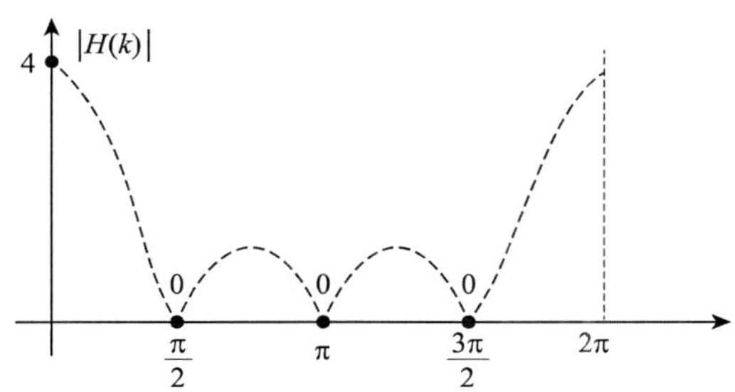

그림 4-7 예제의 DFT의 진폭 스펙트럼

위의 두 그림에서 보듯이 4-point DFT는 DTFT의 샘플값임을 알 수 있다.

64개 길이의 디지털 신호에 대하여 DTFT와 DFT를 비교해보기로 한다. 다음 그림과 같이 7가지 디지털 신호에 대한 DTFT와 DFT를 구하였다. 그림 4-9와 그림 4-10에서 보듯이 DFT는 DTFT의 샘플값임을 알 수 있다.

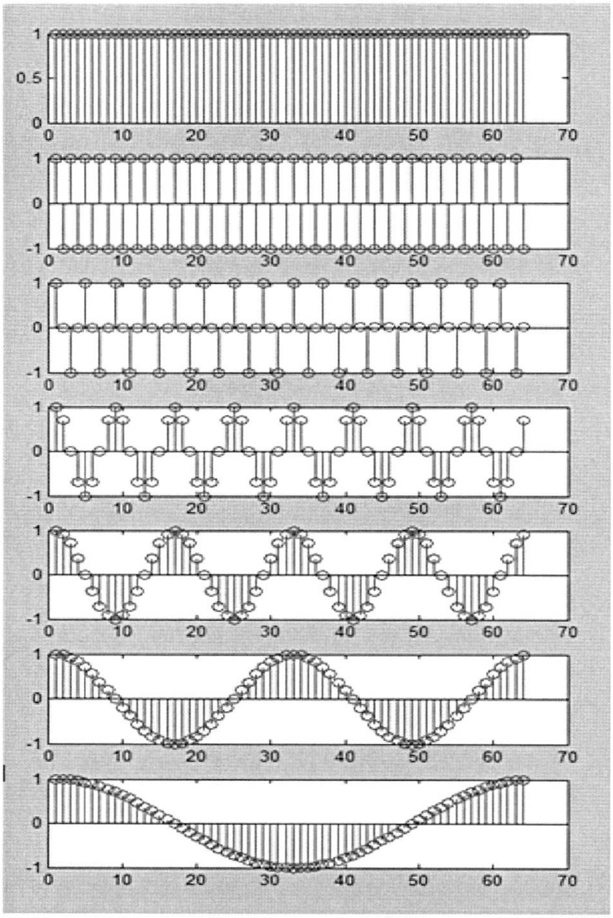

그림 4-8 예제의 디지털 신호(7가지 주파수)

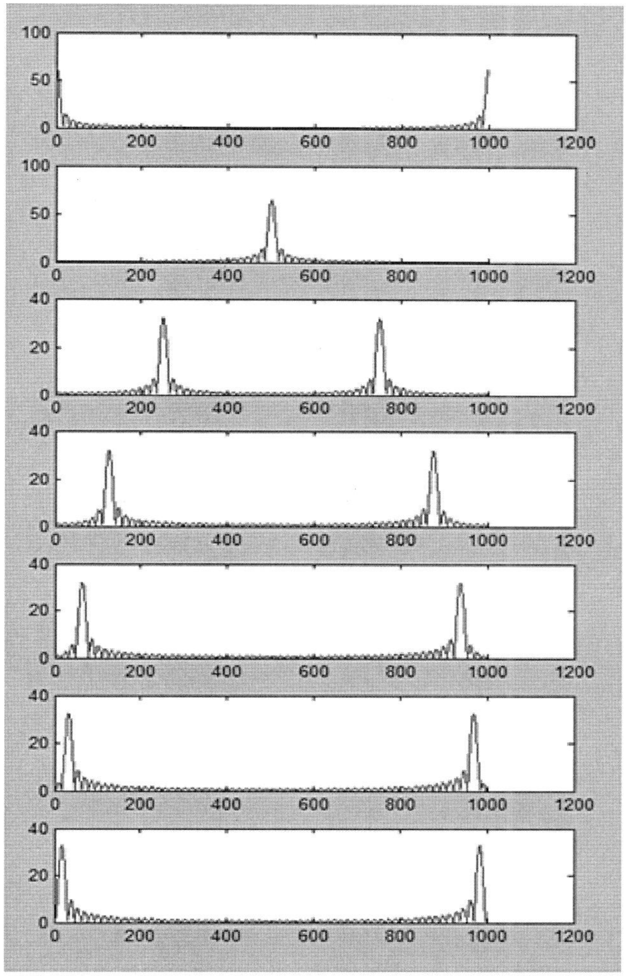

그림 4-9 예제 디지털 신호의 DTFT 변환

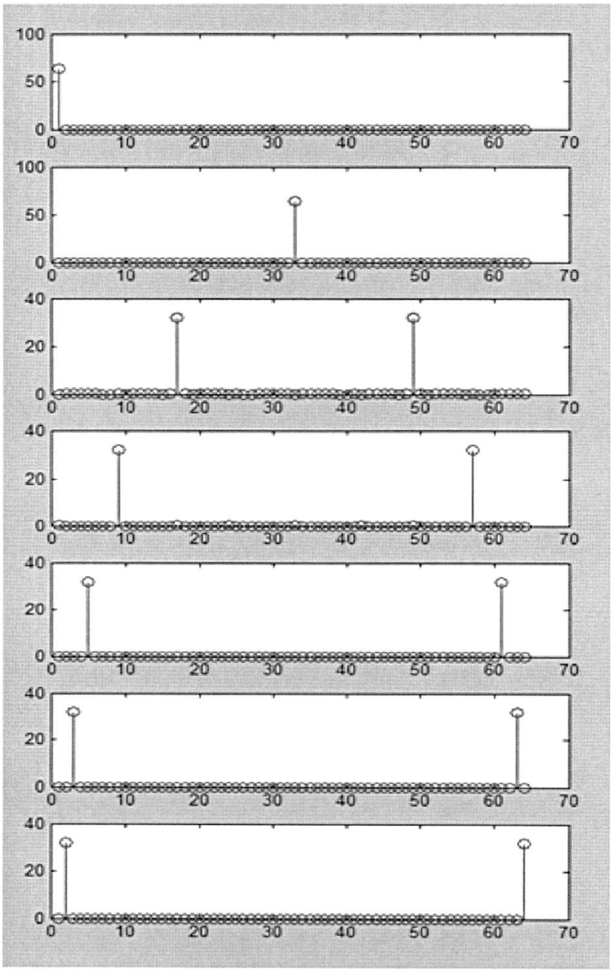

그림 4-10 예제 디지털 신호의 DFT 변환(64-point)

4.2 DFT의 예제(진동신호의 DFT)

어떤 기계의 진동 신호를 DFT 변환해 보기로 한다. 이 기계의 최대 진동 주파수는 4000 Hz이다. 따라서 이 신호를 8000 Hz로 샘플링하였다(나이퀴스트 샘플링).

이 기계에 다음과 같이 4가지 진동이 감지되었다. 이를 DFT 변환해 보자.

4000 Hz의 진동신호가 발생한 경우의 샘플링과 DFT

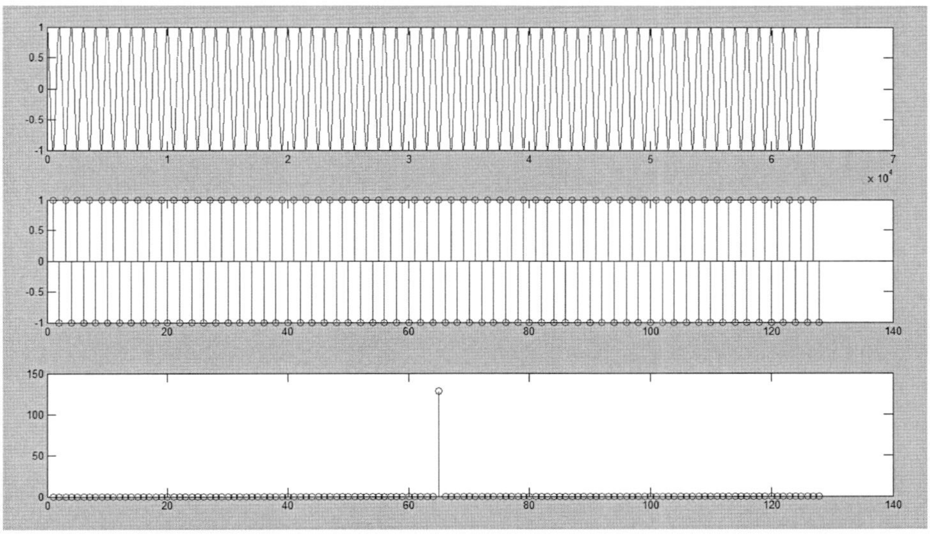

그림 4-11 4000 Hz 진동신호의 DFT(128-point)

2000 Hz의 진동신호가 발생한 경우의 샘플링과 DFT

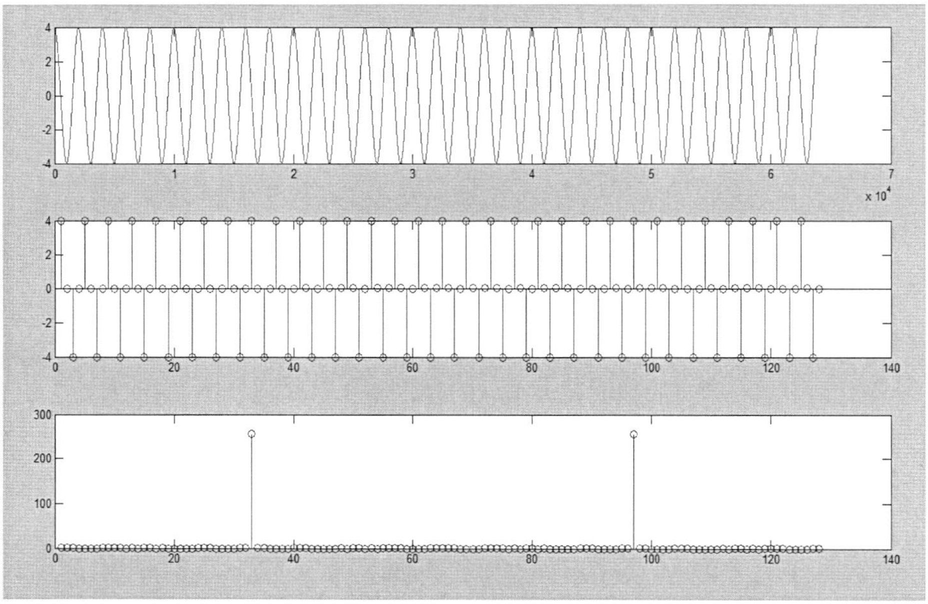

그림 4-12 2000 Hz 진동신호의 DFT(128-point)

1000 Hz의 진동신호가 발생한 경우의 샘플링과 DFT

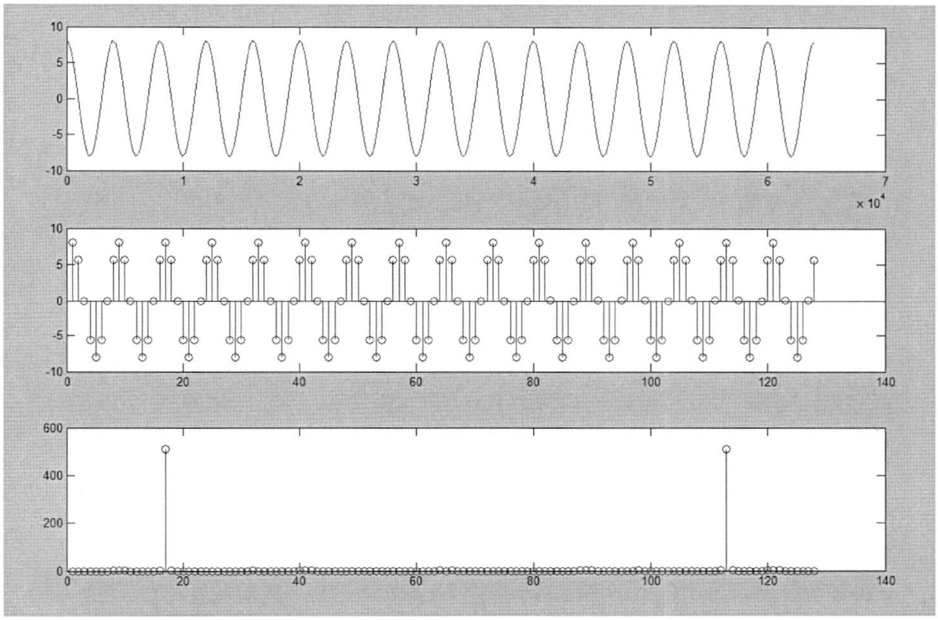

그림 4-13 1000 Hz 진동신호의 DFT(128-point)

1000 Hz + 2000 Hz + 4000 Hz 진동신호가 발생한 경우의 샘플링과 DFT

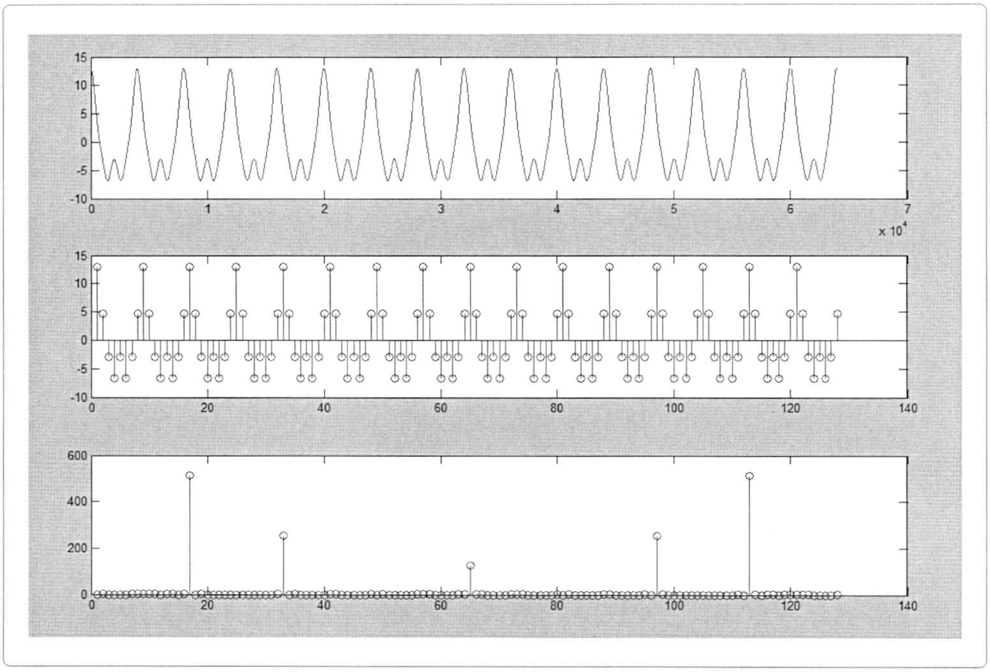

그림 4-14 1000 Hz, 2000 Hz, 4000 Hz가 섞인 진동신호의 DFT(128-point)

연습문제

1. 다음과 같은 길이가 5인 디지털신호 $x[n]$이 있다. 물음에 답하시오.

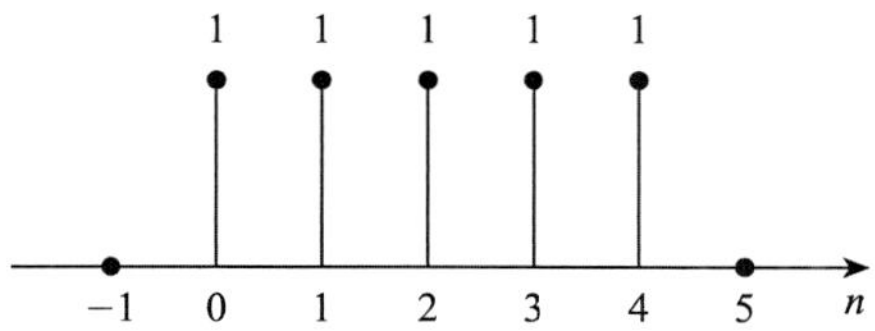

그림 IV-1 예제의 신호

(a) 진폭 스펙트럼 $|X(e^{j\omega})|$를 구하고 그리시오.(0에서 2π까지 그리시오)

(b) $x[n]$에 대한 5-point DFT의 스펙트럼 $|X(k)|$를 구하고 그리시오.
($k=0,\ 1,\ 2,\ 3,\ 4$)

(c) 위의 경우를 보고 DTFT와 DFT의 관계를 기술하시오.

FFT 설계

PART

II

PART II는 FFT의 설계방법에 대하여 기술하며 다음과 같이 3개의 장으로 구성되어 있다.

5장 : 알고리즘 설계
6장 : 나비연산기 설계
7장 : 지연메모리 설계

DFT를 반도체 등으로 구현하려면 곱셈연산의 수가 너무 많다. 그래서 DFT의 곱셈연산의 개수를 줄인 것을 FFT라고 부른다. 즉 DFT의 연산 결과와 FFT의 연산 결과는 똑같다. 단지 연산에 사용되는 곱셈연산의 수만 다를 뿐이다. 그래서 요즈음은 DFT와 FFT를 혼용하고 있으며, FFT라는 단어가 더 일반적으로 사용되고 있다. FFT를 반도체 칩으로 구현하려면 다음과 같이 3단계를 거친다.

5장

FFT 설계의 첫 번째 단계는 알고리즘을 설계하는 단계이다. FFT 알고리즘은 DIF 계열과 DIT 계열로 분류할 수 있다. 그리고 각각의 계열은 다시 Radix-2, Radix-4, Radix-8 계열로 분류할 수 있다. 알고리즘 설계가 끝나면 SFG(Signal Flow Graph)를 얻을 수 있다.

6장

FFT 설계의 두 번째 단계는 나비연산기 설계이다. SFG는 여러 개의 스테이지로 구성되며 각각의 스테이지에는 나비연산기가 사용된다. FFT는 기본적으로 복소수 연산이므로 실수부와 허수부를 효율적으로 연산하는 나비연산기 설계가 중요하다.

7장

FFT 설계의 세 번째 단계는 지연메모리 설계이다. FFT는 여러 개의 스테이지로 구성되며 각각의 스테이지에서 연산되는 데이터의 흐름을 다음 스테이지로 효율적으로 들여보내야 한다. 따라서 데이터가 막힘없이 흘러가도록 지연메모리 블록을 효율적으로 설계하는 것이 중요하다.

CHAPTER

5 알고리즘 설계

이 장에서는 FFT(Fast Fourier Transform) 알고리즘 설계에 대하여 알아본다. FFT 알고리즘은 크게 분류하면 DIF(Decimation-In-Frequency)와 DIT(Decimation-In-Time) 알고리즘이 있다. 이 장에서 다루는 DIF 계열의 알고리즘은 Radix-2, Radix-2^2, Radix-2^3, Radix-2^4, Radix-4, Radix-4^2, Radix-8 등이다. 그리고 DIT 계열의 알고리즘으로는 Radix-2, Radix-4, Radix-8 등을 기술한다.

5.1 DIF 알고리즘

DFT는 유한개의 이산신호 $x[n]$에 대하여 주파수 성분 $X(k)$를 이산값으로 표현하므로 디지털 신호처리에서 매우 유용하게 사용된다. 그런데 DFT 변환이나 역 DFT 변환에는 많은 곱셈연산이 필요하다. 곱셈기는 반도체 칩으로 구현할 때에 매우 넓은 면적을 필요로 하므로 곱셈연산의 수를 줄이는 FFT 알고리즘이 필요하다. 먼저 N-point DFT의 정의는 다음과 같다.

$$X(k) = \sum_{n=0}^{N-1} x[n]\, W_N^{kn}, \quad k = 0,\ 1,\ \cdots,\ N-1$$

위의 식에서 $W_N^{kn} = e^{-j\frac{2\pi}{N}kn}$이다. 따라서 길이가 $N=4$인 이산신호에 대한 4-point DFT는 $X(k) = \sum_{n=0}^{3} x[n]\, W_4^{kn}$, $k=0,\ 1,\ 2,\ 3$이다. 이 경우에 DFT 변환에는 총 몇 개의 곱셈이 필요한지는 다음과 같이 행렬로 표현하면 쉽게 알 수 있다.

$$\begin{bmatrix} X(0) \\ X(1) \\ X(2) \\ X(3) \end{bmatrix} = \begin{bmatrix} W_4^0 & W_4^0 & W_4^0 & W_4^0 \\ W_4^0 & W_4^1 & W_4^2 & W_4^3 \\ W_4^0 & W_4^2 & W_4^4 & W_4^6 \\ W_4^0 & W_4^3 & W_4^6 & W_4^9 \end{bmatrix} \begin{bmatrix} x[0] \\ x[1] \\ x[2] \\ x[3] \end{bmatrix}$$

위의 식에서 W_4^n과 $x[n]$과 곱하는 동작을 1개의 곱셈이 필요한 것으로 정의하면 $X(0)$부터 $X(3)$까지의 DFT를 수행하는데 총 16개의 곱셈이 필요하다. 다라서 N-point DFT 계산에는 N^2의 곱셈이 필요함을 알 수 있다. 그러나 실제로 필요한 정확한 곱셈의 수를 계산하려면 다음의 두 가지를 고려하여야 한다. 첫 번째 고려사항은 W_N^0은 1이므로 곱셈이 필요 없다. 두 번째 고려사항은 W_N^n이 복소수이므로 실제 구현에서는 더 많은 곱셈기가 필요하다. 즉,

$$W_N^1 = e^{-j\frac{2\pi}{N}} = \cos\frac{2\pi}{N} - j\sin\frac{2\pi}{N} = p + jq$$

이므로 실수부와 허수부를 나누어서 곱해주어야 하므로 곱셈기가 더 늘어난다. 이와 같은 DFT 변환에서 곱셈 연산의 수를 감소시키는 알고리즘을 고속 푸리에변환(Fast Fourier Transform, FFT)이라고 한다.

FFT의 대표적인 알고리즘으로는 DIF(Decimation-In-Frequency) 알고리즘과 DIT (Decimation-In-Time) 알고리즘이 있다.

5.1.1 DIF Radix-2 알고리즘

이 절에서는 먼저 DIF 알고리즘에 대하여 알아보기로 한다. DFT의 정의에서 $N=2N_1$인 경우에 이산신호를 앞의 N_1개와 뒤의 N_1개로 나누어 표현할 수 있다.

$$\begin{aligned} X(k) &= \sum_{n=0}^{N-1} x[n]\,W_N^{kn} = \sum_{n=0}^{N_1-1} x[n]\,W_N^{nk} + \sum_{n=N_1}^{N-1} x[n]\,W_N^{nk} \\ &= \sum_{n=0}^{N_1-1} x[n]\,W_N^{nk} + \sum_{m=0}^{N_1-1} x[m+N_1]\,W_N^{(m+N_1)k} \\ &= \sum_{n=0}^{N_1-1} x[n]\,W_N^{nk} + W_N^{N_1 k}\sum_{n=0}^{N_1-1} x[n+N_1]\,W_N^{nk} \\ &= \sum_{n=0}^{N_1-1} (x[n]+(-1)^k x[n+N_1])\,W_N^{nk} \end{aligned}$$

위의 식에서 보듯이 k가 짝수일 때와 홀수일 때에 결과 값이 달라지는 것을 알 수 있다. 따라서 $X(k)$를 $X(2r)$의 짝수 DFT와 $X(2r+1)$의 홀수 DFT로 나누어 값을 구해보도록 하자. 먼저 짝수 DFT는 다음과 같이 구할 수 있다.

$$\begin{aligned} X(2r) &= \sum_{n=0}^{N_1-1} (x[n]+x[n+N_1])\,W_N^{2rn} \\ &= \sum_{n=0}^{N_1-1} (x[n]+x[n+N_1])\,W_{N_1}^{rn} \\ &= \sum_{n=0}^{N_1-1} y[n]\,W_{N_1}^{rn} = Y(r) \end{aligned}$$

여기에서 $y[n]=x[n]+x[n+N_1]$

홀수 DFT는 다음과 같이 구할 수 있다.

$$X(2r+1) = \sum_{n=0}^{N_1-1} (x[n] - x[n+N_1])\, W_N^{(2r+1)n}$$
$$= \sum_{n=0}^{N_1-1} \left\{ W_N^n (x[n] + x[n+N_1]) \right\} W_{N_1}^{rn}$$
$$= \sum_{n=0}^{N_1-1} z[n]\, W_{N_1}^{rn} = Z(r)$$

여기에서 $z[n] = \left\{ W_N^n (x[n] + x[n+N_1]) \right\}$

위의 식에서 보듯이 N-point DFT는 2개의 N_1-point DFT 식으로 구현할 수 있으며 8-point DFT의 경우에 적용하면 SFG(Signal Flow Graph)는 다음 그림과 같다.

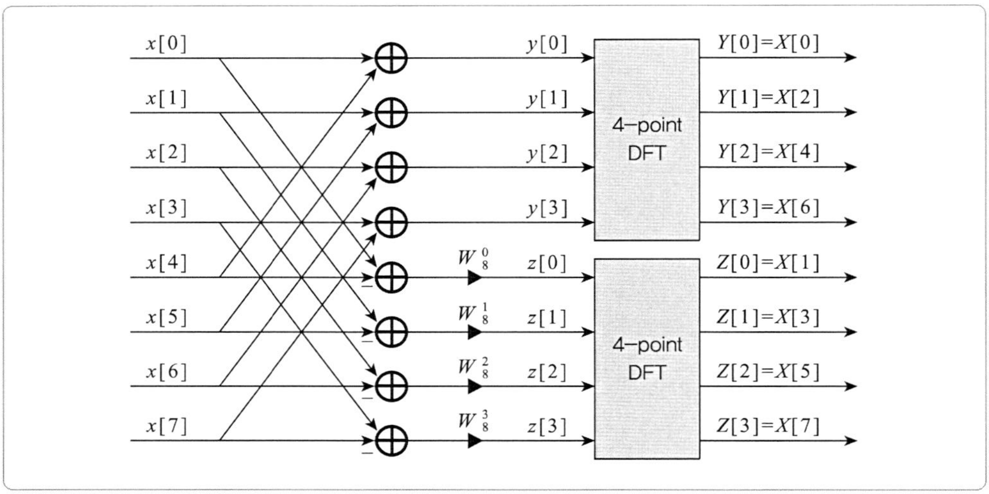

그림 5-1 8-point DIF Radix-2 FFT의 SFG(첫 번째 스테이지 분해)

위의 구조에는 오른쪽에 2개의 4-point DFT가 있으며, 이 2개의 4-point DFT는 다시 2-point DFT로 같은 방식으로 분해할 수 있다.

이와 같은 분해과정을 종합하여 8-point DFT를 DIF 방식으로 나타낸 최종의 SFG 구조는 다음과 같다.

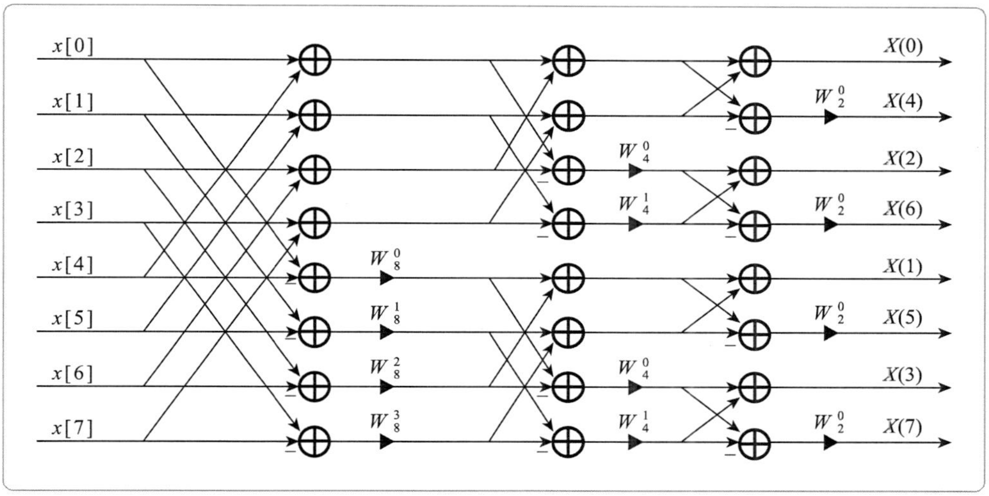

그림 5-2 8-point DIF Radix-2 FFT의 SFG(최종구조)

위의 DIF 구조의 3가지 특징을 살펴보도록 하자. 첫 번째로 DIF 구조의 총 곱셈의 수를 살펴보고, 두 번째로 주파수 영역의 신호가 일반적인 내림차순이 아닌 점을 살펴보고 마지막으로 DIF 구조가 적용될 수 없는 경우를 살펴보도록 하자.

먼저 곱셈의 수를 위의 8-point DIT 구조에서 살펴보자. 8-point DIF 구조에는 3개의 스테이지가 있고, 각 스테이지에는 W_N^n이 4개씩 있으므로 곱셈은 3×4=12개가 필요하다. 따라서 N-point DFT의 경우에는 스테이지의 수가 $\log_2 N$이고 각 스테이지의 곱셈의 수는 $N/2$이므로 총 곱셈의 수는 다음과 같다.

$$\text{총 곱셈의 수} = \text{각 스테이지의 곱셈의 수} \times \text{스테이지의 수} = \frac{N}{2}\log_2 N$$

위의 8-point DIF 구조에서 보듯이 주파수 영역의 신호인 $X(k)$가 데시메이션되어 있으므로 이 구조를 DIF(Decimation-In-Frequency)라고 부른다. DIF 구조에서 데시메이션되어 있는 순서를 역비트순(bit-reversed order)이라고 하며 역비트순의 배열은 다음과 같다.

[1단계] $X[k]$의 k를 2진수로 나타낸다. 이 때 총 비트의 수는 N에 의해 결정된다. 예를 들면 $N=8$인 경우에는 총 비트수 B가 3이 된다.($2^B = N$)

[2단계] 비트의 순서를 역으로 한다.

[3단계] 비트를 다시 $X[k]$로 나타낸다.

8-point DIF 경우를 $X(k)$를 역비트순으로 나타내 보자.

	[1단계]	[2단계]	[3단계]
$X[0]$	000	000	$X[0]$
$X[1]$	001	100	$X[4]$
$X[2]$	010	010	$X[2]$
$X[3]$	011	110	$X[6]$
$X[4]$	100	001	$X[1]$
$X[5]$	101	101	$X[5]$
$X[6]$	110	011	$X[3]$
$X[7]$	111	111	$X[7]$

그림 5-3 역비트순의 과정

이 DIF 구조는 이산신호의 길이가 2의 승수로 표현되는 경우에만 구조가 가능하다.

32-point FFT에 대한 DIF Radix-2 알고리즘의 SFG는 다음 그림과 같다.

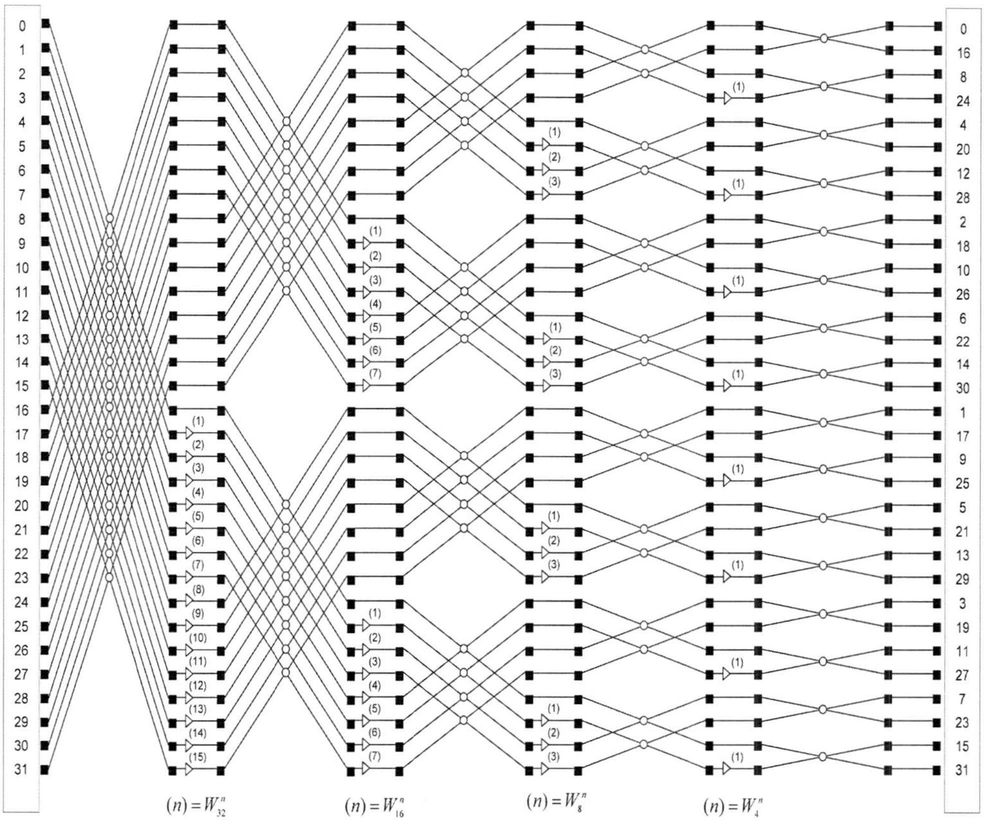

그림 5-4 32-point DIF Radix-2 FFT의 SFG

5.1.2 DIF Radix-2^2 알고리즘

DFT의 정의는 다음과 같다.

$$X(k) = \sum_{n=0}^{N-1} x[n]\, W_N^{kn}, \quad k = 0,\ 1,\ \cdots,\ N-1 \qquad W_N^{kn} = e^{-j\frac{2\pi}{N}kn}$$

위의 식에서 인덱스 n과 k를 다음과 같이 분해한다.

$$n = \frac{N}{2}n_1 + \frac{N}{4}n_2 + n_3 \qquad 0 \le n_1,\ n_2 \le 1$$

$$0 \le k_1,\ k_2 \le 1$$

$$k = k_1 + 2k_2 + 4k_3 \qquad 0 \le n_3,\ k_3 \le \frac{N}{4} - 1$$

첫 번째 스테이지

$$\begin{aligned}
&X(k_1 + 2k_2 + 4k_3) \\
&= \sum_{n_3=0}^{\frac{N}{4}-1} \sum_{n_2=0}^{1} \sum_{n_1=0}^{1} x\left(\frac{N}{2}n_1 + \frac{N}{4}n_2 + n_3\right) W_N^{\left(\frac{N}{2}n_1 + \frac{N}{4}n_2 + n_3\right)(k_1 + 2k_2 + 4k_3)} \\
&= \sum_{n_3=0}^{\frac{N}{4}-1} \sum_{n_2=0}^{1} \left\{ \sum_{n_1=0}^{1} x\left(\frac{N}{2}n_1 + \frac{N}{4}n_2 + n_3\right) W_N^{\frac{N}{2}n_1(k_1 + 2k_2 + 4k_3)} \right\} W_N^{\left(\frac{N}{4}n_2 + n_3\right)(k_1 + 2k_2 + 4k_3)} \\
&= \sum_{n_3=0}^{\frac{N}{4}-1} \sum_{n_2=0}^{1} \left\{ \sum_{n_1=0}^{1} x\left(\frac{N}{2}n_1 + \frac{N}{4}n_2 + n_3\right) W_N^{\frac{N}{2}n_1 k_1} \right\} W_N^{\left(\frac{N}{4}n_2 + n_3\right)(k_1 + 2k_2 + 4k_3)} \\
&= \sum_{n_3=0}^{\frac{N}{4}-1} \sum_{n_2=0}^{1} B\left(\frac{N}{2}n_1 + \frac{N}{4}n_2 + n_3\right) W_N^{\left(\frac{N}{4}n_2 + n_3\right)(k_1 + 2k_2 + 4k_3)}
\end{aligned}$$

▸ 트위들 인자(twiddle factor) 간소화

$$\begin{aligned}
W_N^{\left(\frac{N}{4}n_2 + n_3\right)(k_1 + 2k_2 + 4k_3)} &= W_N^{\frac{N}{4}n_2(k_1 + 2k_2 + 4k_3)} W_N^{n_3(k_1 + 2k_2)} W_N^{4n_3k_3} \\
&= W_N^{\frac{N}{4}n_2k_1} W_N^{\frac{N}{2}n_2k_2} W_N^{n_3(k_1 + 2k_2)} W_N^{4n_3k_3}
\end{aligned}$$

▸ 트위들 인자 분해식

$$X(k_1+2k_2+4k_3)=$$

$$\sum_{n_3=0}^{\frac{N}{4}-1}\left|\left\langle\sum_{n_2=0}^{1}\left[\left\{\sum_{n_1=0}^{1}x\left(\frac{N}{2}n_1+\frac{N}{4}n_2+n_3\right)W_N^{\frac{N}{2}n_1k_1}\right\}W_N^{\frac{N}{4}n_2k_1}\right]W_N^{\frac{N}{2}n_2k_2}\right\rangle W_N^{n_3(k_1+2k_2)}\right|W_{\frac{N}{4}}^{n_3k_3}$$

▸ 첫 번째 나비연산기의 구조

$$B\left(\frac{N}{4}n_2+n_3,\ k_1\right)=x\left(\frac{N}{4}n_2+n_3\right)+(-1)^{k_1}x\left(\frac{N}{4}n_2+n_3+\frac{N}{2}\right)$$

두 번째 스테이지

$$X(k_1+2k_2+4k_3)$$

$$=\sum_{n_3=0}^{\frac{N}{4}-1}\left[\sum_{n_2=0}^{1}B\left(\frac{N}{4}n_2+n_3,\ k_1\right)W_N^{\frac{N}{4}n_2k_1}W_N^{\frac{N}{2}n_2k_2}\right]W_N^{n_3(k_1+2k_2)}W_{\frac{N}{4}}^{n_3k_3}$$

$$=\sum_{n_3=0}^{\frac{N}{4}-1}\left[H(k_1,\ k_2,\ n_3)\right]W_N^{n_3(k_1+2k_2)}W_{\frac{N}{4}}^{n_3k_3}$$

▸ 두 번째 나비연산기의 구조

$$H(k_1,\ k_2,\ n_3)=\left[x(n_3)+(-1)^{k_1}x\left(n_3+\frac{N}{2}\right)\right]$$
$$+(-j)^{(k_1+2k_2)}\left[x\left(n_3+\frac{N}{4}\right)+(-1)^{k_1}x\left(n_3+\frac{3}{4}N\right)\right]$$

알고리즘의 단계별 구분

$$X(k_1+2k_2+4k_3)=$$

$$\sum_{n_3=0}^{\frac{N}{4}-1}\left|\left\langle \sum_{n_2=0}^{1}\left[\left\{\sum_{n_1=0}^{1}x\left(\frac{N}{2}n_1+\frac{N}{4}n_2+n_3\right)W_N^{\frac{N}{2}n_1k_1}\right\}W_N^{\frac{N}{4}n_2k_1}\right]W_N^{\frac{N}{2}n_2k_2}\right\rangle W_N^{n_3(k_1+2k_2)}\right|W_{\frac{N}{4}}^{n_3k_3}$$

1단계 : 초기입력 값

$$x[n]=\left\{x\left[\frac{N}{2}n_1+\frac{N}{4}n_2\right],\ x\left[\frac{N}{2}n_1+\frac{N}{4}n_2+1\right],\ \cdots,\right.$$
$$\left.x\left[\frac{N}{2}n_1+\frac{N}{4}n_2+\left(\frac{N}{4}-1\right)\right]\right\}\quad 0\le n,\ n_2\le 1$$

2단계 : 첫 번째 나비연산기 2-point DIF FFT 수행

$$X\left[\frac{N}{4}n_2+n_3,\ k_1\right]=\sum_{n_1=0}^{1}x\left(\frac{N}{2}n_1+\frac{N}{4}n_2+n_3\right)W_N^{\frac{N}{2}n_1k_1}$$

3단계 : $-j$ 연산 블록

$$X'\left[\frac{N}{4}n_2+n_3,\ k_1\right]=X\left[\frac{N}{4}n_2+n_3,\ k_1\right]W_N^{\frac{N}{4}n_2k_1}$$

4단계 : 두 번째 나비연산기 2-point DIF FFT 수행

$$X[n_3,\ k_1+2k_2]=\sum_{n_2=0}^{1}X'\left[\frac{N}{4}n_2+n_3,\ k_1\right]W_N^{\frac{N}{2}n_2k_2}$$

5단계 : 복소곱셈 블록

$$X'[n_3,\ k_1+2k_2]=X[n_3,\ k_1+2k_2]\,W_N^{n_3(k_1+2k_2)}$$

6단계 : N/4-point DIF FFT 수행

$$X[k_1+2k_2+4k_3]=\sum_{n_3=0}^{\frac{N}{4}-1} X'[n_3,\ k_1+2k_2]\,W_{\frac{N}{4}}^{n_3k_3}$$

7단계 : 출력

$$X[k_1+2k_2+4k_3]=\left\{X[k_1+2k_2],\ X[k_1+2k_2+4],\ \cdots,\ X\left[k_1+2k_2+4\left(\frac{N}{4}-1\right)\right]\right\}$$

$$0 \le k_1,\ k_2 \le 1,\ 0 \le k_3 \le \frac{N}{4}-1$$

예제 : 32-point FFT

$$X(k_1+2k_2+4k_3)=$$

$$\sum_{n_3=0}^{7}\left|\left\langle \sum_{n_2=0}^{1}\left[\left\{\sum_{n_1=0}^{1} x(16n_1+8n_2+n_3)\,W_2^{n_1k_1}\right]W_4^{n_2k_1}\right\}W_2^{n_2k_2}\right\rangle W_{32}^{n_3(k_1+2k_2)}\right|W_8^{n_3k_3}$$

1단계 : 초기입력 값

$$x[n]=\left(x[16n_1+8n_2],\ x[16n_1+8n_2+1],\ x[16n_1+8n_2+2],\ \cdots,\ x[16n_1+8n_2+7]\right)$$

$$0 \le n_1,\ n_2 \le 1$$

1차원 배열의 입력을 3차원 배열의 입력으로 다시 표기

n_2	0								1							
n_1 \ n_3	0	1	2	3	4	5	6	7	0	1	2	3	4	5	6	7
0	X[0]	X[1]	X[2]	X[3]	X[4]	X[5]	X[6]	X[7]	X[8]	X[9]	X[10]	X[11]	X[12]	X[13]	X[14]	X[15]
1	X[16]	X[17]	X[18]	X[19]	X[20]	X[21]	X[22]	X[23]	X[24]	X[25]	X[26]	X[27]	X[28]	X[29]	X[30]	X[31]

2단계 : 첫 번째 나비연산기 2-point DIF FFT 수행

$$X[8n_2+n_3,\ k_1] = \sum_{n_1=0}^{1} x(16n_1+8n_2+n_3)\,W_2^{n_1k_1}$$

$$= x(8n_2+n_3)+(-1)^{k1}x(16+8n_2+n_3)$$

n_2	0								1							
k_1 \ n_3	0	1	2	3	4	5	6	7	0	1	2	3	4	5	6	7
0	X[0,0]	X[1,0]	X[2,0]	X[3,0]	X[4,0]	X[5,0]	X[6,0]	X[7,0]	X[8,0]	X[9,0]	X[10,0]	X[11,0]	X[12,0]	X[13,0]	X[14,0]	X[15,0]
1	X[0,1]	X[1,1]	X[2,1]	X[3,1]	X[4,1]	X[5,1]	X[6,1]	X[7,1]	X[8,1]	X[9,1]	X[10,1]	X[11,1]	X[12,1]	X[13,1]	X[14,1]	X[15,1]

3단계 : $-j$ 연산 블록

$$X'[8n_2+n_3,\ k_1] = X[8n_2+n_3,\ k_1]\,W_4^{n_2k_1}$$

트위들 인자를 곱한 값으로 배열 표기

n_2	0								1							
k_1 \ n_3	0	1	2	3	4	5	6	7	0	1	2	3	4	5	6	7
0	X'[0,0]	X'[1,0]	X'[2,0]	X'[3,0]	X'[4,0]	X'[5,0]	X'[6,0]	X'[7,0]	X'[8,0]	X'[9,0]	X'[10,0]	X'[11,0]	X'[12,0]	X'[13,0]	X'[14,0]	X'[15,0]
1	X'[0,1]	X'[1,1]	X'[2,1]	X'[3,1]	X'[4,1]	X'[5,1]	X'[6,1]	X'[7,1]	X'[8,1]	X'[9,1]	X'[10,1]	X'[11,1]	X'[12,1]	X'[13,1]	X'[14,1]	X'[15,1]

4단계 : 두 번째 나비연산기 2-point DIF FFT 수행

$$X[n_3,\ k_1+2k_2] = \sum_{n_2=0}^{1} X'[8n_2+n_3,\ k_1]\,W_2^{n_2k_2}$$

$$= X'[n_3,\ k_1]+(-1)^{k_2}X'[8+n_3,\ k_1]$$

n_2	0								1							
k_1 \ n_3	0	1	2	3	4	5	6	7	0	1	2	3	4	5	6	7
0	X[0,0]	X[1,0]	X[2,0]	X[3,0]	X[4,0]	X[5,0]	X[6,0]	X[7,0]	X[0,2]	X[1,2]	X[2,2]	X[3,2]	X[4,2]	X[5,2]	X[6,2]	X[7,2]
1	X[0,1]	X[1,1]	X[2,1]	X[3,1]	X[4,1]	X[5,1]	X[6,1]	X[7,1]	X[0,3]	X[1,3]	X[2,3]	X[3,3]	X[4,3]	X[5,3]	X[6,3]	X[7,3]

5단계 : 복소곱셈 블록

$$X'[n_3,\ k_1+2k_2] = X[n_3,\ k_1+2k_2]\ W_{32}^{n_3(k_1+2k_2)}$$

트위들 인자를 곱한 값으로 배열 표기

n_2	0								1							
k_1 \ n_3	0	1	2	3	4	5	6	7	0	1	2	3	4	5	6	7
0	X'[0,0]	X'[1,0]	X'[2,0]	X'[3,0]	X'[4,0]	X'[5,0]	X'[6,0]	X'[7,0]	X'[0,2]	X'[1,2]	X'[2,2]	X'[3,2]	X'[4,2]	X'[5,2]	X'[6,2]	X'[7,2]
1	X'[0,1]	X'[1,1]	X'[2,1]	X'[3,1]	X'[4,1]	X'[5,1]	X'[6,1]	X'[7,1]	X'[0,3]	X'[1,3]	X'[2,3]	X'[3,3]	X'[4,3]	X'[5,3]	X'[6,3]	X'[7,3]

6단계 : 8-point DIF FFT 수행

$$X[k_1+2k_2+4k_3] = \sum_{n_3=0}^{7} X'[n_3,\ k_1+2k_2]\ W_8^{n_3 k_3}$$

7단계 : 출력

$$x[k_1+2k_2+4k_3] = (X[k_1+2k_2],\ X[k_1+2k_2+4],\ X[k_1+2k_2+8],\ \cdots,$$
$$X[k_1+2k_2+28])$$

$$0 \le k_1,\ k_2 \le 1$$

k_2	0								1							
k_1 \ k_3	0	1	2	3	4	5	6	7	0	1	2	3	4	5	6	7
0	X[0]	X[4]	X[8]	X[12]	X[16]	X[20]	X[24]	X[28]	X[2]	X[6]	X[10]	X[14]	X[18]	X[22]	X[26]	X[30]
1	X[1]	X[5]	X[9]	X[13]	X[17]	X[21]	X[25]	X[29]	X[3]	X[7]	X[11]	X[15]	X[19]	X[23]	X[27]	X[31]

32-point FFT에 대한 DIF Radix-2^2 알고리즘의 SFG는 다음 그림과 같다.

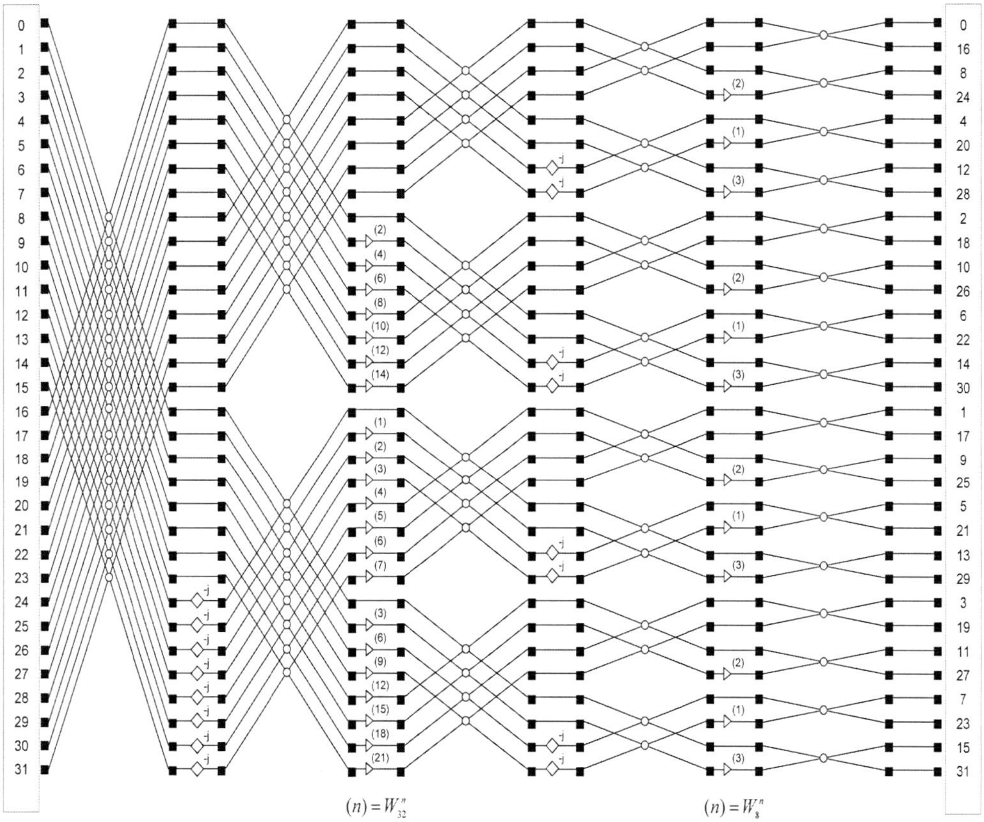

그림 5-5 32-point DIF Radix-2^2 FFT의 SFG

5.1.3 DIF Radix-2^3 알고리즘

DFT의 정의는 다음과 같다.

$$X(k) = \sum_{n=0}^{N-1} x[n]\, W_N^{kn}, \quad k = 0,\ 1,\ \cdots,\ N-1 \qquad W_N^{kn} = e^{-j\frac{2\pi}{N}kn}$$

위의 식에서 인덱스 n과 k를 다음과 같이 분해한다.

$$n = \frac{N}{2}n_1 + \frac{N}{4}n_2 + \frac{N}{8}n_3 + n_4 \qquad 0 \le n_1,\ n_2,\ n_3 \le 1$$

$$0 \le k_1,\ k_2,\ k_3 \le 1$$

$$k = k_1 + 2k_2 + 4k_3 + 8k_4 \qquad 0 \le n_4,\ k_4 \le \frac{N}{8} - 1$$

첫 번째 스테이지

$$X(k_1 + 2k_2 + 4k_3 + 8k_4)$$

$$= \sum_{n_4=0}^{\frac{N}{8}-1} \sum_{n_3=0}^{1} \sum_{n_2=0}^{1} \sum_{n_1=0}^{1} x\left(\frac{N}{2}n_1 + \frac{N}{4}n_2 + \frac{N}{8}n_3 + n_4\right) W_N^{\left(\frac{N}{2}n_1 + \frac{N}{4}n_2 + \frac{N}{8}n_3 + n_4\right)(k_1 + 2k_2 + 4k_3 + 8k_4)}$$

$$= \sum_{n_4=0}^{\frac{N}{8}-1} \sum_{n_3=0}^{1} \sum_{n_2=0}^{1} \sum_{n_1=0}^{1} x\left(\frac{N}{2}n_1 + \frac{N}{4}n_2 + \frac{N}{8}n_3 + n_4\right) W_N^{\frac{N}{2}n_1(k_1 + 2k_2 + 4k_3 + 8k_4)} W_N^{\left(\frac{N}{4}n_2 + \frac{N}{8}n_3 + n_4\right)(k_1 + 2k_2 + 4k_3 + 8k_4)}$$

$$= \sum_{n_4=0}^{\frac{N}{8}-1} \sum_{n_3=0}^{1} \sum_{n_2=0}^{1} \left\{ \sum_{n_1=0}^{1} x\left(\frac{N}{2}n_1 + \frac{N}{4}n_2 + \frac{N}{8}n_3 + n_4\right) W_N^{\frac{N}{2}n_1k_1} \right\} W_N^{\left(\frac{N}{4}n_2 + \frac{N}{8}n_3 + n_4\right)(k_1 + 2k_2 + 4k_3 + 8k_4)}$$

$$= \sum_{n_4=0}^{\frac{N}{8}-1} \sum_{n_3=0}^{1} \sum_{n_2=0}^{1} B\left(\frac{N}{4}n_2 + \frac{N}{8}n_3 + n_4,\ k_1\right) W_N^{\left(\frac{N}{4}n_2 + \frac{N}{8}n_3 + n_4\right)(k_1 + 2k_2 + 4k_3 + 8k_4)}$$

▸ 트위들 인자 간소화

$$W_N^{\left(\frac{N}{4}n_2 + \frac{N}{8}n_3 + n_4\right)(k_1 + 2k_2 + 4k_3 + 8k_4)}$$

$$= W_N^{\frac{N}{4}n_2(k_1 + 2k_2 + 4k_3 + 8k_4)} W_N^{\frac{N}{8}n_3(k_1 + 2k_2 + 4k_3 + 8k_4)} W_N^{n_4(k_1 + 2k_2 + 4k_3 + 8k_4)}$$

$$= W_N^{\frac{N}{4}n_2k_1} W_N^{\frac{N}{2}n_2k_2} W_N^{\frac{N}{8}n_3(k_1 + 2k_2)} W_N^{\frac{N}{2}n_3k_3} W_N^{n_4(k_1 + 2k_2 + 4k_3)} W_{\frac{N}{8}}^{n_4k_4}$$

▸ 트위들 인자 분해식

$$X(k_1+2k_2+4k_3+8k_4)$$

$$=\sum_{n_4=0}^{\frac{N}{8}-1}\left\langle\sum_{n_3=0}^{1}\left[\sum_{n_2=0}^{1}\left\{\sum_{n_1=0}^{1}x\left(\frac{N}{2}n_1+\frac{N}{4}n_2+\frac{N}{8}n_3+n_4\right)W_N^{\frac{N}{2}n_1k_1}W_N^{\frac{N}{4}n_2k_1}\right\}\right.\right.$$

$$\left.\left.\times W_N^{\frac{N}{2}n_2k_2}W_N^{\frac{N}{8}n_3(k_1+2k_2)}\right]W_N^{\frac{N}{2}n_3k_3}W_N^{n_4(k_1+2k_2+4k_3)}\right\rangle W_{\frac{N}{8}}^{n_4k_4}$$

▸ 첫 번째 나비연산기의 구조

$$B\left(\frac{N}{4}n_2+\frac{N}{8}n_3+n_4,\ k_1\right)$$

$$=x\left(\frac{N}{4}n_2+\frac{N}{8}n_3+n_4\right)+(-1)^{k_1}x\left(\frac{N}{2}+\frac{N}{4}n_2+\frac{N}{8}n_3+n_4\right)$$

두 번째 스테이지

$$X(k_1+2k_2+4k_3+8k_4)$$

$$=\sum_{n_4=0}^{\frac{N}{8}-1}\sum_{n_3=0}^{1}\left[\sum_{n_2=0}^{1}\left\{B\left(\frac{N}{4}n_2+\frac{N}{8}n_3+n_4,\ k_1\right)W_N^{\frac{N}{4}n_2k_1}\right\}W_N^{\frac{N}{2}n_2k_2}\right]$$

$$\times W_N^{\frac{N}{8}n_3(k_1+2k_2)}W_N^{\frac{N}{2}n_3k_3}W_N^{n_4(k_1+2k_2+4k_3)}W_{\frac{N}{8}}^{n_4k_4}$$

$$=\sum_{n_4=0}^{\frac{N}{8}-1}\sum_{n_3=0}^{1}\left[H(k_1,\ k_2,\ n_3,\ n_4)\right]W_N^{\frac{N}{8}n_3(k_1+2k_2)}W_N^{\frac{N}{2}n_3k_3}W_N^{n_4(k_1+2k_2+4k_3)}W_{\frac{N}{8}}^{n_4k_4}$$

▸ 두 번째 나비연산기의 구조

$$H(k_1,\ k_2,\ n_3,\ n_4)=B\left(\frac{N}{8}n_3+n_4,\ k_1\right)+W_N^{\frac{N}{4}(k_1+2k_2)}B\left(\frac{N}{4}+\frac{N}{8}n_3+n_4,\ k_1\right)$$

세 번째 스테이지

$$X(k_1+2k_2+4k_3+8k_4)$$

$$=\sum_{n_4=0}^{\frac{N}{8}-1}\left\langle\sum_{n_3=0}^{1}\left[H(k_1,\ k_2,\ n_3,\ n_4)\right]W_N^{\frac{N}{8}n_3(k_1+2k_2)}\ W_N^{\frac{N}{2}n_3k_3}\right\rangle W_N^{n_4(k_1+2k_2+4k_3)}\ W_{\frac{N}{8}}^{n_4k_4}$$

$$=\sum_{n_4=0}^{\frac{N}{8}-1}\left[\ T(k_1,\ k_2,\ k_3,\ n_4)\right]W_N^{n_4(k_1+2k_2+4k_3)}\ W_{\frac{N}{8}}^{n_4k_4}$$

▸ 세 번째 나비연산기의 구조

$$T(k_1,\ k_2,\ k_3,\ n_4)=\{H(k_1,\ k_2,\ n_4)\}+W_N^{\frac{N}{8}(k_1+2k_2+4k_3)}\left\{H\left(k_1,\ k_2,\ n_4+\frac{N}{8}\right)\right\}$$

알고리즘의 단계별 구분

$$X(k_1+2k_2+4k_3+8k_4)$$

$$=\sum_{n_4=0}^{\frac{N}{8}-1}\left\langle\sum_{n_3=0}^{1}\left[\sum_{n_2=0}^{1}\left\{\sum_{n_1=0}^{1}x\left(\frac{N}{2}n_1+\frac{N}{4}n_2+\frac{N}{8}n_3+n_4\right)W_N^{\frac{N}{2}n_1k_1}\ W_N^{\frac{N}{4}n_2k_1}\right\}\right.\right.$$

$$\left.\left.W_N^{\frac{N}{2}n_2k_2}\ W_N^{\frac{N}{8}n_3(k_1+2k_2)}\right]W_N^{\frac{N}{2}n_3k_3}\ W_N^{n_4(k_1+2k_2+4k_3)}\right\rangle W_{\frac{N}{8}}^{n_4k_4}$$

1단계 : 초기입력 값

$$x[n]=\left\{x\left[\frac{N}{2}n_1+\frac{N}{4}n_2+\frac{N}{8}n_3\right],\ x\left[\frac{N}{2}n_1+\frac{N}{4}n_2+\frac{N}{8}n_3+1\right],\ \cdots,\right.$$

$$x\left[\frac{N}{2}n_1+\frac{N}{4}n_2+\frac{N}{8}n_3+\left(\frac{N}{8}-1\right)\right]\right\}$$

$0 \le n_1,\ n_2,\ n_3 \le 1$

2단계 : 첫 번째 나비연산기 2-point DIF FFT 수행

$$X\left[\frac{N}{4}n_2+\frac{N}{8}n_3+n_4,\ k_1\right]=\sum_{n_1=0}^{1}x\left(\frac{N}{2}n_1+\frac{N}{4}n_2+\frac{N}{8}n_3+n_4\right)W_N^{\frac{N}{2}n_1k_1}$$

3단계 : $-j$ 연산 블록

$$X'\left[\frac{N}{4}n_2+\frac{N}{8}n_3+n_4,\ k_1\right]=X\left[\frac{N}{4}n_2+\frac{N}{8}n_3+n_4,\ k_1\right]W_N^{\frac{N}{4}n_2k_1}$$

4단계 : 두 번째 나비연산기 2-point DIF FFT 수행

$$X\left[\frac{N}{8}n_3+n_4,\ k_1+2k_2\right]=\sum_{n_2=0}^{1}X'\left[\frac{N}{4}n_2+\frac{N}{8}n_3+n_4,\ k_1\right]W_N^{\frac{N}{2}n_2k_2}$$

5단계 : 복소곱셈 블록

$$X'\left[\frac{N}{8}n_3+n_4,\ k_1+2k_2\right]=X\left[\frac{N}{8}n_3+n_4,\ k_1+2k_2\right]W_N^{\frac{N}{8}n_3(k_1+2k_2)}$$

6단계 : 세 번째 나비연산기 2-point DIF FFT 수행

$$X[n_4,\ k_1+2k_2+4k_3]=\sum_{n_3=0}^{1}X'\left[\frac{N}{8}n_3+n_4,\ k_1+2k_2\right]W_N^{\frac{N}{2}n_3k_3}$$

7단계 : 복소곱셈 블록

$$X'[n_4,\ k_1+2k_2+4k_3]=X[n_4,\ k_1+2k_2+4k_3]\,W_N^{n_4(k_1+2k_2+4k_3)}$$

8단계 : N/8-point DIF FFT 수행

$$X[k_1+2k_2+4k_3+8k_4]=\sum_{n_4=0}^{\frac{N}{8}-1} X'[n_4,\ k_1+2k_2+4k_3]\, W_{\frac{N}{8}}^{n_4 k_4}$$

9단계 : 출력

$$X[k_1+2k_2+4k_3+8k_4]$$

$$=\left\{X[k_1+2k_2+4k_3],\ X[k_1+2k_2+4k_3+8],\ \cdots,\right.$$

$$\left.X\left[k_1+2k_2+4k_3+8\left(\frac{N}{8}-1\right)\right]\right\}$$

$$0\le k_1,\ k_2,\ k_3\le 1,\ 0\le k_4\le \frac{N}{8}-1$$

예제 : 32-point FFT

$$X(k_1+2k_2+4k_3+8k_4)$$

$$=\sum_{n_4=0}^{3}\left\langle \sum_{n_3=0}^{1}\left[\sum_{n_2=0}^{1}\left\{\sum_{n_1=0}^{1} x(16n_1+8n_2+4n_3+n_4)\, W_2^{n_1k_1} W_4^{n_2k_1}\right\}\right.\right.$$

$$\left.\left.\times\, W_2^{n_2k_2} W_8^{n_3(k_1+2k_2)}\right] W_2^{n_3k_3} W_{32}^{n_4(k_1+2k_2+4k_3)}\right\rangle W_4^{n4k4}$$

1단계 : 초기입력 값

$$x[n]=(x[16n_1+8n_2+4n_3],\ x[16n_1+8n_2+4n_3+1],\ \cdots,$$

$$x[16n_1+8n_2+4n_3+3])$$

$$0\le n_1,\ n_2,\ n_3\le 1$$

1차원 배열의 입력을 4차원 배열의 입력으로 다시 표기

n_2	0								1							
n_3	0				1				0				1			
n_1 \ n_4	0	1	2	3	4	5	6	7	0	1	2	3	4	5	6	7
0	X[0]	X[1]	X[2]	X[3]	X[4]	X[5]	X[6]	X[7]	X[8]	X[9]	X[10]	X[11]	X[12]	X[13]	X[14]	X[15]
1	X[16]	X[17]	X[18]	X[19]	X[20]	X[21]	X[22]	X[23]	X[24]	X[25]	X[26]	X[27]	X[28]	X[29]	X[30]	X[31]

2단계 : 첫 번째 나비연산기 2-point DIF FFT 수행

$$X[8n_2+4n_3+n_4,\ k_1] = \sum_{n_1=0}^{1} x(16n_1+8n_2+4n_3+n_4)\,W_2^{n_1 k_1}$$

$$= x(8n_2+4n_3+n_4) + (-1)^{k1} x(16+8n_2+4n_3+n_4)$$

n_2	0								1							
n_3	0				1				0				1			
k_1 \ n_4	0	1	2	3	4	5	6	7	0	1	2	3	4	5	6	7
0	X[0,0]	X[1,0]	X[2,0]	X[3,0]	X[4,0]	X[5,0]	X[6,0]	X[7,0]	X[8,0]	X[9,0]	X[10,0]	X[11,0]	X[12,0]	X[13,0]	X[14,0]	X[15,0]
1	X[0,1]	X[1,1]	X[2,1]	X[3,1]	X[4,1]	X[5,1]	X[6,1]	X[7,1]	X[8,1]	X[9,1]	X[10,1]	X[11,1]	X[12,1]	X[13,1]	X[14,1]	X[15,1]

3단계 : $-j$ 연산 블록

$$X'[8n_2+4n_3+n_4,\ k_1] = X[8n_2+4n_3+n_4,\ k_1]\,W_4^{n_2 k_1}$$

트위들 인자를 곱한 값으로 배열 표기

n_2	0								1							
n_3	0				1				0				1			
k_1 \ n_4	0	1	2	3	0	1	2	3	0	1	2	3	0	1	2	3
0	X'[0,0]	X'[1,0]	X'[2,0]	X'[3,0]	X'[4,0]	X'[5,0]	X'[6,0]	X'[7,0]	X'[8,0]	X'[9,0]	X'[10,0]	X'[11,0]	X'[12,0]	X'[13,0]	X'[14,0]	X'[15,0]
1	X'[0,1]	X'[1,1]	X'[2,1]	X'[3,1]	X'[4,1]	X'[5,1]	X'[6,1]	X'[7,1]	X'[8,1]	X'[9,1]	X'[10,1]	X'[11,1]	X'[12,1]	X'[13,1]	X'[14,1]	X'[15,1]

4단계 : 두 번째 나비연산기 2-point DIF FFT 수행

$$X[4n_3 + n_4,\ k_1 + 2k_2] = \sum_{n_2=0}^{1} X'[8n_2 + 4n_3 + n_4,\ k_1]\, W_2^{n_2 k_2}$$

$$= X'[4n_3 + n_4,\ k_1] + (-1)^{k_2} X'[8 + 4n_3 + n_4,\ k_1]$$

n_2	0								1							
n_3	0				1				0				1			
k_1 \ n_4	0	1	2	3	0	1	2	3	0	1	2	3	0	1	2	3
0	X[0,0]	X[1,0]	X[2,0]	X[3,0]	X[4,0]	X[5,0]	X[6,0]	X[7,0]	X[0,2]	X[1,2]	X[2,2]	X[3,2]	X[4,2]	X[5,2]	X[6,2]	X[7,2]
1	X[0,1]	X[1,1]	X[2,1]	X[3,1]	X[4,1]	X[5,1]	X[6,1]	X[7,1]	X[0,3]	X[1,3]	X[2,3]	X[3,3]	X[4,3]	X[5,3]	X[6,3]	X[7,3]

5단계 : 복소곱셈 블록

$$X'[4n_3 + n_4,\ k_1 + 2k_2] = X[4n_3 + n_4,\ k_1 + 2k_2]\, W_8^{n_3(k_1 + 2k_2)}$$

트위들 인자를 곱한 값으로 배열 표기

n_2	0								1							
n_3	0				1				0				1			
k_1 \ n_4	0	1	2	3	0	1	2	3	0	1	2	3	0	1	2	3
0	X'[0,0]	X'[1,0]	X'[2,0]	X'[3,0]	X'[4,0]	X'[5,0]	X'[6,0]	X'[7,0]	X'[0,2]	X'[1,2]	X'[2,2]	X'[3,2]	X'[4,2]	X'[5,2]	X'[6,2]	X'[7,2]
1	X'[0,1]	X'[1,1]	X'[2,1]	X'[3,1]	X'[4,1]	X'[5,1]	X'[6,1]	X'[7,1]	X'[0,3]	X'[1,3]	X'[2,3]	X'[3,3]	X'[4,3]	X'[5,3]	X'[6,3]	X'[7,3]

6단계 : 세 번째 나비연산기 2-point DIF FFT 수행

$$X[n_4,\ k_1 + 2k_2 + 4k_3] = \sum_{n_3=0}^{1} X'[4n_3 + n_4,\ k_1 + 2k_2]\, W_2^{n_3 k_3}$$

$$= X'[n_4,\ k_1 + 2k_2] + (-1)^{k_3} X'[4 + n_4,\ k_1 + 2k_2]$$

n_2	0								1							
n_3	0				1				0				1			
k_1 \ n_4	0	1	2	3	0	1	2	3	0	1	2	3	0	1	2	3
0	X[0,0]	X[1,0]	X[2,0]	X[3,0]	X[0,4]	X[1,4]	X[2,4]	X[3,4]	X[0,2]	X[1,2]	X[2,2]	X[3,2]	X[0,6]	X[1,6]	X[2,6]	X[3,6]
1	X[0,1]	X[1,1]	X[2,1]	X[3,1]	X[0,5]	X[1,5]	X[2,5]	X[3,5]	X[0,3]	X[1,3]	X[2,3]	X[3,3]	X[0,7]	X[1,7]	X[2,7]	X[3,7]

7단계 : 복소곱셈 블록

$$X'\left[n_4,\ k_1+2k_2+4k_3\right]=X\left[n_4,\ k_1+2k_2+4k_3\right]W_{32}^{n_4(k_1+2k_2+4k_3)}$$

트위들 인자를 곱한 값으로 배열 표기

k_2	0								1							
k_3	0				1				0				1			
k_1 \ n_4	0	1	2	3	0	1	2	3	0	1	2	3	0	1	2	3
0	X'[0,0]	X'[1,0]	X'[2,0]	X'[3,0]	X'[0,4]	X'[1,4]	X'[2,4]	X'[3,4]	X'[0,2]	X'[1,2]	X'[2,2]	X'[3,2]	X'[0,6]	X'[1,6]	X'[2,6]	X'[3,6]
1	X'[0,1]	X'[1,1]	X'[2,1]	X'[3,1]	X'[0,5]	X'[1,5]	X'[2,5]	X'[3,5]	X'[0,3]	X'[1,3]	X'[2,3]	X'[3,3]	X'[0,7]	X'[1,7]	X'[2,7]	X'[3,7]

8단계 : 4-point DIF FFT 수행

$$X\left[k_1+2k_2+4k_3+8k_4\right]=\sum_{n_4=0}^{3}X'\left[n_4,\ k_1+2k_2+4k_3\right]W_4^{n_4k_4}$$

9단계 : 출력

$$X\left[k_1+2k_2+4k_3+8k_4\right]=\left(X\left[k_1+2k_2+4k_3\right],\ X\left[k_1+2k_2+4k_3+8\right],\right.$$
$$\left.X\left[k_1+2k_2+4k_3+16\right],\ X\left[k_1+2k_2+4k_3+24\right]\right)$$

$$0\le k_1,\ k_2,\ k_3\le 1,\ 0\le k_4\le 3$$

출력에 대한 4차원 배열

k_2	0								1							
k_3	0				1				0				1			
k_1 \ k_4	0	1	2	3	0	1	2	3	0	1	2	3	0	1	2	3
0	X[0]	X[8]	X[16]	X[24]	X[4]	X[12]	X[20]	X[28]	X[2]	X[10]	X[18]	X[26]	X[6]	X[14]	X[22]	X[30]
1	X[1]	X[9]	X[17]	X[25]	X[5]	X[13]	X[21]	X[29]	X[3]	X[11]	X[19]	X[27]	X[7]	X[15]	X[23]	X[31]

32-point FFT에 대한 DIF Radix-2^3 알고리즘의 SFG는 다음 그림과 같다.

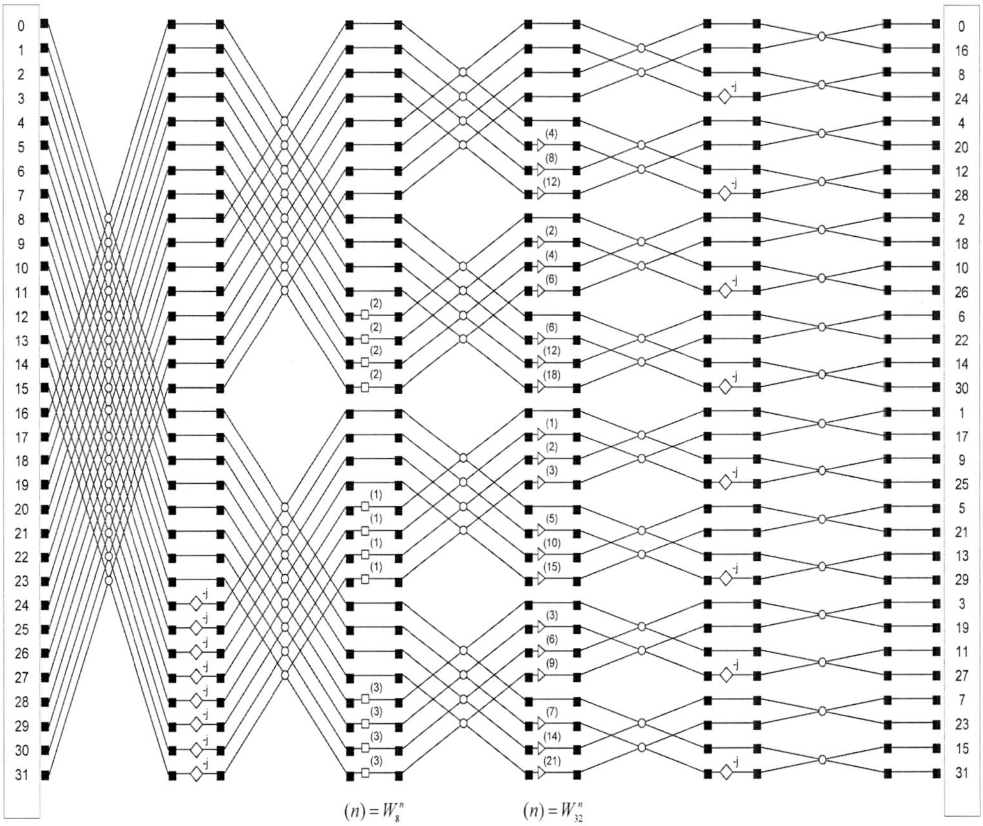

그림 5-6 32-point DIF Radix-2^3 FFT의 SFG

5.1.4 DIF Radix-2^4 알고리즘

DFT의 정의는 다음과 같다.

$$X(k) = \sum_{n=0}^{N-1} x[n]\, W_N^{kn}, \quad k = 0,\ 1,\ \cdots,\ N-1 \qquad W_N^{kn} = e^{-j\frac{2\pi}{N}kn}$$

위의 식에서 인덱스 n과 k를 다음과 같이 분해한다.

$$n = \frac{N}{2}n_1 + \frac{N}{4}n_2 + \frac{N}{8}n_3 + \frac{N}{16}n_4 + n_5 \qquad 0 \le n_1,\ n_2,\ n_3,\ n_4 \le 1$$

$$0 \le k_1,\ k_2,\ k_3,\ k_4 \le 1$$

$$k = k_1 + 2k_2 + 4k_3 + 8k_4 + 16k_5 \qquad 0 \le n_5,\ k_5 \le \frac{N}{16} - 1$$

첫 번째 스테이지

$$X(k_1 + 2k_2 + 4k_3 + 8k_4 + 16k_5)$$

$$= \sum_{n_5=0}^{\frac{N}{16}-1} \sum_{n_4=0}^{1} \sum_{n_3=0}^{1} \sum_{n_2=0}^{1} \sum_{n_1=0}^{1} x\left(\frac{N}{2}n_1 + \frac{N}{4}n_2 + \frac{N}{8}n_3 + \frac{N}{16}n_4 + n_5\right) W_N^{\left(\frac{N}{2}n_1 + \frac{N}{4}n_2 + \frac{N}{8}n_3 + \frac{N}{16}n_4 + n_5\right)(k_1 + 2k_2 + 4k_3 + 8k_4 + 16k_5)}$$

$$= \sum_{n_5=0}^{\frac{N}{16}-1} \sum_{n_4=0}^{1} \sum_{n_3=0}^{1} \sum_{n_2=0}^{1} \left\{ \sum_{n_1=0}^{1} x\left(\frac{N}{2}n_1 + \frac{N}{4}n_2 + \frac{N}{8}n_3 + \frac{N}{16}n_4 + n_5\right) W_N^{\frac{N}{2}n_1k_1} \right\} W_N^{\left(\frac{N}{4}n_2 + \frac{N}{8}n_3 + \frac{N}{16}n_4 + n_5\right)(k_1 + 2k_2 + 4k_3 + 8k_4 + 16k_5)}$$

$$= \sum_{n_5=0}^{\frac{N}{16}-1} \sum_{n_4=0}^{1} \sum_{n_3=0}^{1} \sum_{n_2=0}^{1} B\left(\frac{N}{4}n_2 + \frac{N}{8}n_E + \frac{N}{16}n_4 + n_5,\ k_1\right) W_N^{\left(\frac{N}{4}n_2 + \frac{N}{8}n_3 + \frac{N}{16}n_4 + n_5\right)(k_1 + 2k_2 + 4k_3 + 8k_4 + 16k_5)}$$

▸ 트위들 인자 간소화

$$W_N^{\left(\frac{N}{4}n_2 + \frac{N}{8}n_3 + \frac{N}{16}n_4 + n_5\right)(k_1 + 2k_2 + 4k_3 + 8k_4 + 16k_5)}$$

$$= W_N^{\frac{N}{4}n_2(k_1+2k_2)}\, W_N^{\frac{N}{8}n_3(k_1+2k_2+4k_3)}\, W_N^{\frac{N}{16}n_4(k_1+2k_2+4k_3+8k_4)}\, W_N^{n_5(k_1+2k_2+4k_3+8k_4+16k_5)}$$

$$= W_N^{\frac{N}{4}n_2(k_1+2k_2)}\, W_N^{\left(\frac{N}{8}n_3 + \frac{N}{16}n_4\right)(k_1+2k_2+4k_3)}\, W_N^{\frac{N}{2}n_4k_4}\, W_N^{n_5(k_1+2k_2+4k_3+8k_4+16k_5)}$$

$$= W_N^{\frac{N}{4}n_2k_1}\, W_N^{\frac{N}{2}n_2k_2}\, W_N^{\left(\frac{N}{8}n_3 + \frac{N}{16}n_4\right)(k_1+2k_2)}\, W_N^{\frac{N}{2}n_3k_3}\, W_N^{\frac{N}{4}n_4k_3}\, W_N^{\frac{N}{2}n_4k_4}\, W_N^{n_5(k_1+2k_2+4k_3+8k_4)}\, W_{\frac{N}{16}}^{n_5k_5}$$

▸ 트위들 인자 분해식

$$X(k_1 + 2k_2 + 4k_3 + 8k_4 + 16k_5)$$

$$= \sum_{n_5=0}^{\frac{N}{16}-1} \sum_{n_4=0}^{1} \left| \sum_{n_3=0}^{1} \left[\sum_{n_2=0}^{1} \left\{ \sum_{n_1=0}^{1} x\left(\frac{N}{2}n_1 + \frac{N}{4}n_2 + \frac{N}{8}n_3 + \frac{N}{16}n_4 + n_5\right) \right.\right.\right.$$

$$\left.\left. \times W_N^{\frac{N}{2}n_1k_1} W_N^{\frac{N}{4}n_2k_1} \right\} W_N^{\frac{N}{2}n_2k_2} W_N^{\left(\frac{N}{8}n_3 + \frac{N}{16}n_4\right)(k_1+2k_2)} \right]$$

$$\left. \times W_N^{\frac{N}{2}n_3k_3} W_N^{\frac{N}{4}n_4k_3} \right| W_N^{\frac{N}{2}n_4k_4} W_N^{n_5(k_1+2k_2+4k_3+8k_4)} W_{\frac{N}{16}}^{n_5k_5}$$

▸ 첫 번째 나비연산기의 구조

$$B\left(\frac{N}{4}n_2 + \frac{N}{8}n_3 + \frac{N}{16}n_4 + n_5,\ k_1\right)$$

$$= x\left(\frac{N}{4}n_2 + \frac{N}{8}n_3 + \frac{N}{16}n_4 + n_5\right) + (-1)^{k_1} x\left(\frac{N}{4}n_2 + \frac{N}{8}n_3 + \frac{N}{16}n_4 + n_5 + \frac{N}{2}\right)$$

두 번째 스테이지

$$X(k_1 + 2k_2 + 4k_3 + 8k_4 + 16k_5)$$

$$= \sum_{n_5=0}^{\frac{N}{16}-1} \sum_{n_4=0}^{1} \sum_{n_3=0}^{1} \left[\sum_{n_2=0}^{1} B\left(\frac{N}{4}n_2 + \frac{N}{8}n_3 + \frac{N}{16}n_4 + n_5,\ k_1\right) W_N^{\frac{N}{4}n_2k_1} W_N^{\frac{N}{2}n_2k_2} \right]$$

$$\times W_N^{\left(\frac{N}{8}n_3 + \frac{N}{16}n_4\right)(k_1+2k_2)} W_N^{\frac{N}{2}n_3k_3} W_N^{\frac{N}{4}n_4k_3} W_N^{\frac{N}{2}n_4k_4} W_N^{n_5(k_1+2k_2+4k_3+8k_4)} W_{\frac{N}{16}}^{n_5k_5}$$

$$= \sum_{n_5=0}^{\frac{N}{16}-1} \sum_{n_4=0}^{1} \sum_{n_3=0}^{1} \left[H(k_1,\ k_2,\ n_3,\ n_4,\ n_5) \right] W_N^{\left(\frac{N}{8}n_3 + \frac{N}{16}n_4\right)(k_1+2k_2)}$$

$$\times W_N^{\frac{N}{2}n_3k_3} W_N^{\frac{N}{4}n_4k_3} W_N^{\frac{N}{2}n_4k_4} W_N^{n_5(k_1+2k_2+4k_3+8k_4)} W_{\frac{N}{16}}^{n_5k_5}$$

▸ 두 번째 나비연산기의 구조

$$H(k_1,\ k_2,\ n_3,\ n_4,\ n_5)$$

$$= B\left(\frac{N}{8}n_3 + \frac{N}{16}n_4 + n_5,\ k_1\right) + W_N^{\frac{N}{4}(k_1+2k_2)} B\left(\frac{N}{4} + \frac{N}{8}n_3 + \frac{N}{16}n_4 + n_5, k_1\right)$$

세 번째 스테이지

$$X(k_1 + 2k_2 + 4k_3 + 8k_4 + 16k_5)$$

$$= \sum_{n_5=0}^{\frac{N}{16}-1} \sum_{n_4=0}^{1} \left\{ \sum_{n_3=0}^{1} \left[H(k_1,\ k_2,\ n_3,\ n_4,\ n_5) \right] W_N^{\left(\frac{N}{8}n_3 + \frac{N}{16}n_4\right)(k_1+2k_2)} W_N^{\frac{N}{2}n_3k_3} \right\}$$

$$\times W_N^{\frac{N}{4}n_4k_3} W_N^{\frac{N}{2}n_4k_4} W_N^{n_5(k_1+2k_2+4k_3+8k_4)} W_{\frac{N}{16}}^{n_5k_5}$$

$$= \sum_{n_5=0}^{\frac{N}{16}-1} \sum_{n_4=0}^{1} \left\{ T(k_1,\ k_2,\ k_3,\ n_4,\ n_5) \right\} W_N^{\frac{N}{4}n_4k_3} W_N^{\frac{N}{2}n_4k_4} W_N^{n_5(k_1+2k_2+4k_3+8k_4)} W_{\frac{N}{16}}^{n_5k_5}$$

▸ 세 번째 나비연산기의 구조

$$T(k_1,\ k_2,\ k_3,\ n_4,\ n_5)$$

$$= \left\{ H(k_1,\ k_2,\ n_4,\ n_5) \right\} + W_N^{\left(\frac{N}{8} + \frac{N}{16}n_4\right)(k_1+2k_2+4k_3)} \left\{ H\left(k_1,\ k_2,\ n_4 + \frac{N}{8},\ n_5\right) \right\}$$

네 번째 스테이지

$$X(k_1 + 2k_2 + 4k_3 + 8k_4 + 16k_5)$$

$$= \sum_{n_5=0}^{\frac{N}{16}-1} \left[\sum_{n_4=0}^{1} \left\{ T(k_1,\ k_2,\ k_3,\ n_4,\ n_5) \right\} W_N^{\frac{N}{4}n_4k_3} W_N^{\frac{N}{2}n_4k_4} \right] W_N^{n_5(k_1+2k_2+4k_3+8k_4)} W_{\frac{N}{16}}^{n_5k_5}$$

$$= \sum_{n_5=0}^{\frac{N}{16}-1} \left[G(k_1,\ k_2,\ k_3,\ k_4,\ n_5) \right] W_N^{n_5(k_1+2k_2+4k_3+8k_4)} W_{\frac{N}{16}}^{n_5 k_5}$$

▸ 네 번째 나비연산기의 구조

$$G(k_1,\ k_2,\ k_3,\ k_4,\ n_5) = T(k_1,\ k_2,\ k_3,\ n_5) + W_N^{\frac{N}{4}(k_3+2k_4)} T\left(k_1,\ k_2,\ k_3,\ \frac{N}{16}+n_5\right)$$

알고리즘의 단계별 구분

$$X(k_1+2k_2+4k_3+8k_4+16k_5)$$

$$= \sum_{n_5=0}^{\frac{N}{16}-1} \sum_{n_4=0}^{1} \left| \sum_{n_3=0}^{1} \left[\sum_{n_2=0}^{1} \left\{ \sum_{n_1=0}^{1} x\left(\frac{N}{2}n_1 + \frac{N}{4}n_2 + \frac{N}{8}n_3 + \frac{N}{16}n_4 + n_5\right) \right.\right.\right.$$

$$\left.\left. \times W_N^{\frac{N}{2}n_1k_1} W_N^{\frac{N}{4}n_2k_1} \right\} W_N^{\frac{N}{2}n_2k_2} W_N^{\left(\frac{N}{8}n_3+\frac{N}{16}n_4\right)(k_1+2k_2)} \right]$$

$$\left. \times W_N^{\frac{N}{2}n_3k_3} W_N^{\frac{N}{4}n_4k_3} \right| W_N^{\frac{N}{2}n_4k_4} W_N^{n_5(k_1+2k_2+4k_3+8k_4)} W_{\frac{N}{16}}^{n_5k_5}$$

1단계 : 초기입력 값

$$x[n] = \left\{ x\left[\frac{N}{2}n_1 + \frac{N}{4}n_2 + \frac{N}{8}n_3 + \frac{N}{16}n_4\right],\ x\left[\frac{N}{2}n_1 + \frac{N}{4}n_2 + \frac{N}{8}n_3 + \frac{N}{16}n_4 + 1\right], \right.$$

$$\left. \cdots,\ x\left[\frac{N}{2}n_1 + \frac{N}{4}n_2 + \frac{N}{8}n_3 + \frac{N}{16}n_4 + \left(\frac{N}{16}-1\right)\right] \right\}$$

$$0 \le n_1,\ n_2,\ n_3,\ n_4 \le 1$$

2단계 : 첫 번째 나비연산기 2-point DIF FFT 수행

$$X\left[\frac{N}{4}n_2+\frac{N}{8}n_3+\frac{N}{16}n_4+n_5,\ k_1\right]=\sum_{n_1=0}^{1}x\left(\frac{N}{2}n_1+\frac{N}{4}n_2+\frac{N}{8}n_3+\frac{N}{16}n_4+n_5\right)W_N^{\frac{N}{2}n_1k_1}$$

3단계 : $-j$ 연산 블록

$$X'\left[\frac{N}{4}n_2+\frac{N}{8}n_3+\frac{N}{16}n_4+n_5,\ k_1\right]=X\left[\frac{N}{4}n_2+\frac{N}{8}n_3+\frac{N}{16}n_4+n_5,\ k_1\right]W_N^{\frac{N}{4}n_2k_1}$$

4단계 : 두 번째 나비연산기 2-point DIF FFT 수행

$$X\left[\frac{N}{8}n_3+\frac{N}{16}n_4+n_5,\ k_1+2k_2\right]=\sum_{n_1=0}^{1}X'\left[\frac{N}{4}n_2+\frac{N}{8}n_3+\frac{N}{16}n_4+n_5,\ k_1\right]W_N^{\frac{N}{2}n_2k_2}$$

5단계 : 복소곱셈 블록

$$X'\left[\frac{N}{8}n_3+\frac{N}{16}n_4+n_5,\ k_1+2k_2\right]=X\left[\frac{N}{8}n_3+\frac{N}{16}n_4+n_5,\ k_1+2k_2\right]W_N^{\left(\frac{N}{8}n_3+\frac{N}{16}n_4\right)(k_1+2k_2)}$$

6단계 : 세 번째 나비연산기 2-point DIF FFT 수행

$$X\left[\frac{N}{16}n_4+n_5,\ k_1+2k_2+4k_3\right]=\sum_{n_3=0}^{1}X'\left[\frac{N}{8}n_3+\frac{N}{16}n_4+n_5,\ k_1+2k_2\right]W_N^{\frac{N}{2}n_3k_3}$$

7단계 : $-j$ 연산 블록

$$X'\left[\frac{N}{16}n_4+n_5,\ k_1+2k_2+4k_3\right]=X\left[\frac{N}{16}n_4+n_5,\ k_1+2k_2+4k_3\right]W_N^{\frac{N}{4}n_4k_3}$$

8단계 : 네 번째 나비연산기 2-point DIF FFT 수행

$$X\left[n_5,\ k_1+2k_2+4k_3+8k_4\right]=\sum_{n_4=0}^{1}X'\left[\frac{N}{16}n_4+n_5,\ k_1+2k_2+4k_3\right]W_N^{\frac{N}{4}n_4k_4}$$

9단계 : 복소곱셈 블록

$$X'[n_5,\ k_1+2k_2+4k_3+8k_4]=X[n_5,\ k_1+2k_2+4k_3+8k_4]\,W_N^{n_5(k_1+2k_2-4k_3+8k_4)}$$

10단계 : N/16-point DIF FFT 수행

$$X[k_1+2k_2+4k_3+8k_4+16k_5]=\sum_{n_5=0}^{\frac{N}{16}-1}X'[n_5,\ k_1+2k_2+4k_3+8k_4]\,W_{\frac{N}{16}}^{n_5k_5}$$

11단계 : 출력

$$X[k_1+2k_2+4k_3+8k_4+16k_5]$$
$$=\Big\{X[k_1+2k_2+4k_3+8k_4],\ X[k_1+2k_2+4k_3+8k_4+16],\ \cdots,$$
$$X\Big[k_1+2k_2+4k_3+8k_4+16\Big(\frac{N}{16}-1\Big)\Big]\Big\}$$

$$0<k_1,\ k_2,\ k_3,\ k_4\le 1,\ 0\le k_5\le\frac{N}{16}-1$$

예제 : 32-point FFT

$$X(k_1+2k_2+4k_3+8k_4+16k_5)$$
$$=\sum_{n_5=0}^{1}\left|\sum_{n_4=0}^{1}\left\langle\sum_{n_3=0}^{1}\left[\sum_{n_2=0}^{1}\left\{\sum_{n_1=0}^{1}x(16n_1+8n_2+4n_3+2n_4+n_5)\,W_2^{n_1k_1}W_4^{n_2k_1}\right\}\right.\right.\right.$$
$$\left.\left.\left.\times W_2^{n_2k_2}W_{32}^{(4n_3+2n_4)(k_1+2k_2)}\right]\times W_2^{n_3k_3}W_4^{n_4k_3}\right\rangle W_2^{n_4k_4}W_{32}^{n_5(k_1+2k_2+4k_3+8k_4)}\right|W_2^{n_5k_5}$$

1단계 : 초기입력 값

$$x[n]=(x[16n_1+8n_2+4n_3+2n_4],\ x[16n_1+8n_2+4n_3+2n_4+1])$$

$$0\le n_1,\ n_2,\ n_3,\ n_4\le 1$$

1차원 배열의 입력을 5차원 배열의 입력으로 다시 표기

n_2	0								1							
n_3	0				1				0				1			
n_4	0		1		0		1		0		1		0		1	
n_1 \ n_5	0	1	2	3	4	5	6	7	0	1	2	3	4	5	6	7
0	X[0]	X[1]	X[2]	X[3]	X[4]	X[5]	X[6]	X[7]	X[8]	X[9]	X[10]	X[11]	X[12]	X[13]	X[14]	X[15]
1	X[16]	X[17]	X[18]	X[19]	X[20]	X[21]	X[22]	X[23]	X[24]	X[25]	X[26]	X[27]	X[28]	X[29]	X[30]	X[31]

2단계 : 첫 번째 나비연산기 2-point DIF FFT 수행

$$X[8n_2 + 4n_3 + 2n_4 + n_{5,}\ k_1]$$

$$= \sum_{n_1=0}^{1} x(16n_1 + 8n_2 + 4n_3 + 2n_4 + n_5)\, W_2^{n_1 k_1}$$

$$= x(8n_2 + 4n_3 + 2n_4 + n_5) + (-1)^{k_1} x(16 + 8n_2 + 4n_3 + 2n_4 + n_5)$$

n_2	0								1							
n_3	0				1				0				1			
n_4	0		1		0		1		0		1		0		1	
k_1 \ n_5	0	1	2	3	4	5	6	7	0	1	2	3	4	5	6	7
0	X[0,0]	X[1,0]	X[2,0]	X[3,0]	X[4,0]	X[5,0]	X[6,0]	X[7,0]	X[8,0]	X[9,0]	X[10,0]	X[11,0]	X[12,0]	X[13,0]	X[14,0]	X[15,0]
1	X[0,1]	X[1,1]	X[2,1]	X[3,1]	X[4,1]	X[5,1]	X[6,1]	X[7,1]	X[8,1]	X[9,1]	X[10,1]	X[11,1]	X[12,1]	X[13,1]	X[14,1]	X[15,1]

3단계 : $-j$ 연산 블록

$$X'[8n_2 + 4n_3 + 2n_4 + n_5,\ k_1] = X[8n_2 + 4n_3 + 2n_4 + n_5,\ k_1]\, W_4^{n_2 k_1}$$

트위들 인자를 곱한 값으로 배열 표기

n_2	0								1							
n_3	0				1				0				1			
n_4	0		1		0		1		0		1		0		1	
k_1 \ n_5	0	1	2	3	0	1	2	3	0	1	2	3	0	1	2	3
0	X'[0,0]	X'[1,0]	X'[2,0]	X'[3,0]	X'[4,0]	X'[5,0]	X'[6,0]	X'[7,0]	X'[8,0]	X'[9,0]	X'[10,0]	X'[11,0]	X'[12,0]	X'[13,0]	X'[14,0]	X'[15,0]
1	X'[0,1]	X'[1,1]	X'[2,1]	X'[3,1]	X'[4,1]	X'[5,1]	X'[6,1]	X'[7,1]	X'[8,1]	X'[9,1]	X'[10,1]	X'[11,1]	X'[12,1]	X'[13,1]	X'[14,1]	X'[15,1]

4단계 : 두 번째 나비연산기 2-point DIF FFT 수행

$$X\left[4n_3+2n_4+n_5,\ k_1+2k_2\right]$$

$$=\sum_{n_2=0}^{1} X'\left[8n_2+4n_3+2n_4+n_5,\ k_1\right] W_2^{n_2k_2}$$

$$=X'\left[4n_3+2n_4+n_5,\ k_1\right]+(-1)^{k_2}X'\left[8+4n_3+2n_4+n_5,\ k_1\right]$$

위의 식에 대한 2차원 배열

n_2	0								1							
n_3	0				1				0				1			
n_4	0		1		0		1		0		1		0		1	
k_1 \ n_5	0	1	2	3	0	1	2	3	0	1	2	3	0	1	2	3
0	X[0,0]	X[1,0]	X[2,0]	X[3,0]	X[4,0]	X[5,0]	X[6,0]	X[7,0]	X[0,2]	X[1,2]	X[2,2]	X[3,2]	X[4,2]	X[5,2]	X[6,2]	X[7,2]
1	X[0,1]	X[1,1]	X[2,1]	X[3,1]	X[4,1]	X[5,1]	X[6,1]	X[7,1]	X[0,3]	X[1,3]	X[2,3]	X[3,3]	X[4,3]	X[5,3]	X[6,3]	X[7,3]

5단계 : 복소곱셈 블록

$$X'\left[4n_3+2n_4+n_5,\ k_1+2k_2\right]=X\left[4n_3+2n_4+n_5,\ k_1+2k_2\right] W_{32}^{(4n_3+2n_4)(k_1+2k_2)}$$

트위들 인자를 곱한 값으로 배열 표기

n_2	0								1							
n_3	0				1				0				1			
n_4	0		1		0		1		0		1		0		1	
k_1 \ n_5	0	1	2	3	0	1	2	3	0	1	2	3	0	1	2	3
0	X'[0,0]	X'[1,0]	X'[2,0]	X'[3,0]	X'[4,0]	X'[5,0]	X'[6,0]	X'[7,0]	X'[0,2]	X'[1,2]	X'[2,2]	X'[3,2]	X'[4,2]	X'[5,2]	X'[6,2]	X'[7,2]
1	X'[0,1]	X'[1,1]	X'[2,1]	X'[3,1]	X'[4,1]	X'[5,1]	X'[6,1]	X'[7,1]	X'[0,3]	X'[1,3]	X'[2,3]	X'[3,3]	X'[4,3]	X'[5,3]	X'[6,3]	X'[7,3]

6단계 : 세 번째 나비연산기 2-point DIF FFT 수행

$$X\left[2n_4+n_5,\ k_1+2k_2+4k_3\right]$$

$$= \sum_{n_3=0}^{1} X'[4n_3 + 2n_4 + n_5,\ k_1 + 2k_2]\ W_2^{n_3 k_3}$$

$$= X'[2n_4 + n_5,\ k_1 + 2k_2] + (-1)^{k_3} X'[4 + 2n_4 + n_5,\ k_1 + 2k_2]$$

위의 식에 대한 2차원 배열

n_2	0								1							
n_3	0				1				0				1			
n_4	0		1		0		1		0		1		0		1	
k_1 \ n_5	0	1	2	3	0	1	2	3	0	1	2	3	0	1	2	3
0	X[0,0]	X[1,0]	X[2,0]	X[3,0]	X[0,4]	X[1,4]	X[2,4]	X[3,4]	X[0,2]	X[1,2]	X[2,2]	X[3,2]	X[0,6]	X[1,6]	X[2,6]	X[3,6]
1	X[0,1]	X[1,1]	X[2,1]	X[3,1]	X[0,5]	X[1,5]	X[2,5]	X[3,5]	X[0,3]	X[1,3]	X[2,3]	X[3,3]	X[0,7]	X[1,7]	X[2,7]	X[3,7]

7단계 : $-j$ 연산 블록

$$X'[2n_4 + n_5,\ k_1 + 2k_2 + 4k_3] = X[2n_4 + n_5,\ k_1 + 2k_2 + 4k_3]\ W_4^{n_4 k_3}$$

트위들 인자를 곱한 값으로 배열 표기

k_2	0								1							
k_3	0				1				0				1			
n_4	0		1		0		1		0		1		0		1	
k_1 \ n_5	0	1	2	3	0	1	2	3	0	1	2	3	0	1	2	3
0	X'[0,0]	X'[1,0]	X'[2,0]	X'[3,0]	X'[0,4]	X'[1,4]	X'[2,4]	X'[3,4]	X'[0,2]	X'[1,2]	X'[2,2]	X'[3,2]	X'[0,6]	X'[1,6]	X'[2,6]	X'[3,6]
1	X'[0,1]	X'[1,1]	X'[2,1]	X'[3,1]	X'[0,5]	X'[1,5]	X'[2,5]	X'[3,5]	X'[0,3]	X'[1,3]	X'[2,3]	X'[3,3]	X'[0,7]	X'[1,7]	X'[2,7]	X'[3,7]

8단계 : 네 번째 나비연산기 2-point DIF FFT 수행

$$X[n_5,\ k_1 + 2k_2 + 4k_3 + 8k_4]$$

$$= \sum_{n_4=0}^{1} X'[2n_4 + n_5,\ k_1 + 2k_2 + 4k_3]\ W_2^{n_4 k_4}$$

$$= X'[n_5,\ k_1 + 2k_2 + 4k_3] + (-1)^{k_4} X'[2 + n_5,\ k_1 + 2k_2 + 4k_3]$$

위의 식에 대한 2차원 배열

k_2	0								1							
k_3	0				1				0				1			
k_4	0		1		0		1		0		1		0		1	
k_1 \ n_5	0	1	2	3	0	1	2	3	0	1	2	3	0	1	2	3
0	X[0,0]	X[1,0]	X[0,8]	X[1,8]	X[0,4]	X[1,4]	X[0,12]	X[1,12]	X[0,2]	X[1,2]	X[0,10]	X[1,10]	X[0,6]	X[1,6]	X[0,14]	X[1,14]
1	X[0,1]	X[1,1]	X[0,9]	X[1,9]	X[0,5]	X[1,5]	X[0,13]	X[1,13]	X[0,3]	X[1,3]	X[0,11]	X[1,11]	X[0,7]	X[1,7]	X[0,15]	X[1,15]

9단계 : 복소곱셈 블록

$$X'[n_5,\ k_1 + 2k_2 + 4k_3 + 8k_4] = X[n_5,\ k_1 + 2k_2 + 4k_3 + 8k_4]\ W_{32}^{n_5(k_1 + 2k_2 + 4k_3 + 8k_4)}$$

트위들 인자를 곱한 값으로 배열 표기

k_2	0								1							
k_3	0				1				0				1			
k_4	0		1		0		1		0		1		0		1	
k_1 \ n_5	0	1	2	3	0	1	2	3	0	1	2	3	0	1	2	3
0	X'[0,0]	X'[1,0]	X'[0,8]	X'[1,8]	X'[0,4]	X'[1,4]	X'[0,12]	X'[1,12]	X'[0,2]	X'[1,2]	X'[0,10]	X'[1,10]	X'[0,6]	X'[1,6]	X'[0,14]	X'[1,14]
1	X'[0,1]	X'[1,1]	X'[0,9]	X'[1,9]	X'[0,5]	X'[1,5]	X'[0,13]	X'[1,13]	X'[0,3]	X'[1,3]	X'[0,11]	X'[1,11]	X'[0,7]	X'[1,7]	X'[0,15]	X'[1,15]

10단계 : 2-point DIF FFT 수행

$$X[k_1 + 2k_2 + 4k_3 + 8k_4 + 16k_5] = \sum_{n_5 = 0}^{1} X'[n_5,\ k_1 + 2k_2 + 4k_3 + 8k_4]\ W_2^{n_5 k_5}$$

11단계 : 출력

$$X[k_1 + 2k_2 + 4k_3 + 8k_4 + 16k_5]$$

$$= (X[k_1 + 2k_2 + 4k_3 + 8k_3],\ X[k_1 + 2k_2 + 4k_3 + 8k_4 + 16])$$

$$0 \le k_1,\ k_2,\ k_3, k_4 \le 1,\ 0 \le k_5 \le 1$$

출력에 대한 4차원 배열

k_2	0								1							
k_3	0				1				0				1			
k_4	0		1		0		1		0		1		0		1	
k_1 \ k_5	0	1	2	3	0	1	2	3	0	1	2	3	0	1	2	3
0	X[0]	X[16]	X[8]	X[24]	X[4]	X[20]	X[12]	X[28]	X[2]	X[18]	X[10]	X[26]	X[6]	X[22]	X[14]	X[30]
1	X[1]	X[17]	X[9]	X[25]	X[5]	X[21]	X[13]	X[29]	X[3]	X[19]	X[11]	X[27]	X[7]	X[23]	X[15]	X[31]

32-point FFT에 대한 DIF Radix-2^4 알고리즘의 SFG는 다음 그림과 같다.

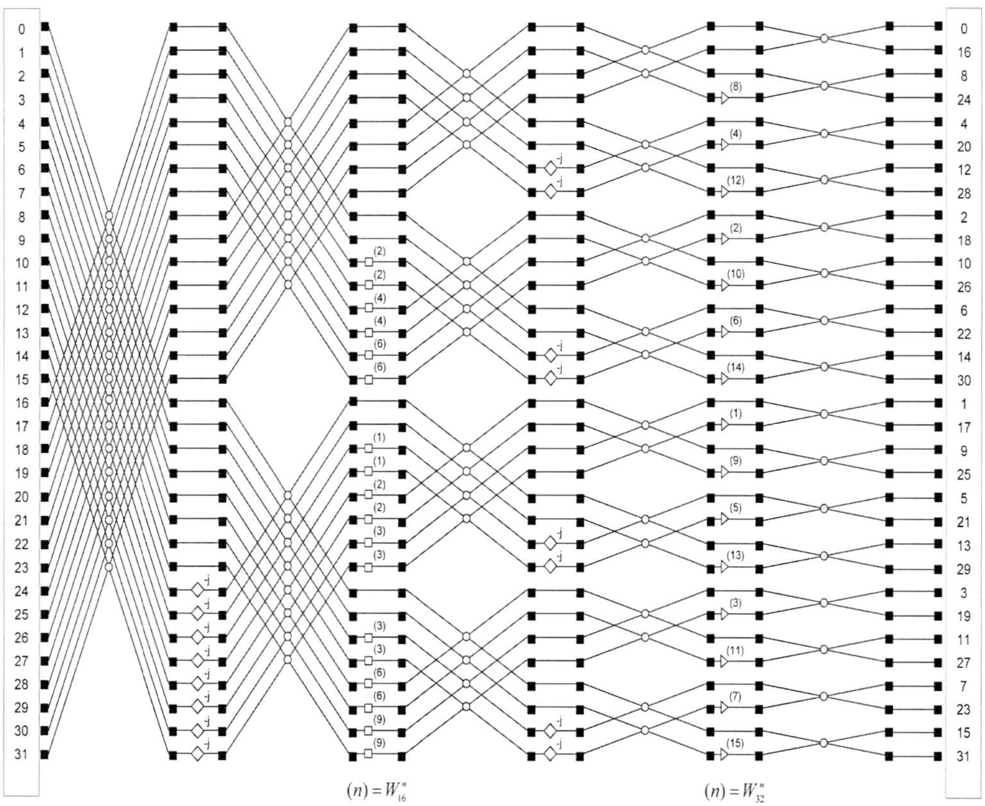

그림 5-7 32–point DIF Radix–2^4 FFT의 SFG

5.1.5 DIF Radix-4 알고리즘

먼저 DFT의 정의를 다음과 같이 4개의 합으로 분리시킨다.

$$
\begin{aligned}
X(k) &= \sum_{n=0}^{N-1} x(n)\, W_N^{kn} \\
&= \sum_{n=0}^{\frac{N}{4}-1} x(n)\, W_N^{kn} + \sum_{n=\frac{N}{4}}^{\frac{N}{2}-1} x(n)\, W_N^{kn} + \sum_{n=\frac{N}{2}}^{\frac{3N}{4}-1} x(n)\, W_N^{kn} + \sum_{n=\frac{3N}{4}}^{N-1} x(n)\, W_N^{kn} \\
&= \sum_{n=0}^{\frac{N}{4}-1} x(n)\, W_N^{kn} + W_N^{\frac{Nk}{4}} \sum_{n=0}^{\frac{N}{4}-1} x\left(n+\frac{N}{4}\right) W_N^{kn} + W_N^{\frac{Nk}{2}} \sum_{n=0}^{\frac{N}{4}-1} x\left(n+\frac{N}{2}\right) W_N^{kn} \\
&\quad + W_N^{\frac{3kN}{4}} \sum_{n=0}^{\frac{N}{4}-1} x\left(n+\frac{3N}{4}\right) W_N^{kn}
\end{aligned}
$$

위의 식에서 보듯이 변수를 치환하여 4개의 합이 모두 $n=0$에서 시작하도록 변형한다. 위의 식에서 다음의 관계가 있다.

$$
W_N^{\frac{kN}{4}} = (-j)^k, \quad W_N^{\frac{kN}{2}} = (-1)^k, \quad W_N^{\frac{3kN}{4}} = (-j)^k
$$

위의 관계식을 대입하여 다시 하나의 합으로 다음과 같이 나타낼 수 있다.

$$
X(k) = \sum_{n=0}^{\frac{N}{4}-1} \left[x(n) + (-j)^k x\left(n+\frac{N}{4}\right) + (-1)^k x\left(n+\frac{N}{2}\right) + (-j)^k x\left(n+\frac{3N}{4}\right) \right] W_N^{nk}
$$

위의 식은 k가 4의 배수인 경우부터 다음과 같이 4개의 경우로 나누어 나타낼 수 있다.

$$X(4r) = \sum_{n=0}^{\frac{N}{4}-1}\left[x(n)+x\left(n+\frac{N}{4}\right)+x\left(n+\frac{N}{2}\right)+x\left(n+\frac{3N}{4}\right)\right]W_{\frac{N}{4}}^{rn}$$

$$X(4r+1) = \sum_{n=0}^{\frac{N}{4}-1}\left\{\left[x(n)-jx\left(n+\frac{N}{4}\right)-x\left(n+\frac{N}{2}\right)+jx\left(n+\frac{3N}{4}\right)\right]W_{N}^{n}\right\}W_{\frac{N}{4}}^{rn}$$

$$X(4r+2) = \sum_{n=0}^{\frac{N}{4}-1}\left\{\left[x(n)-x\left(n+\frac{N}{4}\right)+x\left(n+\frac{N}{2}\right)-x\left(n+\frac{3N}{4}\right)\right]W_{N}^{2n}\right\}W_{\frac{N}{4}}^{rn}$$

$$X(4r+3) = \sum_{n=0}^{\frac{N}{4}-1}\left\{\left[x(n)+jx\left(n+\frac{N}{4}\right)-x\left(n+\frac{N}{2}\right)-jx\left(n+\frac{3N}{4}\right)\right]W_{N}^{3n}\right\}W_{\frac{N}{4}}^{rn}$$

위의 식을 살펴보면 각각의 식이 $N/4$-point의 DFT 임을 알 수 있다. 요약하면 N-point DFT는 4개의 $N/4$-point DFT로 분해될 수 있음을 알 수 있다. 이를 나비연산기로 나타내면 다음 그림과 같다.

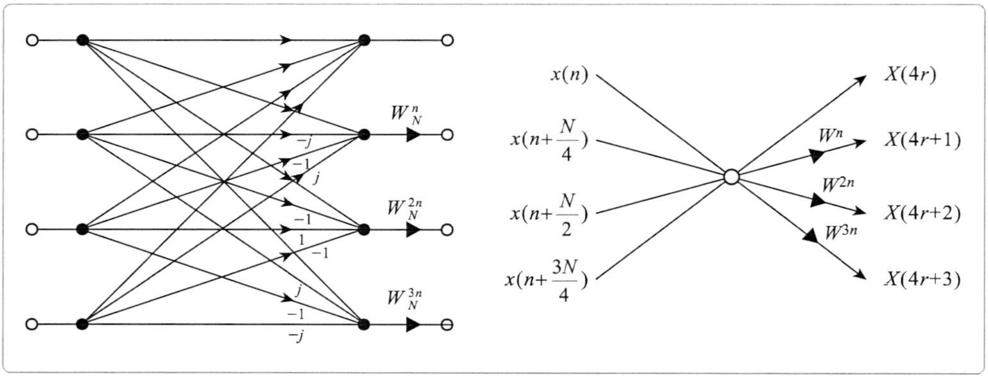

그림 5-8 DIF Radix-4 나비연산기

예제 : 16-point FFT

1단계 : N=16

$$X(k)=\sum_{n=0}^{3}\left[x(n)+(-j)^k x(n+4)+(-1)^k x(n+8)+(j)^k x(n+12)\right] W_{16}^{nk}$$

4개의 경우로 나타내면 다음 식과 같다.

$$X(4r) \quad =\sum_{n=0}^{3}[x(n)+x(n+4)+x(n+8)+x(n+12)]\, W_4^{rn}$$

$$X(4r+1)=\sum_{n=0}^{3}\left\{[x(n)-jx(n+4)-x(n+8)+jx(n+12)]\, W_{16}^{n}\right\} W_4^{rn}$$

$$X(4r+2)=\sum_{n=0}^{3}\left\{[x(n)-x(n+4)-x(n+8)+jx(n+12)]\, W_{16}^{2n}\right\} W_4^{rn}$$

$$X(4r+3)=\sum_{n=0}^{3}\left\{[x(n)+jx(n+4)-x(n+8)-jx(n+12)]\, W_{16}^{3n}\right\} W_4^{rn}$$

2단계 : $N=4$

$$X(k)=x(n)+(-j)^k x(n+1)+(-1)^k x(n+2)+(j)^k x(n+3)$$

4개의 경우로 나타내면 다음 식과 같다.

$$X(4r) \quad =x(n)+x(n+1)+x(n+2)+x(n+3)$$

$$X(4r+1)=x(n)-jx(n+1)-x(n+2)+jx(n+3)$$

$$X(4r+2)=x(n)-x(n+1)+x(n+2)-x(n+3)$$

$$X(4r+3)=x(n)+jx(n+1)-x(n+2)-jx(n+3)$$

이 예제의 최종적인 SFG는 다음 그림과 같다.

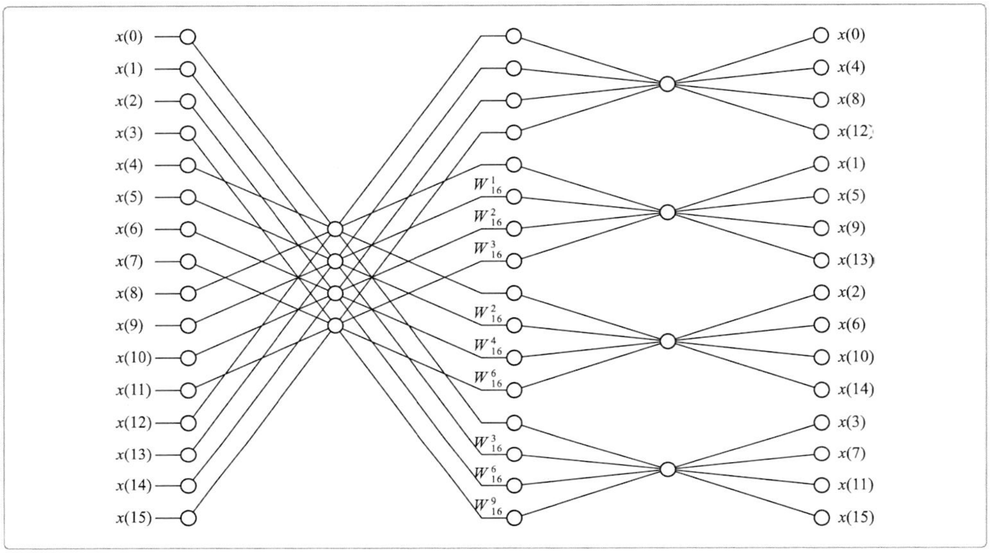

그림 5-9 16-point DIF Radix-4 FFT의 SFG

64-point FFT에 대한 DIF Radix-4 알고리즘의 SFG는 다음 그림과 같다.

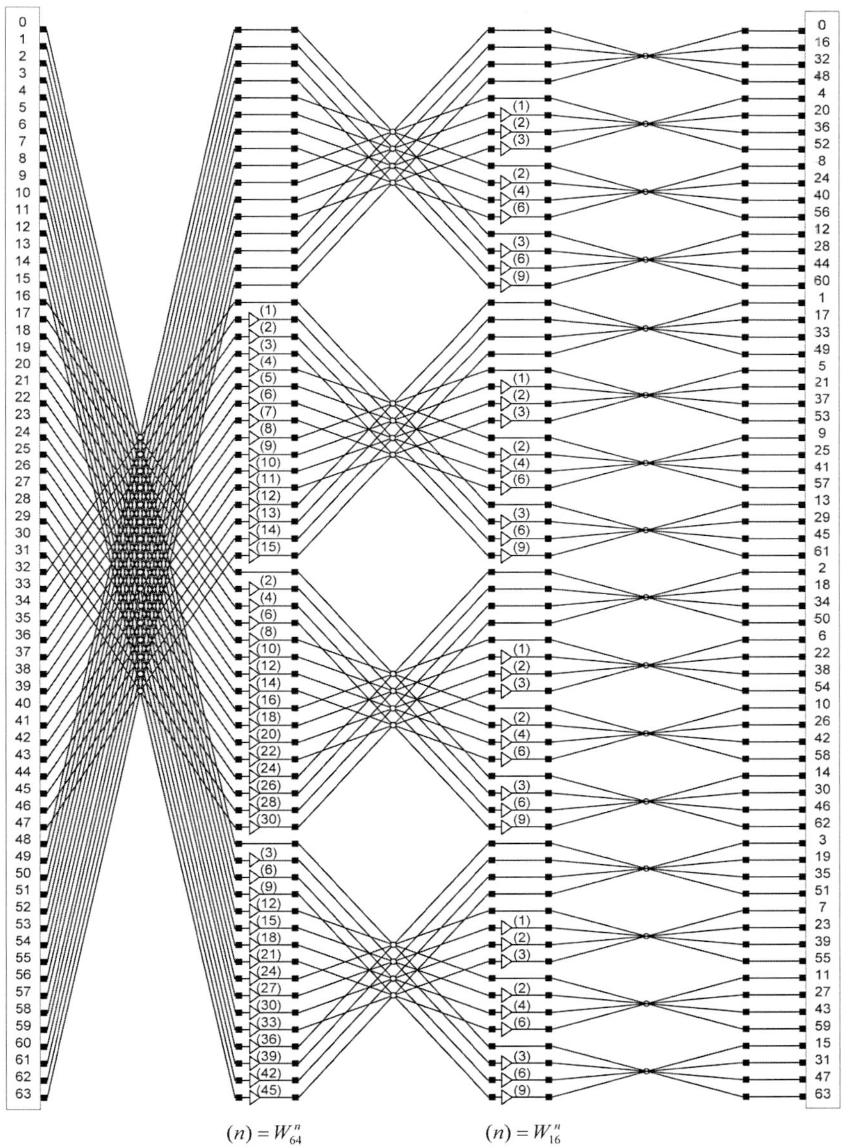

그림 5-10 64-point DIF Radix-4 FFT의 SFG

5.1.6 DIF Radix-4^2 알고리즘

이 알고리즘은 다음의 DFT의 정의로부터 시작한다.

$$X(k) = \sum_{n=0}^{N-1} x[n]\, W_N^{kn}, \quad k = 0,\ 1,\ \cdots,\ N-1 \qquad W_N^{kn} = e^{-j\frac{2\pi}{N}kn}$$

위의 식에서 인덱스 n과 k를 다음과 같이 분해한다.

$$n = \frac{N}{4}n_1 + \frac{N}{16}n_2 + n_3 \qquad 0 \le n_1,\ n_2 \le 3$$

$$0 \le k_1,\ k_2 \le 3$$

$$k = k_1 + 4k_2 + 16k_3 \qquad 0 \le n_3,\ k_3 \le \frac{N}{16} - 1$$

첫 번째 스테이지

$$\begin{aligned}
&X(k_1 + 4k_2 + 16k_3) \\
&= \sum_{n_3=0}^{\frac{N}{16}-1} \sum_{n_2=0}^{3} \sum_{n_1=0}^{3} x\left(\frac{N}{4}n_1 + \frac{N}{16}n_2 + n_3\right) W_N^{\left(\frac{N}{4}n_1 + \frac{N}{16}n_2 + n_3\right)(k_1 + 4k_2 + 16k_3)} \\
&= \sum_{n_3=0}^{\frac{N}{16}-1} \sum_{n_2=0}^{3} \left\{ \sum_{n_1=0}^{3} x\left(\frac{N}{4}n_1 + \frac{N}{16}n_2 + n_3\right) W_N^{\frac{N}{4}n_1k_1} \right\} W_N^{\left(\frac{N}{16}n_2 + n_3\right)(k_1 + 4k_2 + 16k_3)} \\
&= \sum_{n_3=0}^{\frac{N}{16}-1} \sum_{n_2=0}^{3} B\left(\frac{N}{16}n_2 + n_3,\ k_1\right) W_N^{\left(\frac{N}{16}n_2 + n_3\right)(k_1 + 4k_2 + 16k_3)}
\end{aligned}$$

▸ 트위들 인자 간소화

$$\begin{aligned}
W_N^{\left(\frac{N}{16}n_2 + n_3\right)(k_1 + 4k_2 + 16k_3)} &= W_N^{\frac{N}{16}n_2(k_1 + 4k_2)}\, W_N^{n_3(k_1 + 4k_2 + 16k_3)} \\
&= W_N^{\frac{N}{16}n_2k_1}\, W_N^{\frac{N}{4}n_2k_2}\, W_N^{n_3(k_1 + 4k_2)}\, W_{\frac{N}{16}}^{n_3k_3}
\end{aligned}$$

▸ 트위들 인자 분해식

$$X(k_1+4k_2+16k_3)$$

$$=\sum_{n_3=0}^{\frac{N}{16}-1}\left[\sum_{n_2=0}^{3}\left\{\sum_{n_1=0}^{3}x\left(\frac{N}{4}n_1+\frac{N}{16}n_2+n_3\right)W_N^{\frac{N}{4}n_1k_1}W_N^{\frac{N}{16}n_2k_1}\right\}\right.$$

$$\left.W_N^{\frac{N}{4}n_2k_2}W_N^{n_3(k_1+4k_2)}\right]W_{\frac{N}{16}}^{n_3k_3}$$

두 번째 스테이지

$$X(k_1+4k_2+16k_3)$$

$$=\sum_{n_3=0}^{\frac{N}{16}-1}\left[\sum_{n_2=0}^{3}B\left(\frac{N}{16}n_2+n_3,\ k_1\right)W_N^{\frac{N}{16}n_2k_1}W_N^{\frac{N}{4}n_2k_2}\right]W_N^{n_3(k_1+4k_2)}W_{\frac{N}{16}}^{n_3k_3}$$

$$=\sum_{n_3=0}^{\frac{N}{16}-1}\left[H(k_1,\ k_2,\ n_3)\right]W_N^{n_3(k_1+4k_2)}W_{\frac{N}{16}}^{n_3k_3}$$

알고리즘의 단계별 구분

$$X(k_1+4k_2+16k_3)$$

$$=\sum_{n_3=0}^{\frac{N}{16}-1}\left|\left\langle\sum_{n_2=0}^{3}\left\{\left[\sum_{n_1=0}^{3}x\left(\frac{N}{4}n_1+\frac{N}{16}n_2+n_3\right)W_N^{\frac{N}{4}n_1k_1}\right]W_N^{\frac{N}{16}n_2k_1}\right\}W_N^{\frac{N}{4}n_2k_2}\right\rangle\right.$$

$$\left.\times W_N^{n_3(k_1+4k_2)}\right|W_{\frac{N}{16}}^{n_3k_3}$$

1단계 : 초기 입력 값

$$x[n]=\left\{x\left[\frac{N}{4}n_1+\frac{N}{16}n_2\right],\ x\left[\frac{N}{4}n_1+\frac{N}{16}n_2+1\right],\ \cdots,\right.$$

$$x\left[\frac{N}{4}n_1+\frac{N}{16}n_2+\left(\frac{N}{16}-1\right)\right]\Big\} \qquad 0 \le n_1,\ n_2 \le 3$$

2단계 : 첫 번째 나비연산기 4-point DIF FFT 수행

$$X\left[\frac{N}{16}n_2+n_3,\ k_1\right]=\sum_{n_1=0}^{3} x\left(\frac{N}{4}n_1+\frac{N}{16}n_2+n_3\right)W_N^{\frac{N}{4}n_1k_1}$$

3단계 : 복소곱셈 블록

$$X'\left[\frac{N}{16}n_2+n_3,\ k_1\right]=X\left[\frac{N}{16}n_2+n_3,\ k_1\right]W_N^{\frac{N}{16}n_2k_1}$$

4단계 : 두 번째 나비연산기 4-point DIF FFT 수행

$$X[n_3,\ k_1+4k_2]=\sum_{n_2=0}^{3} X'\left[\frac{N}{16}n_2+n_3,\ k_1\right]W_N^{\frac{N}{4}n_2k_2}$$

5단계 : 복소곱셈 블록

$$X'[n_3,\ k_1+4k_2]=X[n_3,\ k_1+4k_2]\,W_N^{n_3(k_1+4k_2)}$$

6단계 : N/16-point DIF FFT 수행

$$X[k_1+4k_2+16k_3]=\sum_{n_3=0}^{\frac{N}{16}-1} X'[n_3,\ k_1+4k_2]\,W_{\frac{N}{16}}^{n_3k_3}$$

7단계 : 출력

$$X[k_1+4k_2+16k_3]=\Big\{X[k_1+4k_2],\ X[k_1+4k_2+16],\ \cdots,\ X\left[k_1+2k_2+16\left(\frac{N}{16}-1\right)\right]\Big\}$$

$$0 \le k_1,\ k_2 \le 3,\ 0 \le k_3 \le \frac{N}{16}-1$$

64-point FFT에 대한 DIF Radix-4^2 알고리즘의 SFG는 다음 그림과 같다.

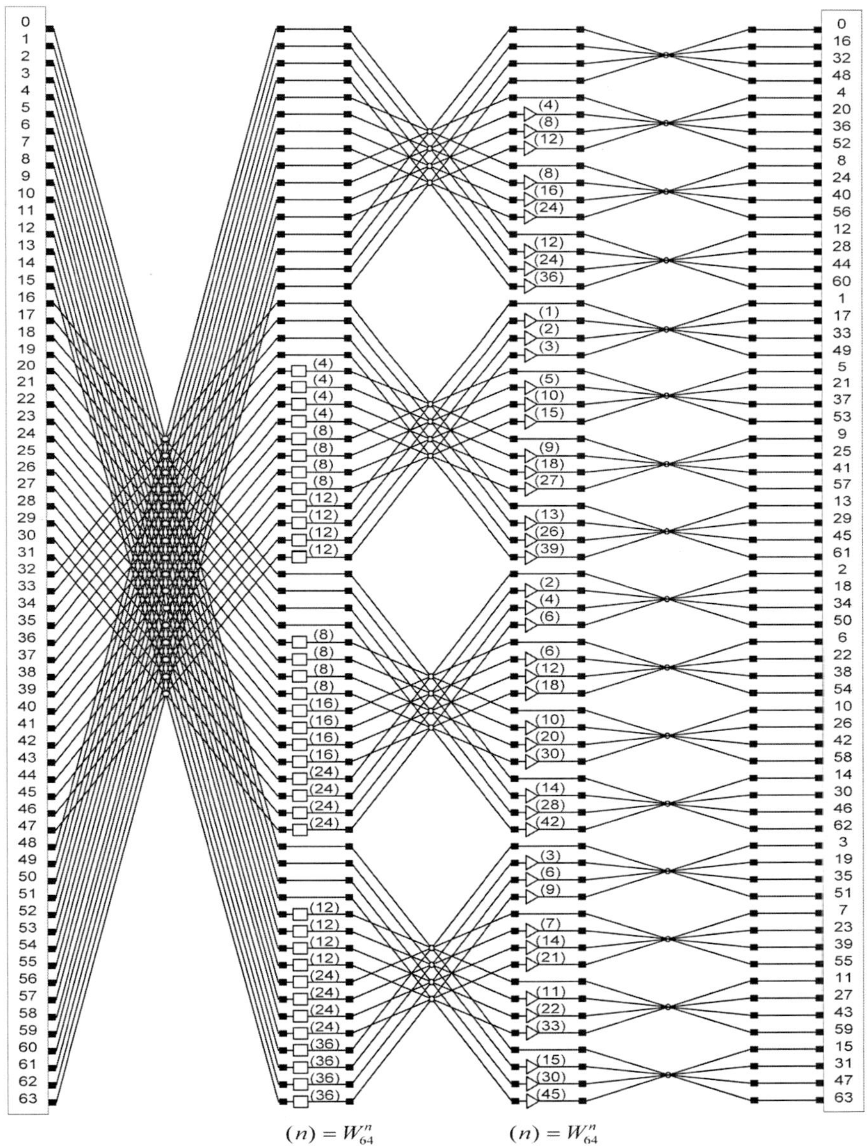

그림 5-11 64–point DIF Radix–4^2 FFT의 SFG

5.1.7 DIF Radix-8 알고리즘

먼저 DFT의 정의를 다음과 같이 8개의 합으로 분리시킨다.

$$
\begin{aligned}
X(k) &= \sum_{n=0}^{N-1} x(n)\, W_N^{kn} \\
&= \sum_{n=0}^{\frac{N}{8}-1} x(n)\, W_N^{kn} + \sum_{n=\frac{N}{8}}^{\frac{2N}{8}-1} x(n)\, W_N^{kn} + \sum_{n=\frac{2N}{8}}^{\frac{3N}{8}-1} x(n)\, W_N^{kn} + \sum_{n=\frac{3N}{8}}^{\frac{4N}{8}-1} x(n)\, W_N^{kn} + \sum_{n=\frac{4N}{8}}^{\frac{5N}{8}-1} x(n)\, W_N^{kn} \\
&\quad + \sum_{n=\frac{5N}{8}}^{\frac{6N}{8}-1} x(n)\, W_N^{kn} + \sum_{n=\frac{6N}{8}}^{\frac{7N}{8}-1} x(n)\, W_N^{kn} + \sum_{n=\frac{7N}{8}}^{N-1} x(n)\, W_N^{kn} \\
&= \sum_{n=0}^{\frac{N}{8}-1} x(n)\, W_N^{kn} + W_N^{\frac{Nk}{8}} \sum_{n=0}^{\frac{N}{8}-1} x\left(n+\frac{N}{8}\right) W_N^{kn} + W_N^{\frac{2Nk}{8}} \sum_{n=0}^{\frac{N}{8}-1} x\left(n+\frac{2N}{8}\right) W_N^{kn} \\
&\quad + W_N^{\frac{3Nk}{8}} \sum_{n=0}^{\frac{N}{8}-1} x\left(n+\frac{3N}{8}\right) W_N^{kn} + W_N^{\frac{4Nk}{8}} \sum_{n=0}^{\frac{N}{8}-1} x\left(n+\frac{4N}{8}\right) W_N^{kn} + W_N^{\frac{5Nk}{8}} \sum_{n=0}^{\frac{N}{8}-1} x\left(n+\frac{5N}{8}\right) W_N^{kn} \\
&\quad + W_N^{\frac{6Nk}{8}} \sum_{n=0}^{\frac{N}{8}-1} x\left(n+\frac{6N}{8}\right) W_N^{kn} + W_N^{\frac{7Nk}{8}} \sum_{n=0}^{\frac{N}{8}-1} x\left(n+\frac{7N}{8}\right) W_N^{kn}
\end{aligned}
$$

위의 식에서 보듯이 변수를 치환하여 8개의 합이 모두 $n=0$에서 시작하도록 변형한다. 그리고 위의 식에서 다음의 관계가 있다.

$$
\begin{aligned}
W_N^{\frac{N}{8}k} &= \left(\cos\left(\frac{\pi}{4}\right) - j\sin\left(\frac{\pi}{4}\right)\right)^k = (0.7071 - j(0.7071))^k \\
W_N^{\frac{2N}{8}k} &= \left(\cos\left(\frac{\pi}{4}\right) - j\sin\left(\frac{\pi}{4}\right)\right)^k = (0 - j(1))^k \\
W_N^{\frac{3N}{8}k} &= \left(\cos\left(\frac{\pi}{4}\right) - j\sin\left(\frac{\pi}{4}\right)\right)^k = (-0.7071 - j(0.7071))^k
\end{aligned}
$$

$$W_N^{\frac{4N}{8}k} = \left(\cos\left(\frac{\pi}{4}\right) - j\sin\left(\frac{\pi}{4}\right)\right)^k = (-1 - j(0))^k$$

$$W_N^{\frac{5N}{8}k} = \left(\cos\left(\frac{\pi}{4}\right) - j\sin\left(\frac{\pi}{4}\right)\right)^k = (-0.7071 - j(-0.7071))^k$$

$$W_N^{\frac{6N}{8}k} = \left(\cos\left(\frac{\pi}{4}\right) - j\sin\left(\frac{\pi}{4}\right)\right)^k = (0 - j(-1))^k$$

$$W_N^{\frac{7N}{8}k} = \left(\cos\left(\frac{\pi}{4}\right) - j\sin\left(\frac{\pi}{4}\right)\right)^k = (-0.7071 - j(-0.7071))^k$$

위의 관계식을 대입하여 다시 하나의 합으로 다음과 같이 나타낼 수 있다.

$$\begin{aligned} X(k) = \sum_{n=0}^{\frac{N}{8}-1} \Big[& x(n) + (-0.7071 - j0.7071)^k x\left(n + \frac{N}{8}\right) + (-k)^k x\left(n + \frac{2N}{8}\right) \\ & + (-0.7071 - j0.7071)^k x\left(n + \frac{3N}{8}\right) \\ & + (-1)^k x\left(n + \frac{4N}{8}\right) + (-0.7071 + j0.7071)^k x\left(n + \frac{5N}{8}\right) \\ & + (j)^k x\left(n + \frac{6N}{8}\right) + (0.7071 + j0.7071)^k x\left(n + \frac{7N}{8}\right) \Big] W_N^{nk} \end{aligned}$$

위의 식은 k가 8의 배수인 경우부터 다음과 같이 8개의 경우로 나누어 나타낼 수 있다.

$$\begin{aligned} X(8r) = \sum_{n=0}^{\frac{N}{8}-1} \Big[& x(n) + x\left(n + \frac{N}{8}\right) + x\left(n + \frac{2N}{8}\right) + x\left(n + \frac{3N}{8}\right) + x\left(n + \frac{4N}{8}\right) + x\left(n + \frac{5N}{8}\right) \\ & + x\left(n + \frac{6N}{8}\right) + x\left(n + \frac{7N}{8}\right) \Big] W_{\frac{N}{8}}^{rn} \end{aligned}$$

$$X(8r+1) = \sum_{n=0}^{\frac{N}{8}-1} \left\{ \left[x(n) + (0.7071 - j0.7071) x\left(n + \frac{N}{8}\right) + (-j) x\left(n + \frac{2N}{8}\right) \right. \right.$$

$$+(-0.7071-j0.7071)x\left(n+\frac{3N}{8}\right)+(-1)x\left(n+\frac{4N}{8}\right)+(0.7071+j0.7071)$$

$$x\left(n+\frac{5N}{8}\right)+(j)x\left(n+\frac{6N}{8}\right)+(0.7071+j0.7071)x\left(n+\frac{7N}{8}\right)\Bigg]W_N^{n}\Bigg\}W_{\frac{N}{8}}^{rn}$$

$$X(8r+2)=\sum_{n=0}^{\frac{N}{8}-1}\Bigg\{\Bigg[x(n)+(-j)x\left(n+\frac{N}{8}\right)+(-1)x\left(n+\frac{2N}{8}\right)+(j)x\left(n+\frac{3N}{8}\right)$$

$$+x\left(n+\frac{4N}{8}\right)+(-j)x\left(n+\frac{5N}{8}\right)+(-1)x\left(n+\frac{6N}{8}\right)+(j)x\left(n+\frac{7N}{8}\right)\Bigg]W_N^{2n}\Bigg\}W_{\frac{N}{8}}^{rn}$$

$$X(8r+3)=\sum_{n=0}^{\frac{N}{8}-1}\Bigg\{\Bigg[x(n)+(-0.7071-j0.7071)x\left(n+\frac{N}{8}\right)+(j)x\left(n+\frac{2N}{8}\right)$$

$$+(0.7071-j0.7071)x\left(n+\frac{3N}{8}\right)+(-1)x\left(n+\frac{4N}{8}\right)+(0.7071+j0.7071)$$

$$x\left(n+\frac{5N}{8}\right)+(-j)x\left(n+\frac{6N}{8}\right)+(-0.7071+j0.7071)x\left(n+\frac{7N}{8}\right)\Bigg]W_N^{3n}\Bigg\}W_{\frac{N}{8}}^{rn}$$

$$X(8r+4)=\sum_{n=0}^{\frac{N}{8}-1}\Bigg\{\Bigg[x(n)+(-1)x\left(n+\frac{N}{8}\right)+x\left(n+\frac{2N}{8}\right)+(-1)x\left(n+\frac{3N}{8}\right)$$

$$+x\left(n+\frac{4N}{8}\right)+(-1)x\left(n+\frac{5N}{8}\right)+x\left(n+\frac{6N}{8}\right)+(-1)x\left(n+\frac{7N}{8}\right)\Bigg]W_N^{4n}\Bigg\}W_{\frac{N}{8}}^{rn}$$

$$X(8r+5)=\sum_{n=0}^{\frac{N}{8}-1}\Bigg\{\Bigg[x(n)+(-0.7071+j0.7071)x\left(n+\frac{N}{8}\right)+(-j)x\left(n+\frac{2N}{8}\right)$$

$$+(0.7071+j0.7071)x\left(n+\frac{3N}{8}\right)+(-1)x\left(n+\frac{4N}{8}\right)+(0.7071-j0.7071)$$

$$x\left(n+\frac{5N}{8}\right)+(j)x\left(n+\frac{6N}{8}\right)+(-0.7071-j0.7071)x\left(n+\frac{7N}{8}\right)\Bigg]W_N^{5n}\Bigg\}W_{\frac{N}{8}}^{rn}$$

$$X(8r+6)=\sum_{n=0}^{\frac{N}{8}-1}\Bigg\{\Bigg[x(n)+(j)x\left(n+\frac{N}{8}\right)+(-1)x\left(n+\frac{2N}{8}\right)+(-j)x\left(n+\frac{3N}{8}\right)$$

$$+x\left(n+\frac{4N}{8}\right)+(j)x\left(n+\frac{5N}{8}\right)+(-1)x\left(n+\frac{6N}{8}\right)+(-j)x\left(n+\frac{7N}{8}\right)\Bigg]W_N^{6n}\Bigg\}W_{\frac{N}{8}}^{rn}$$

$$X(8r+7)=\sum_{n=0}^{\frac{N}{8}-1}\left\{\left[x(n)+(0.7071+j0.7071)x\left(n+\frac{N}{8}\right)+(j)x\left(n+\frac{2N}{8}\right)\right.\right.$$
$$+(-0.7071+j0.7071)x\left(n+\frac{3N}{8}\right)+(-1)x\left(n+\frac{4N}{8}\right)+(-0.7071-j0.7071)$$
$$\left.\left.x\left(n+\frac{5N}{8}\right)+(-j)x\left(n+\frac{6N}{8}\right)+(0.7071-j0.7071)x\left(n+\frac{7N}{8}\right)\right]W_N^{7n}\right\}W_{\frac{N}{8}}^{rn}$$

위의 식을 살펴보면 각각의 식이 $N/8$-point의 DFT 임을 알 수 있다. 요약하면 N-point DFT는 8개의 $N/8$-point DFT로 분해될 수 있음을 알 수 있다. 이를 나비연산기로 나타내면 다음 그림과 같다.

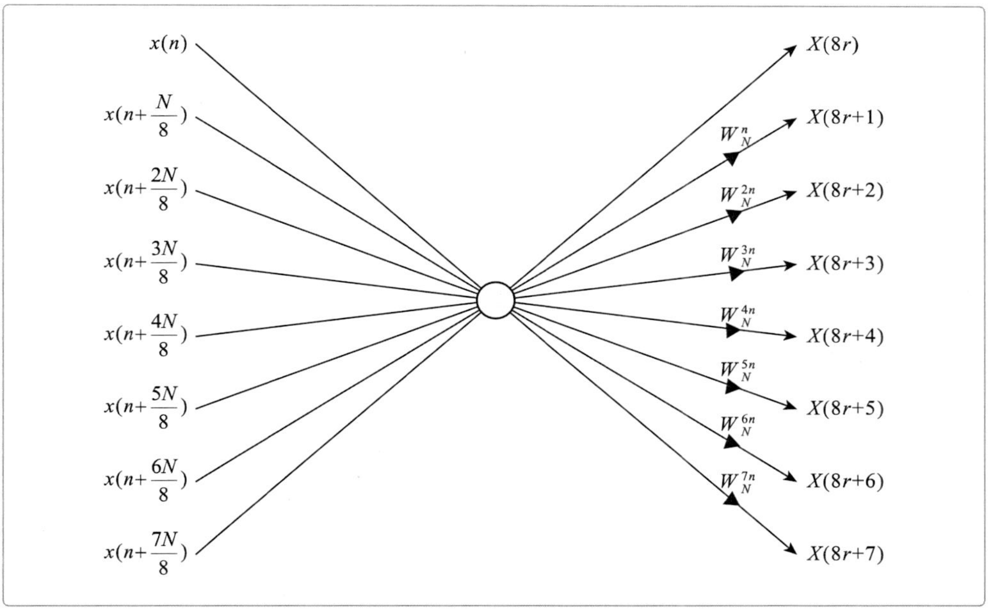

그림 5-12 DIF Radix-8 나비연산기

예제 : 64-point FFT

1단계 : $N=64$

$$X(k)=\sum_{n=0}^{7}\left[x(n)+(0.7071-j0.7071)^k x(n+8)+(-j)^k x(n+16)\right.$$

$$+(-0.7071-j0.7071)^k x(n+24)+(-1)^k x(n+32)+(-0.7071+j0.7071)^k$$

$$\left.+x(n+40)+(j)^k x(n+48)+(0.7071+j0.7071)^k x(n+56)\right] W_{64}^{nk}$$

위의 식을 8개의 경우로 나타내면 다음 식과 같다.

$$X(8r)=\sum_{n=0}^{7}\left[x(n)+x(n+8)+x(n+16)+x(n+24)+x(n+32)+x(n+40)\right.$$

$$\left.+x(n+48)+x(n+56)\right] W_8^{rn}$$

$$X(8r+1)=\sum_{n=0}^{7}\{[x(n)+(0.7071-j0.7071)x(n+8)+(-j)x(n+16)$$

$$+(-0.7071-j0.7071)x(n+24)+(-1)x(n+32)+(0.7071+j0.7071)$$

$$x(n+40)+(j)x(n+48)+(0.7071+j0.7071)x(n+56)]\, W_{64}^{n}\}\, W_8^{rn}$$

$$X(8r+2)=\sum_{n=0}^{7}\{[x(n)+(-j)x(n+8)+(-1)x(n+16)+(j)x(n+24)$$

$$+x(n+32)+(-j)x(n+40)+(-1)x(n+48)+(j)x(n+56)]\, W_{64}^{2n}\}\, W_8^{rn}$$

$$X(8r+3)=\sum_{n=0}^{7}\{[x(n)+(-0.7071-j0.7071)x(n+8)+(j)x(n+16)$$

$$+(0.7071-j0.7071)x(n+24)+(-1)x(n+32)+(0.7071+j0.7071)$$

$$x(n+40)+(-j)x(n+48)+(-0.7071+j0.7071)x(n+56)]\, W_{64}^{3n}\}\, W_8^{rn}$$

$$X(8r+4)=\sum_{n=0}^{7}\{[x(n)+(-1)x(n+8)+x(n+16)+(-1)x(n+24)$$

$$+x(n+32)+(-1)x(n+40)+x(n+48)+(-1)x(n+56)]\, W_{64}^{4n}\}\, W_8^{rn}$$

$$X(8r+5)=\sum_{n=0}^{7}\{[x(n)+(-0.7071+j0.7071)x(n+8)+(-j)x(n+16)$$
$$+(0.7071+j0.7071)x(n+24)+(-1)x(n+32)+(0.7071-j0.7071)$$
$$x(n+40)+(j)x(n+48)+(-0.7071-j0.7071)x(n+56)]\,W_{64}^{5n}\}\,W_8^{rn}$$

$$X(8r+6)=\sum_{n=0}^{7}\{[x(n)+(j)x(n+8)+(-1)x(n+16)+(-j)x(n+24)$$
$$+x(n+32)+(j)x(n+40)+(-1)x(n+48)+(-j)x(n+56)]\,W_{64}^{6n}\}\,W_8^{rn}$$

$$X(8r+7)=\sum_{n=0}^{7}\{[x(n)+(0.7071+j0.7071)x(n+8)+(j)x(n+16)$$
$$+(-0.7071+j0.7071)x(n+24)+(-1)x(n+32)+(-0.7071-j0.7071)$$
$$x(n+40)+(-j)x(n+48)+(0.7071-j0.7071)x(n+56)]\,W_{64}^{7n}\}\,W_8^{rn}$$

2단계 : $N=8$

$$X(k)=x(n)+(0.7071-j0.7071)^k x(n+8)+(-j)^k x(n+16)$$
$$+(-0.7071-j0.7071)^k x(n+24)+(-1)^k x(n+32)+(-0.7071+j0.7071)^k$$
$$+x(n+40)+(j)^k x(n+48)+(0.7071+j0.7071)^k x(n+56)$$

위의 식을 8개의 경우로 나타내면 다음 식과 같다.

$$X(8r)=x(n)+x(n+8)+x(n+16)+x(n+24)+x(n+32)+x(n+40)$$
$$+x(n+48)+x(n+56)$$

$$X(8r+1)=x(n)+(0.7071-j0.7071)x(n+8)+(-j)x(n+16)$$
$$+(-0.7071-j0.7071)x(n+24)+(-1)x(n+32)+(0.7071+j0.7071)$$
$$x(n+40)+(j)x(n+48)+(0.7071+j0.7071)x(n+56)$$

$$X(8r+2)=x(n)+(-j)x(n+8)+(-1)x(n+16)+(j)x(n+24)$$
$$+x(n+32)+(-j)x(n+40)+(-1)x(n+48)+(j)x(n+56)$$

$$X(8r+3)=x(n)+(-0.7071-j0.7071)x(n+8)+(j)x(n+16)$$
$$+(0.7071-j0.7071)x(n+24)+(-1)x(n+32)+(0.7071+j0.7071)$$
$$x(n+40)+(-j)x(n+48)+(-0.7071+j0.7071)x(n+56)$$

$$X(8r+4)=x(n)+(-1)x(n+8)+x(n+16)+(-1)x(n+24)$$
$$+x(n+32)+(-1)x(n+40)+x(n+48)+(-1)x(n+56)$$

$$X(8r+5)=x(n)+(-0.7071+j0.7071)x(n+8)+(-j)x(n+16)$$
$$+(0.7071+j0.7071)x(n+24)+(-1)x(n+32)+(0.7071-j0.7071)$$
$$x(n+40)+(j)x(n+48)+(-0.7071-j0.7071)x(n+56)$$

$$X(8r+6)=x(n)+(j)x(n+8)+(-1)x(n+16)+(-j)x(n+24)$$
$$+x(n+32)+(j)x(n+40)+(-1)x(n+48)+(-j)x(n+56)$$

$$X(8r+7)=x(n)+(0.7071+j0.7071)x(n+8)+(j)x(n+16)$$
$$+(-0.7071+j0.7071)x(n+24)+(-1)x(n+32)+(-0.7071-j0.7071)$$
$$x(n+40)+(-j)x(n+48)+(0.7071-j0.7071)x(n+56)$$

5.2 DIT 알고리즘

5.2.1 DIT Radix-2 알고리즘

DFT의 정의에서 $N=2N_1$으로 놓으면 $X(k)$는 다음과 같이 이산신호를 짝수항과 홀수항으로 분해할 수 있다.

$$X(k) = \sum_{n=0}^{N-1} x[n]\, W_N^{kn} = \sum_{n\,:\,even} x[n]\, W_N^{kn} + \sum_{n\,:\,odd} x[n]\, W_N^{kn}$$

$$= \sum_{r=0}^{N_1-1} x[2r]\, W_N^{2rk} + \sum_{r=0}^{N_1-1} x[2r+1]\, W_N^{(2r+1)k}$$

위의 식에서 $x[2r]$과 $x[2r+1]$은 이산신호 $x[n]$의 짝수신호와 홀수신호이다. 이 짝수신호와 홀수신호를 각각 다음과 같이 정의하자.

$$y[r] = x[2r], \quad z[r] = x[2r+1]$$

위의 식에서 W_N^2는 다음과 같이 나타낼 수 있다.

$$W_N^2 = e^{-j\frac{2\pi}{N}2} = e^{-j\frac{2\pi}{N_1}} = W_{N_1}$$

따라서 위의 식은 다음과 같이 2개의 N_1-point DFT 식으로 나타낼 수 있다.

$$X(k) = \sum_{r=0}^{N_1-1} y[r]\, W_{N_1}^{rk} + W_N^k \sum_{r=0}^{N_1-1} z[r]\, W_{N_1}^{rk}$$

$$= Y(k) + W_N^k Z(k), \quad k = 0,\ 1,\ \cdots,\ N_1 - 1$$

위의 식에서 보듯이 N-point DFT $X(k)$는 N_1-point DFT인 $Y(k)$와 $Z(k)$로 나타낼 수 있음을 알 수 있다. 그러나 위의 식에서 $Y(k)$와 $Z(k)$는 길이가 N_1이므로 N의 길이를 갖는 $X(k)$를 모두 구할 수 없다. 즉 위의 식으로는 $X(k)$의 0에서 N_1-1까지의 값을 구할 수 있다. N_1부터 $N-1$까지의 $X(k+N_1)$은 다음과 같이 구한다.

$$X(k+N_1) = Y(k+N_1) + W_N^{(k+N_1)} Z(k+N_1)$$

$$= Y(k+N_1) - W_N^k\, Z(k+N_1)$$

위의 식에서 $Y(k+N_1)$은 다음과 같이 나타낼 수 있다.

$$Y(k+N_1) = \sum_{r=0}^{N_1-1} y[r]\, W_{N_1}^{r(k+N_1)} = \sum_{r=0}^{N_1-1} y[r]\, W_{N_1}^{rk} = Y(k)$$

따라서 $Z(k+N_1)$도 다음과 같이 나타낼 수 있다.

$$Z(k+N_1) = Z(k)$$

이 두 결과 식으로부터 다음의 결과를 얻는다.

$$X(k+N_1) = Y(k) - W_N^k\, Z(k)$$

지금까지 얻은 DIT의 결과를 다시 나타내면 다음과 같다.

$$X(k) \qquad = Y(k) + W_N^k\, Z(k), \quad k = 0,\ 1,\ \cdots,\ N_1 - 1$$

$$X(k+N_1) = Y(k) - W_N^k\, Z(k), \quad k = 0,\ 1,\ \cdots,\ N_1 - 1$$

DIT 알고리즘의 원리는 N-point DFT는 2개의 N_1-point DFT로 구현할 수 있다는 것이다. 여기에서 $X(k)$의 앞의 N_1개와 뒤의 N_1개를 구하는 식이 조금 다르다는 것을 주의할 필요가 있다. 8-point DFT를 2개의 4-pont DFT로 구현하는 구조는 다음 그림과 같다.

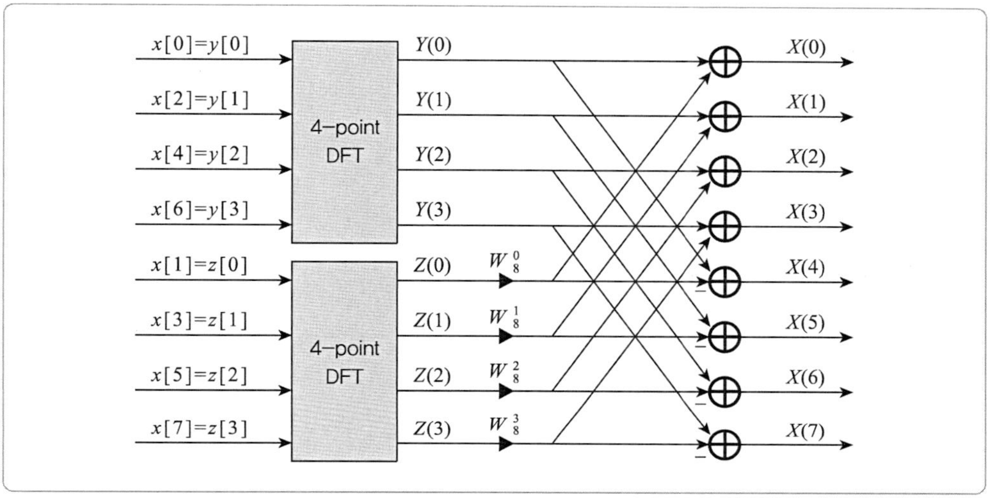

그림 5-13 8-point DIT Radix-2 FFT의 SFG(첫 번째 스테이지 분해)

위의 구조에서 위쪽의 4-point DFT는 다시 다음 그림과 같은 2개의 2-point DFT로 분해될 수 있다.

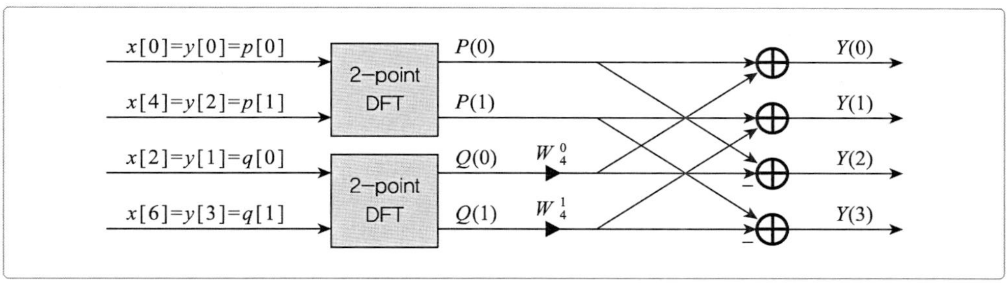

그림 5-14 DIT 구조(2-point DFT를 사용한 4-point DFT)

위의 구조에서 위쪽의 2-point DFT는 다음 그림과 같다.

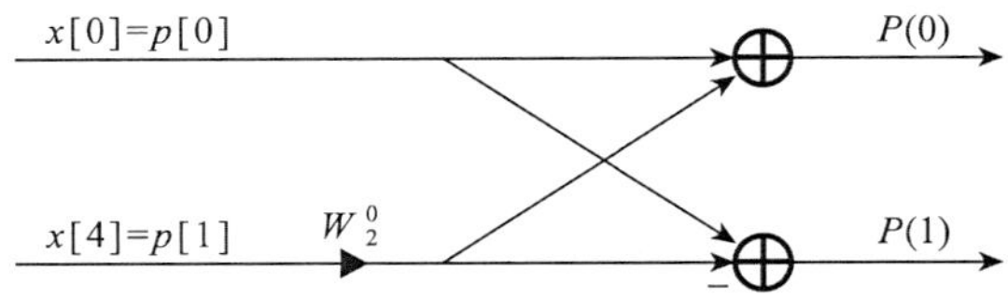

그림 5-15 2-point DFT 구조

지금까지의 분해과정을 종합하여 8-point DFT를 DIT 방식으로 나타낸 최종의 구조는 다음 그림과 같다.

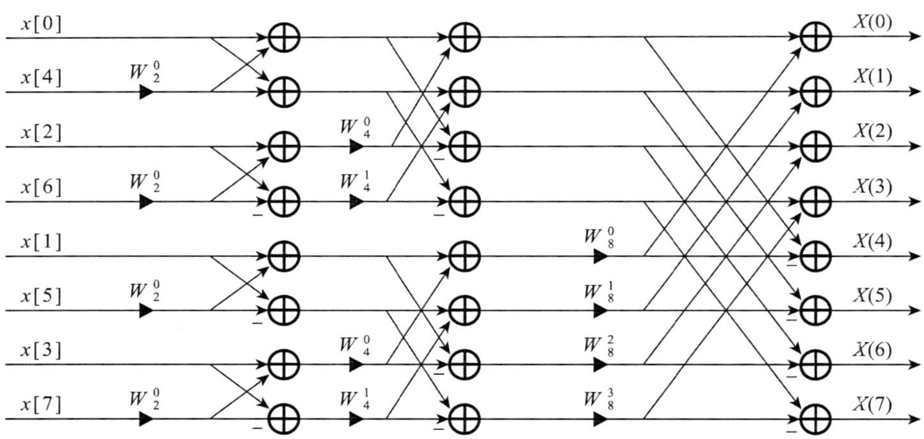

그림 5-16 8-point DIT Radix-2 FFT의 SFG(최종구조)

위의 8-point DIT 구조에서 보듯이 시간영역 신호인 $x[n]$이 데시메이션되어 있으므로 이 구조를 DIT(Decimation-In-Time)라고 부른다. 또한 위의 8-point DIT 구조의 곱셈연산의 수는 8-point DIF 구조의 곱셈연산의 수와 같음을 알 수 있다. 따라서 N-point DFT의 경우에 총 곱셈의 수는 $\frac{N}{2}\log_2 N$이다. DIT 구조에서의 시간영역 신호 $x[n]$의 데시메이션되어 있는 순서도 DIF 구조와 마찬가지로 역비트순이다. 이 DIT 구조도 이산신호의 길이가 2의 승수로 표현되는 경우에만 구조가 가능하다.

5.2.2 DIT Radix-4 알고리즘

DIT Radix-4 알고리즘을 유도하는 과정과 유도된 식을 사용한 SFG(Signal Flow Graph)를 살펴보기로 한다. 먼저 N-point DFT(Discrete Fourier Transform)의 정의는 다음 식과 같다.

$$X(k) = \sum_{n=0}^{N-1} x(n)\, W_N^{nk}, \quad k = 0,\ 1,\ \cdots,\ N-1$$

여기서 W_N은 $e^{-j2\pi/N}$이며, DIT Radix-4 알고리즘을 유도하기 위해서 먼저 다음과 같이 분해한다.

$$\begin{aligned} X(k) = & \sum_{n=0,4,8,\cdots} x(n)\, W_N^{nk} + \sum_{n=1,5,9,\cdots} x(n)\, W_N^{nk} + \sum_{n=2,6,10,\cdots} x(n)\, W_N^{nk} \\ & + \sum_{n=3,7,11,\cdots} x(n)\, W_N^{nk} \end{aligned}$$

이 식은 새로 인덱스 r을 사용하고, $N_1 = N/4$으로 정의하면 다음과 같이 나타낼 수 있다.

$$X(k) = \sum_{r=0}^{N_1-1} x(4r)\,W_N^{4rk} + \sum_{r=0}^{N_1-1} x(4r+1)\,W_N^{(4r+1)k}$$
$$+ \sum_{r=0}^{N_1-1} x(4r+2)\,W_N^{(4r+2)k} + \sum_{r=0}^{N_1-1} x(4r+3)\,W_N^{(4r+3)k}$$

또한 $a(r) = x(4r)$, $b(r) = x(4r+1)$, $c(r) = x(4r+2)$, $d(r) = x(4r+3)$으로 정의하고 $W_N^4 = W_{N_1}$을 사용하여 간략화하면 다음과 같이 나타낼 수 있다.

$$X(k) = \sum_{r=0}^{N_1-1} a(r)\,W_{N_1}^{rk} + W_N^k \sum_{r=0}^{N_1-1} b(r)\,W_{N_1}^{rk}$$
$$+ W_N^{2k} \sum_{r=0}^{N_1-1} c(r)\,W_{N_1}^{rk} + W_N^{3k} \sum_{r=0}^{N_1-1} d(r)\,W_{N_1}^{rk}$$

위의 식에서 $a(r)$, $b(r)$, $c(r)$, $d(r)$의 N_1-point DFT를 각각 $A(k)$, $B(k)$, $C(k)$, $D(k)$로 정의하면 다음과 같이 나타낼 수 있다.

$$X(k) = A(k) + W_N^k B(k) + W_N^{2k} C(k) + W_N^{3k} D(k)$$

그런데 위의 식은 오직 인덱스 k가 0부터 $N_1 - 1$까지 유효하므로 이제 k가 N_1부터 $2N_1 - 1$까지 유효한 식을 유도해보기로 한다. 위의 식을 사용하여 k가 N_1부터 $2N_1 - 1$인 경우를 나타내면 다음과 같다.

$$X(k+N_1) = A(k+N_1) + W_N^{(k+N_1)} B(k+N_1)$$
$$+ W_N^{2(k+N_1)} C(k+N_1) + W_N^{3(k+N_1)} D(k+N_1)$$

이 식에서 $A(k+N_1)=\sum a(r)W_{N_1}^{r(k+N_1)}=A(k)$이며 $B(k+N_1)=B(k), C(k+N_1)=C(k)$, $D(k+N_1)=D(k)$가 된다. 또한 $W_N^{N_1}=-j$, $W_N^{2N_1}=-1$, $W_N^{3N_1}=j$이므로 이를 사용하여 다음과 같이 쓸 수 있다.

$$X(k+N_1)=A(k)-jW_N^kB(k)-W_N^{2k}C(k)+jW_N^{3k}D(k)$$

같은 방법으로 k가 $2N_1$부터 $3N_1-1$까지 유효한 식과 $3N_1$부터 $4N_1-1$까지 유효한 식을 각각 유도하면 다음 식과 같다.

$$X(k+2N_1)=A(k)-W_N^kB(k)+W_N^{2k}C(k)-W_N^{3k}D(k)$$

$$X(k+3N_1)=A(k)+jW_N^kB(k)-W_N^{2k}C(k)-jW_N^{3k}D(k)$$

다음 그림은 지금까지 유도한 식을 사용한 나비연산기를 보여준다.

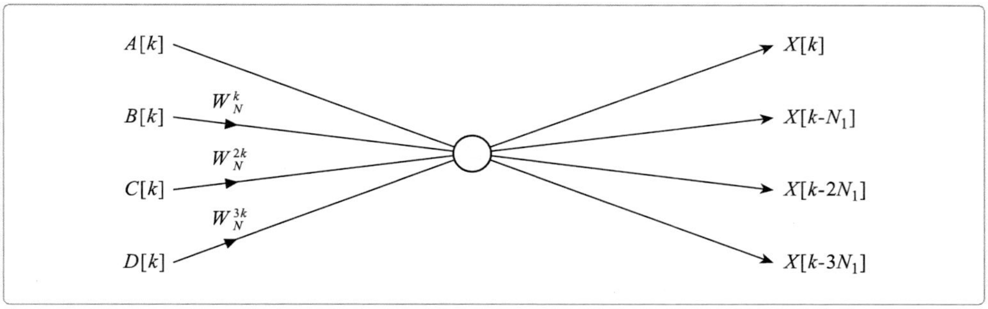

그림 5-17 DIT Radix-4 나비연산기

64-point FFT에 대한 DIT Radix-4 알고리즘의 SFG는 다음 그림과 같다.

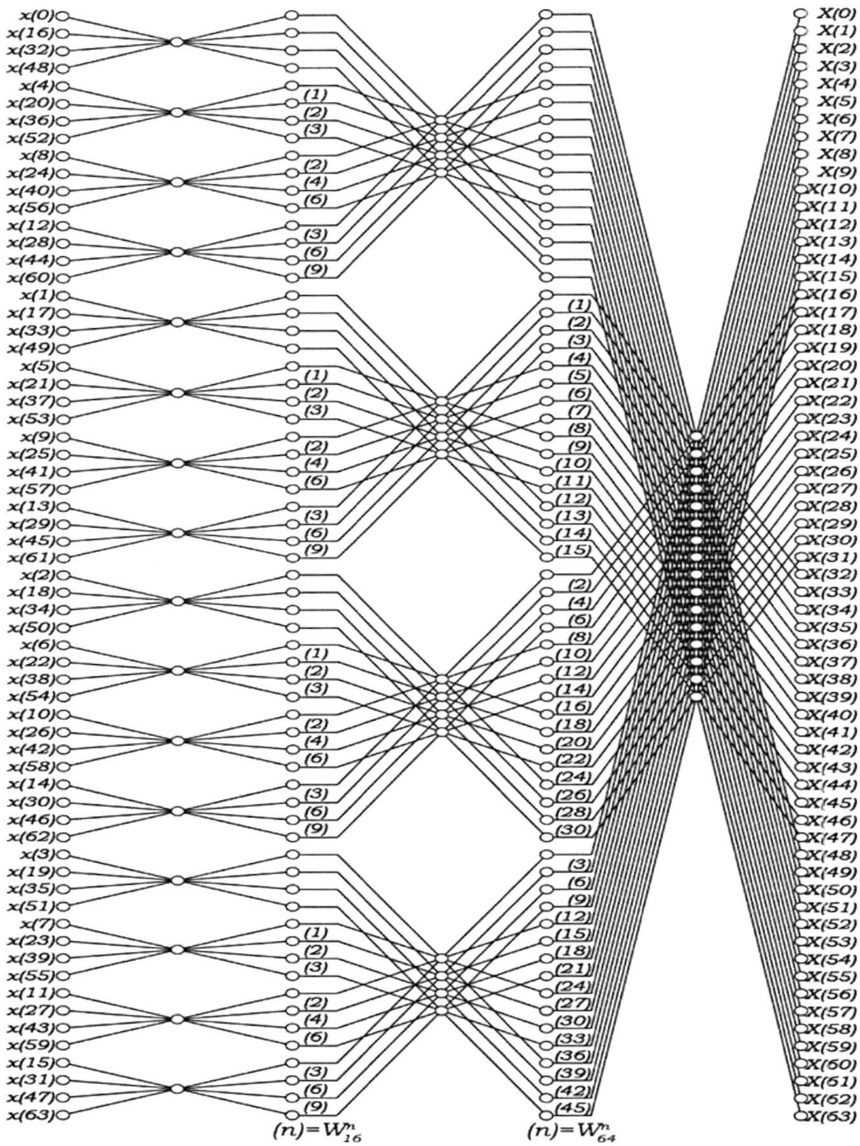

그림 5-18 64-point DIT Radix-4 FFT의 SFG

5.2.3 DIT Radix–8 알고리즘

N-point DFT의 정의는 다음과 같다.

$$X(k)=\sum_{n=0}^{N-1} x(n)\,W_N^{nk},\quad k=0,\ 1,\ \cdots,\ N-1$$

여기서 W_N은 $e^{-j2\pi/N}$이다. DIT Radix-8의 알고리즘을 유도하기 위해서 먼저 다음과 같이 분해한다.

$$X(k)=\sum_{n=0,8,\cdots} x(n)\,W_N^{nk}+\sum_{n=1,9,\cdots} x(n)\,W_N^{nk}+\cdots+\sum_{n=7,15,\cdots} x(n)\,W_N^{nk}$$

이 식은 다시 다음과 같이 $N_1=N/8$의 8개의 합으로 분해할 수 있다.

$$X(k)=\sum_{r=0}^{N_1-1} x(8r)\,W_N^{8rk}+\sum_{r=0}^{N_1-1} x(8r+1)\,W_N^{(8r+1)k}$$

$$+\cdots+\sum_{r=0}^{N_1-1} x(8r+7)\,W_N^{(8r+7)k}$$

위의 식에서 $x(8r)$ 등의 신호를 다음과 같이 새로 정의한다.

$$a(r)=x(8r)$$

$$b(r)=x(8r+1)$$

$$\vdots$$

$$h(r)=x(8r+7)$$

이 정의와 $W_N^8=W_{N_1}$을 사용하여 간략화하면 다음과 같이 나타낼 수 있다.

$$X(k)=\sum_{r=0}^{N_1-1} a(r)\,W_{N_1}^{rk}+W_N^k\sum_{r=0}^{N_1-1} b(r)\,W_{N_1}^{rk}+\cdots+W_N^{7k}\sum_{r=0}^{N_1-1} h(r)\,W_{N_1}^{rk}$$

위의 식에서 $a(r)$, $b(r)$, $\cdots$, $h(r)$의 N_1-point DFT를 각각 다음과 같이 정의한다.

$$A(k) = \sum_{r=0}^{N_1-1} a(r)\, W_{N_1}^{rk}$$

$$B(k) = \sum_{r=0}^{N_1-1} b(r)\, W_{N_1}^{rk}$$

$$\vdots$$

$$H(k) = \sum_{r=0}^{N_1-1} h(r)\, W_{N_1}^{rk}$$

이 정의를 사용하여 $X(k)$를 다음과 같이 나타낼 수 있다.

$$X(k) = A(k) + W_N^k B(k) + \cdots + W_N^{7k} H(k)$$

그런데 위의 식은 오직 인덱스 k가 0부터 $N_1 - 1$까지 유효하므로 k가 N_1부터 $2N_1 - 1$까지 유효한 식을 다시 유도해야한다. 위의 식을 사용하여 k가 N_1부터 $2N_1 - 1$인 경우를 나타내면 다음과 같다.

$$X(k+N_1) = A(k+N_1) + W_N^{(k+N_1)} B(k+N_1) + \cdots + W_N^{7(k+N_1)} H(k+N_1)$$

이 식에서 $A(k+N_1)$ 등은 다음과 같이 나타낼 수 있다.

$$A(k+N_1) = \sum_{r=0}^{N_1-1} a(r)\, W_{N_1}^{r(k+N_1)} = A(k)$$

$$B(k+N_1) = \sum_{r=0}^{N_1-1} b(r)\, W_{N_1}^{r(k+N_1)} = B(k)$$

$$\vdots$$

$$H(k+N_1) = \sum_{r=0}^{N_1-1} h(r)\, W_{N_1}^{r(k+N_1)} = H(k)$$

또한 위의 식에서 $W_N^{N_1}$ 등은 다음과 같이 나타낼 수 있다.

$$W_N^{N_1} = m(1-j)$$

$$W_N^{2N_1} = -j$$

$$W_N^{3N_1} = m(-1-j)$$

$$W_N^{4N_1} = -1$$

$$W_N^{5N_1} = m(-1+j)$$

$$W_N^{6N_1} = j$$

$$W_N^{7N_1} = m(1+j)$$

여기에서 m은 0.7071이다. 따라서 $X(k+N_1)$을 다음과 같이 쓸 수 있다.

$$X(k+N_1) = A(k) + m(1-j)\,W_N^k B(k) - j\,W_N^{2k} C(k) + \cdots + m(1+j)\,W_N^{7k} H(k)$$

$X(k+N_1)$을 유도한 것과 같은 방법으로 다음 6개의 식을 유도할 수 있다.

$$X(k+2N_1) = A(k) - j\,W_N^k B(k) - W_N^{2k} C(k) + \cdots + j\,W_N^{7k} D(k)$$

$$X(k+3N_1) = A(k) + m(-1-j)\,W_N^k B(k) + j\,W_N^{2k} C(k) + \cdots + m(-1+j)\,W_N^{7k} H(k)$$

$$X(k+4N_1) = A(k) - W_N^k B(k) + W_N^{2k} C(k) + \cdots - W_N^{7k} D(k)$$

$$X(k+5N_1) = A(k) + m(-1+j)\,W_N^k B(k) - j\,W_N^{2k} C(k) + \cdots + m(-1-j)\,W_N^{7k} H(k)$$

$$X(k+6N_1) = A(k) + jW_N^k B(k) - W_N^{2k} C(k) + \cdots - jW_N^{7k} D(k)$$

$$X(k+7N_1) = A(k) + m(1+j)W_N^k B(k) + jW_N^{2k} C(k) + \cdots$$
$$+ m(1-j)W_N^{7k} H(k)$$

지금까지 유도한 식을 사용하여 나비연산기를 나타내면 다음 그림과 같다.

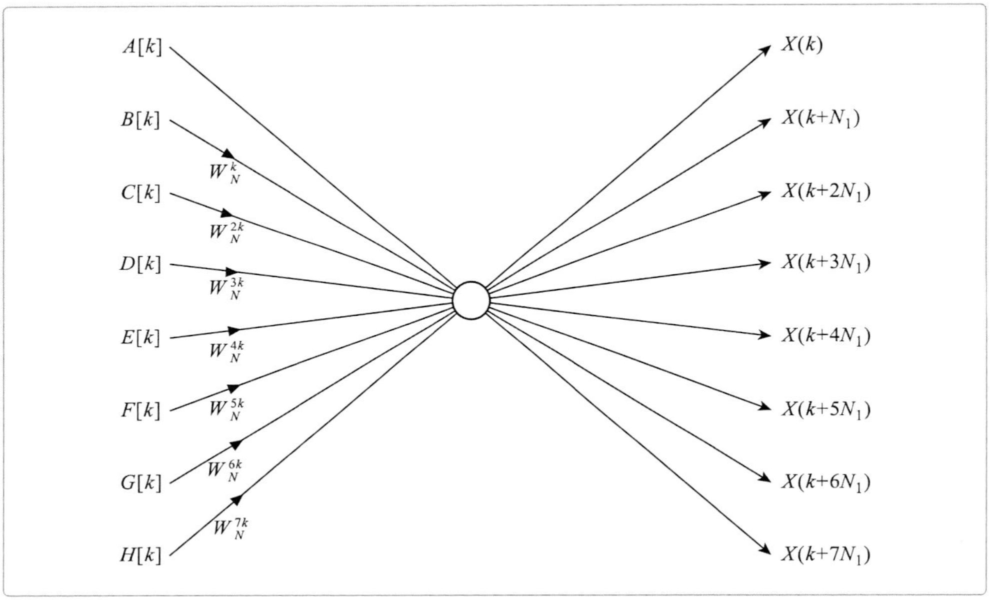

그림 5-19 DIT Radix-8 나비연산기

64-point FFT에 대한 DIT Radix-8 알고리즘의 SFG는 다음 그림과 같다.

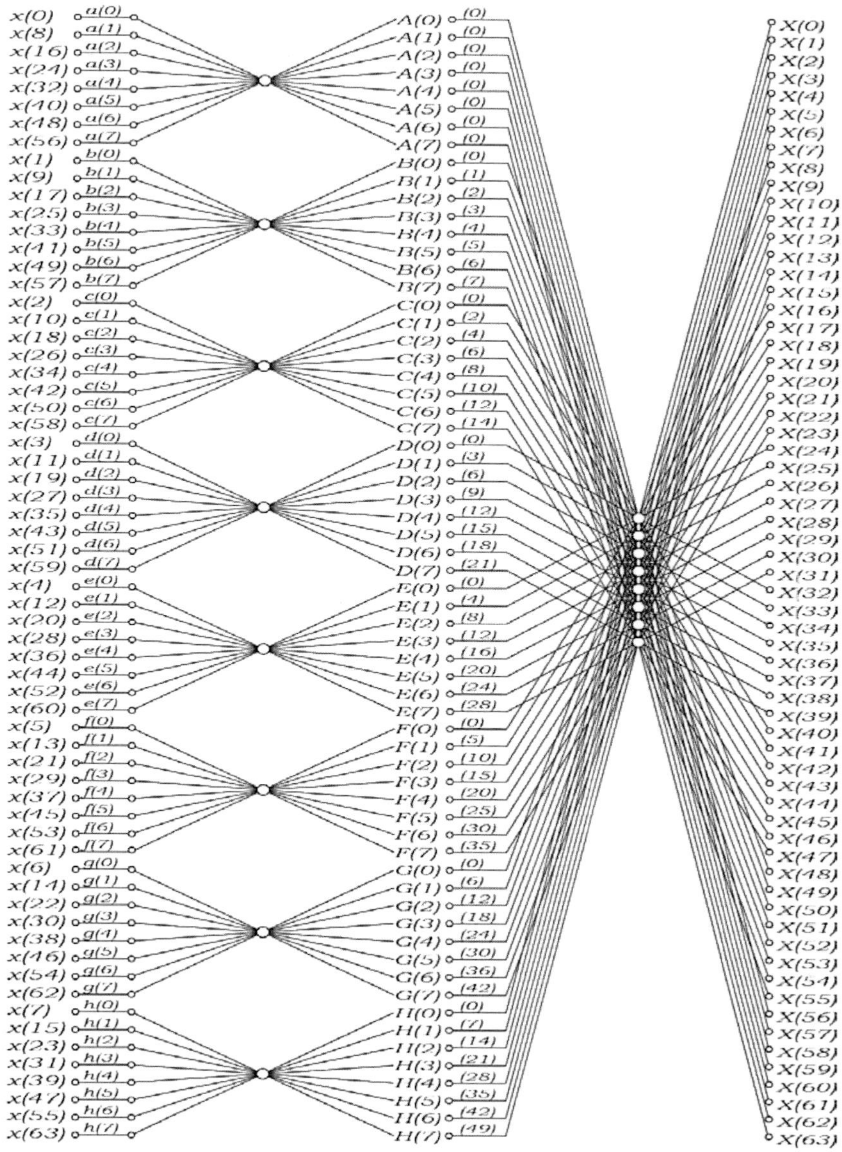

그림 5-20 64-point DIT Radix-8 FFT의 SFG

5.3 역 FFT

역 FFT(IFFT, Inverse Fast Fourier Transform)도 FFT와 마찬가지로 DIT와 DIF 등의 고속 변환 구조를 갖는다. 이를 알아보기 위하여 DFT와 IDFT의 식을 다시 보기로 하자.

$$\text{DFT} \quad : X(k) = \sum_{n=0}^{N-1} x[n]\, W^{kn}$$

$$\text{역 DFT} \quad : x[n] = \frac{1}{N} \sum_{k=0}^{N-1} X(k)\, W^{-kn}$$

위의 식을 살펴보면 $X(k)$를 구하는 FFT방식인 DIT나 DIF 구조가 역DFT의 경우에도 그대로 적용될 수 있음을 알 수 있다. 즉, $x[n]$과 $X(k)$의 자리만 바꾸고 곱셈계수 W^{kn}을 W^{-kn}으로 바꾸면 되므로 DIT나 DIF의 구조를 그대로 사용하면 된다. 스케일 인수 $1/N$은 각 스테이지에서 1/2의 곱을 수행하는 것이 일반적인 방법이다. 이것은 곱셈의 하드웨어를 필요로 하지 않으며, 비트로 구성된 수를 한 비트 만큼 우측으로 쉬프트시켜서 값을 반으로 줄이는 방법을 사용하면 된다. 예를 들면 4비트로 표현된 0.75는 0110로 하드웨어에 저장되어 있으므로 1/2의 곱셈을 수행하기 위하여 1비트 우측으로 쉬프트시키면 0011이 되어 0.375가 되는 원리이다.

연습문제

1. $x[0]$부터 $x[15]$의 신호를 16 point DFT를 하기 위해서 DIF의 FFT를 사용하였다. 변환된 DFT 계수 $X(0)$부터 $X(15)$의 순서를 기술하시오.

2. 512개의 디지털 신호 샘플이 있다. 물음에 답하시오.
   (a) DFT를 수행하는데 몇 개의 곱셈이 필요한가?
   (b) DIF Radix-2의 FFT를 수행하는데 몇 개의 곱셈이 필요한가?
   (c) DIF Radix-2의 FFT를 사용하면 곱셈을 몇 % 감소시킬 수 있는가?
   (단, 1도 한 개의 곱셈으로 간주하시오. 또한 복소수 곱셈을 한 개의 곱셈으로 간주하시오.)

CHAPTER

6 나비연산기 설계

FFT를 반도체 칩 등으로 구현하려면 다음과 같이 3단계를 거친다.

1단계 : 알고리즘 설계

2단계 : 나비연산기 설계

3단계 : 지연메모리 설계

이장에서는 2단계인 나비연산기 블록 설계에 대하여 기술한다. 1단계 알고리즘 설계가 끝나면 결과물인 SFG를 얻게 된다. 이 SFG를 보면 각 스테이지마다 여러 개의 나비(butterfly) 연산이 필요함을 알 수 있다. 그런데 일반적으로 한 개의 나비연산기를 설계하여 반복적으로 사용하게 된다. FFT연산은 복소수 연산이므로 모든 데이터가 실수부와 허수부로 구성된다. 나비연산기 연산도 복소수 연산이므로 실수부 연산과 허수부 연산을 효율적으로 수행하는 하드웨어가 필요하다.

이 장에서는 DIF Radix-4, DIF Radix-8, DIT Radix-4, DIT Radix-8 등 4개의 알고리즘에 대한 나비연산기 블록을 연산하는 하드웨어 방법을 기술한다.

6.1 DIF Radix-4 나비연산기 설계

나비연산기 설계를 위하여 먼저 N-point DFT를 다음과 같이 4개의 합으로 분리시킨다.

$$
\begin{aligned}
X(k) &= \sum_{n=0}^{N-1} x(n)\, W_N^{kn} \\
&= \sum_{n=0}^{\frac{N}{4}-1} x(n)\, W_N^{kn} + \sum_{n=\frac{N}{4}}^{\frac{N}{2}-1} x(n)\, W_N^{kn} + \sum_{n=\frac{N}{2}}^{\frac{3N}{4}-1} x(n)\, W_N^{kn} + \sum_{n=\frac{3N}{4}}^{N-1} x(n)\, W_N^{kn} \\
&= \sum_{n=0}^{\frac{N}{4}-1} x(n)\, W_N^{kn} + \sum_{n=0}^{\frac{N}{4}-1} x\left(n+\frac{N}{4}\right) W_N^{k\left(n+\frac{N}{4}\right)} + \sum_{n=0}^{\frac{N}{4}-1} x\left(n+\frac{N}{2}\right) W_N^{k\left(n+\frac{N}{2}\right)} \\
&\quad + \sum_{n=0}^{\frac{N}{4}-1} x\left(n+\frac{3N}{4}\right) W_N^{k\left(n+\frac{3N}{4}\right)} \\
&= \sum_{n=0}^{\frac{N}{4}-1} x(n)\, W_N^{kn} + W_N^{\frac{Nk}{4}} \sum_{n=0}^{\frac{N}{4}-1} x\left(n+\frac{N}{4}\right) W_N^{kn} + W_N^{\frac{Nk}{2}} \sum_{n=0}^{\frac{N}{4}-1} x\left(n+\frac{N}{2}\right) W_N^{kn} \\
&\quad + W_N^{\frac{3Nk}{4}} \sum_{n=0}^{\frac{N}{4}-1} x\left(n+\frac{3N}{4}\right) W_N^{kn}
\end{aligned}
$$

위의 식에서 보듯이 변수를 치환하여 4개의 합이 모두 $n=0$에서 시작하도록 변형한다. 위의 식에서 시그마 앞의 값은 다음의 관계가 있다.

$$
W_N^{\frac{kN}{4}} = W^{\frac{k}{4}} = e^{-j2\pi\frac{1}{4}k} = \left(\cos\left(\frac{\pi}{2}\right) - j\sin\left(\frac{\pi}{2}\right)\right)^k = (-j)^k
$$

$$
W_N^{\frac{kN}{2}} = W^{\frac{k}{2}} = e^{-j2\pi\frac{1}{2}k} = (\cos(\pi) - j\sin(\pi))^k = (-1)^k
$$

$$
W_N^{\frac{3kN}{4}} = W^{\frac{3k}{4}} = e^{-j2\pi\frac{3}{4}k} = \left(\cos\left(\frac{3\pi}{2}\right) - j\sin\left(\frac{3\pi}{2}\right)\right)^k = (j)^k
$$

위의 관계식을 대입하면 다시 하나의 합으로 다음과 같이 나타낼 수 있다.

$$X(k)=\sum_{n=0}^{\frac{N}{4}-1}x(n)\,W_N^{kn}+W_N^{\frac{Nk}{4}}\sum_{n=0}^{\frac{N}{4}-1}x\left(n+\frac{N}{4}\right)W_N^{kn}+W_N^{\frac{kN}{2}}\sum_{n=0}^{\frac{N}{4}-1}x\left(n+\frac{N}{2}\right)W_N^{kn}$$

$$+W_N^{\frac{3kN}{4}}\sum_{n=0}^{\frac{N}{4}-1}x\left(n+\frac{3N}{4}\right)W_N^{kn}$$

$$=\sum_{n=0}^{\frac{N}{4}-1}\left[x(n)+(-j)^k x\left(n+\frac{N}{4}\right)+(-1)^k x\left(n+\frac{N}{2}\right)+(j)^k x\left(n+\frac{3N}{4}\right)\right]W_N^{kn}$$

위의 식은 k가 4의 배수인 경우부터 다음과 같이 4개의 경우로 나누어 나타낼 수 있다.

$$X(4r)=\sum_{n=0}^{\frac{N}{4}-1}x_0(n)\,W_{\frac{N}{4}}^{nr} \qquad x_0(n)=x(n)+x\left(n+\frac{N}{4}\right)+x\left(n+\frac{N}{2}\right)+x\left(n+\frac{3N}{4}\right)$$

$$X(4r+1)=\sum_{n=0}^{\frac{N}{4}-1}x_1(n)\,W_{\frac{N}{4}}^{nr} \qquad x_1(n)=\left[x(n)+(-j)x\left(n+\frac{N}{4}\right)+(-1)x\left(n+\frac{N}{2}\right)+(j)x\left(n+\frac{3N}{4}\right)\right]W_N^{n}$$

$$X(4r+2)=\sum_{n=0}^{\frac{N}{4}-1}x_2(n)\,W_{\frac{N}{4}}^{nr} \qquad x_2(n)=\left[x(n)+(-1)x\left(n+\frac{N}{4}\right)+(1)x\left(n+\frac{N}{2}\right)+(-1)x\left(n+\frac{3N}{4}\right)\right]W_N^{2n}$$

$$X(4r+3)=\sum_{n=0}^{\frac{N}{4}-1}x_3(n)\,W_{\frac{N}{4}}^{nr} \qquad x_3(n)=\left[x(n)+(j)x\left(n+\frac{N}{4}\right)+(-1)x\left(n+\frac{N}{2}\right)+(-j)x\left(n+\frac{3N}{4}\right)\right]W_N^{3n}$$

위의 식에서 보듯이 각각의 식이 $N/4$-point의 DFT 임을 알 수 있다. 요약하면 N -point DFT는 4개의 $N/4$-point DFT로 분해될 수 있음을 알 수 있다.

이와 같이 $N/4$-point DFT로 분해되려면 $x_0(n)$, $x_1(n)$, $x_2(n)$, $x_3(n)$의 연산이 먼저 이루어져야 한다. 이 4개의 연산을 수행하는 블록을 나비연산기(butterfly)라고 하며 다음 그림과 같다.

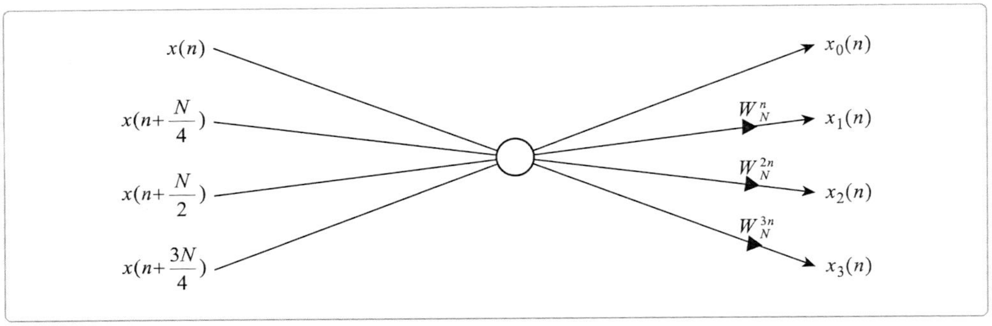

그림 6-1 DIF Radix-4 나비연산기

위의 그림의 나비연산기는 입력, 출력, 트위들 인자 등이 모두 실수부와 허수부로 구성된 복소수이다. 실제 연산도 실수부와 허수부를 따로 계산해야 하므로 다음과 같이 복소수로 정의한다.

$$x(n) = x_a + jy_a, \qquad x_0(n) = X_a + jY_a$$

$$x\left(n + \frac{N}{4}\right) = x_b + jy_b, \qquad x_1(n) = X_b + jY_b$$

$$x\left(n + \frac{N}{2}\right) = x_c + jy_c, \qquad x_2(n) = X_c + jY_c$$

$$x\left(n + \frac{3N}{4}\right) = x_d + jy_d, \qquad x_3(n) = X_d + jY_d$$

$$W_N^n = e^{-j\frac{2\pi n}{N}} = \cos\theta_b - j\sin\theta_b$$

$$W_N^{2n} = e^{-j\frac{2\pi 2n}{N}} = \cos\theta_c - j\sin\theta_c$$

$$W_N^{3n} = e^{-j\frac{2\pi 3n}{N}} = \cos\theta_d - j\sin\theta_d$$

복소수로 나타낸 나비연산기는 다음 그림과 같다.

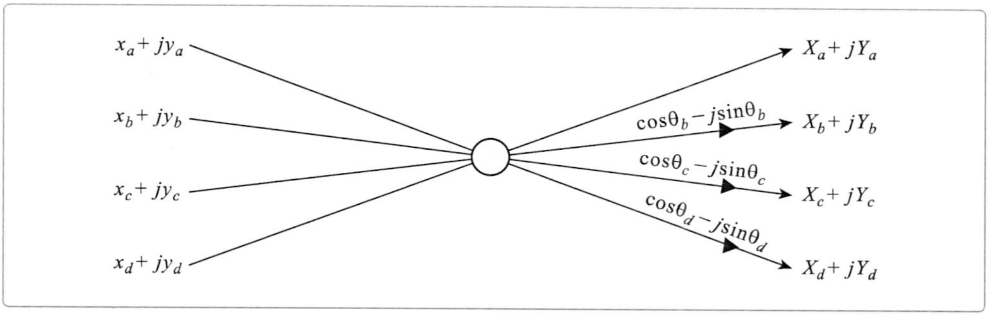

그림 6-2 DIF Radix-4 나비연산기(실수부, 허수부)

효율적으로 나비연산기를 구현하기 위해서 출력들을 다음과 같이 나타낼 수 있다. 위의 나비연산기 블록의 첫 번째 출력은 다음과 같다.

$$X_a + jY_a = (x_a + jy_a) + (x_b + jy_b) + (x_c + jy_c) + (x_d + jy_d)$$
$$= (x_a + x_b + x_c + x_d) + j(y_a + y_b + y_c + y_d)$$

$$X_a = x_a + x_b + x_c + x_d$$
$$Y_a = y_a + y_b + y_c + y_d$$

두 번째 출력은 다음과 같다.

$$X_b + jY_b = \left[(x_a + jy_a) - j(x_b + jy_b) - (x_c + jy_c) + j(x_d + jy_d)\right](\cos\theta_b - j\sin\theta_b)$$
$$= \left[(x_a + y_b - x_c - y_d) + j(y_a - x_b - y_c + x_d)\right](\cos\theta_b - j\sin\theta_b)$$
$$= \left[(x_a + y_b - x_c - y_d)\cos\theta_b + (y_a - x_b - y_c + x_d)\sin\theta_b\right]$$
$$+ j\left[(y_a - x_b - y_c + x_d)\cos\theta_b - (x_a + y_b - x_c - y_d)\sin\theta_b\right]$$

$$X_b = x_1\cos\theta_b + x_2\sin\theta_b$$

$$Y_b = x_2\cos\theta_b - x_1\sin\theta_b$$

$$x_1 = x_a + y_b - x_c - y_d$$

$$x_2 = y_a - x_b - y_c + x_d$$

세 번째 출력은 다음과 같다.

$$\begin{aligned} X_c + jY_c &= \left[(x_a + jy_a) - (x_b + jy_b) + (x_c + jy_c) - (x_d + jy_d)\right](\cos\theta_c - j\sin\theta_c) \\ &= \left[(x_a - x_b + x_c - x_d) + j(y_a - y_b + y_c - y_d)\right](\cos\theta_c - j\sin\theta_c) \\ &= \left[(x_a - x_b + x_c - x_d)\cos\theta_c + (y_a - y_b + y_c - y_d)\sin\theta_c\right] \\ &\quad + j\left[(y_a - y_b + y_c - y_d)\cos\theta_b - (x_a - x_b + x_c - x_d)\sin\theta_c\right] \end{aligned}$$

$$X_c = x_3\cos\theta_c + x_4\sin\theta_c$$

$$Y_c = x_4\cos\theta_c - x_3\sin\theta_c$$

$$x_3 = x_a - x_b + x_c - x_d$$

$$x_4 = y_a - y_b + y_c - y_d$$

네 번째 출력은 다음과 같다.

$$\begin{aligned} X_d + jY_d &= \left[(x_a + jy_a) + j(x_b + jy_b) - (x_c + jy_c) - j(x_d + jy_d)\right](\cos\theta_d - j\sin\theta_d) \\ &= \left[(x_a - y_b - x_c + y_d) + j(y_a + x_b - y_c - x_d)\right](\cos\theta_b - j\sin\theta_b) \\ &= \left[(x_a - y_b - x_c + y_d)\cos\theta_d + (y_a + x_b - y_c - x_d)\sin\theta_d\right] \\ &\quad + j\left[(y_a + x_b - y_c - x_d)\cos\theta_d - (x_a - y_b - x_c + y_d)\sin\theta_d\right] \end{aligned}$$

$$X_d = x_5\cos\theta_d + x_6\sin\theta_d$$

$$Y_d = x_6\cos\theta_d - x_5\sin\theta_d$$

$$x_5 = x_a - y_b - x_c + y_d$$

$$x_6 = y_a + x_b - y_c - x_d$$

지금까지 계산된 출력 값을 연산하는 나비연산기 블록의 하드웨어는 다음과 같다.

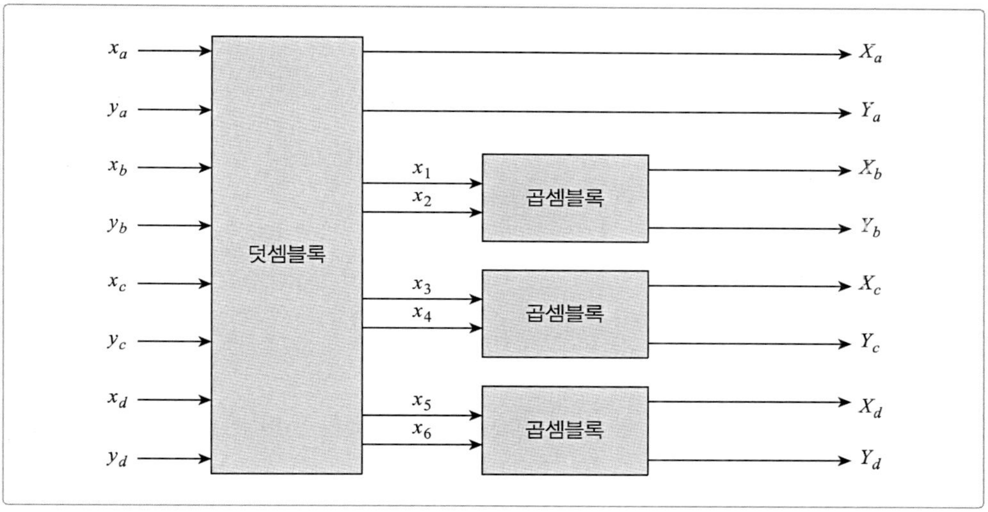

그림 6-3 DIF Radix-4 나비연산기 연산구조

위의 덧셈 블록에서 연산하는 식은 다음과 같다.

$$X_a = x_a + x_b + x_c + x_d, \qquad Y_a = y_a + y_b + y_c + y_d$$

$$x_1 = x_a + y_b - x_c - y_d, \qquad x_2 = y_a - x_b - y_c + x_d$$

$$x_3 = x_a - x_b + x_c - x_d, \quad x_4 = y_a - y_b + y_c - y_d$$

$$x_5 = x_a - y_b - x_c + y_d, \quad x_6 = y_a + x_b - y_c - x_d$$

위의 곱셈 블록에서 연산하는 식은 다음과 같다.

$$X_b = x_1 \cos\theta_b + x_2 \sin\theta_b$$

$$Y_b = x_2 \cos\theta_b - x_1 \sin\theta_b$$

$$X_c = x_3 \cos\theta_c + x_4 \sin\theta_c$$

$$Y_c = x_4 \cos\theta_c - x_3 \sin\theta_c$$

$$X_d = x_5 \cos\theta_d + x_6 \sin\theta_d$$

$$Y_d = x_6 \cos\theta_d - x_5 \sin\theta_d$$

6.2 DIF Radix-8 나비연산기 설계

DIF Radix-8 알고리즘 설계에서 N-point DFT는 다음과 같이 8개의 $N/8$-point DFT로 나타낼 수 있음을 보았다.

$$X(8r) = \sum_{n=0}^{\frac{N}{8}-1} x_0(n) W_{\frac{N}{8}}^{nr}$$

$$X(8r+1) = \sum_{n=0}^{\frac{N}{8}-1} x_1(n) W_{\frac{N}{8}}^{nr}$$

$$X(8r+2) = \sum_{n=0}^{\frac{N}{8}-1} x_2(n) W_{\frac{N}{8}}^{nr}$$

$$X(8r+3)=\sum_{n=0}^{\frac{N}{8}-1} x_3(n)\,W_{\frac{N}{8}}^{nr}$$

$$X(8r+4)=\sum_{n=0}^{\frac{N}{8}-1} x_4(n)\,W_{\frac{N}{8}}^{nr}$$

$$X(8r+5)=\sum_{n=0}^{\frac{N}{8}-1} x_5(n)\,W_{\frac{N}{8}}^{nr}$$

$$X(8r+6)=\sum_{n=0}^{\frac{N}{8}-1} x_6(n)\,W_{\frac{N}{8}}^{nr}$$

$$X(8r+7)=\sum_{n=0}^{\frac{N}{8}-1} x_7(n)\,W_{\frac{N}{8}}^{nr}$$

위의 식에서 $x_0(n)$부터 $x_7(n)$은 다음과 같이 정의된다.

$$\begin{aligned} x_0(n)= {} & x(n)+x\left(n+\frac{N}{8}\right)+x\left(n+\frac{2N}{8}\right)+x\left(n+\frac{3N}{8}\right) \\ & +x\left(n+\frac{4N}{8}\right)+x\left(n+\frac{5N}{8}\right)+x\left(n+\frac{6N}{8}\right)+x\left(n+\frac{7N}{8}\right) \end{aligned}$$

$$\begin{aligned} x_1(n)= {} & \left[x(n)+(0.7071-j0.7071)x\left(n+\frac{N}{8}\right)+(-j)x\left(n+\frac{2N}{8}\right)\right. \\ & +(-0.7071-j0.7071)x\left(n+\frac{3N}{8}\right)+(-1)x\left(n+\frac{4N}{8}\right) \\ & +(-0.7071+j0.7071)x\left(n+\frac{5N}{8}\right)+(j)x\left(n+\frac{6N}{8}\right) \\ & \left.+(0.7071+j0.7071)x\left(n+\frac{7N}{8}\right)\right]W_N^n \end{aligned}$$

$$x_2(n) = \left[x(n) + (-j)x\left(n+\frac{N}{8}\right) + (-1)x\left(n+\frac{2N}{8}\right) + (j)x\left(n+\frac{3N}{8}\right)\right.$$

$$+ x\left(n+\frac{4N}{8}\right) + (-j)x\left(n+\frac{5N}{8}\right) + (-1)x\left(n+\frac{6N}{8}\right)$$

$$\left. + (j)x\left(n+\frac{7N}{8}\right)\right] W_N^{2n}$$

$$x_3(n) = \left[x(n) + (-0.7071 - j0.7071)x\left(n+\frac{N}{8}\right) + (j)x\left(n+\frac{2N}{8}\right)\right.$$

$$+ (0.7071 - j0.7071)x\left(n+\frac{3N}{8}\right) + (-1)x\left(n+\frac{4N}{8}\right)$$

$$+ (0.7071 + j0.7071)x\left(n+\frac{5N}{8}\right) + (-j)x\left(n+\frac{6N}{8}\right)$$

$$\left. + (-0.7071 + j0.7071)x\left(n+\frac{7N}{8}\right)\right] W_N^{3n}$$

$$x_4(n) = \left[x(n) + (-1)x\left(n+\frac{N}{8}\right) + x\left(n+\frac{2N}{8}\right) + (-1)x\left(n+\frac{3N}{8}\right)\right.$$

$$\left. + x\left(n+\frac{4N}{8}\right) + (-1)x\left(n+\frac{5N}{8}\right) + x\left(n+\frac{6N}{8}\right) + (-1)x\left(n+\frac{7N}{8}\right)\right] W_N^{4n}$$

$$x_5(n) = \left[x(n) + (-0.7071 + j0.7071)x\left(n+\frac{N}{8}\right) + (-j)x\left(n+\frac{2N}{8}\right)\right.$$

$$+ (0.7071 + j0.7071)x\left(n+\frac{3N}{8}\right) + (-1)x\left(n+\frac{4N}{8}\right)$$

$$+ (0.7071 - j0.7071)x\left(n+\frac{5N}{8}\right) + (j)x\left(n+\frac{6N}{8}\right)$$

$$\left. + (-0.7071 - j0.7071)x\left(n+\frac{7N}{8}\right)\right] W_N^{5n}$$

$$x_6(n) = \left[x(n) + (j)x\left(n + \frac{N}{8}\right) + (-1)x\left(n + \frac{2N}{8}\right) + (-j)x\left(n + \frac{3N}{8}\right)\right.$$

$$+ x\left(n + \frac{4N}{8}\right) + (j)x\left(n + \frac{5N}{8}\right) + (-1)x\left(n + \frac{6N}{8}\right)$$

$$\left.+ (-j)x\left(n + \frac{7N}{8}\right)\right] W_N^{6n}$$

$$x_7(n) = \left[x(n) + (0.7071 + j0.7071)x\left(n + \frac{N}{8}\right) + (j)x\left(n + \frac{2N}{8}\right)\right.$$

$$+ (-0.7071 + j0.7071)x\left(n + \frac{3N}{8}\right) + (-1)x\left(n + \frac{4N}{8}\right)$$

$$+ (-0.7071 - j0.7071)x\left(n + \frac{5N}{8}\right) + (-j)x\left(n + \frac{6N}{8}\right)$$

$$\left.+ (0.7071 - j0.7071)x\left(n + \frac{7N}{8}\right)\right] W_N^{7n}$$

위의 8개의 연산을 수행하는 다음 그림과 같은 블록을 나비연산기라고 한다.

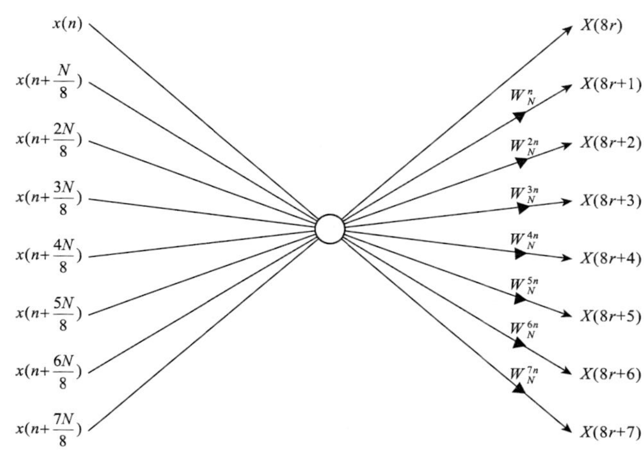

그림 6-4 DIF Radix-8 나비연산기

위의 그림의 나비연산기는 입력, 출력, 트위들 인자 등이 모두 실수부와 허수부로 구성된 복소수이다. 실제 연산도 실수부와 허수부를 따로 계산해야 하므로 다음과 같이 복소수로 정의한다.

$$x(n) = x_a + jy_a \qquad x_0(n) = X_a + jY_a$$

$$x\left(n + \frac{N}{8}\right) = x_b + jy_b \qquad x_1(n) = X_b + jY_b$$

$$x\left(n + \frac{2N}{8}\right) = x_c + jy_c \qquad x_2(n) = X_c + jY_c$$

$$x\left(n + \frac{3N}{8}\right) = x_d + jy_d \qquad x_3(n) = X_d + jY_d$$

$$x\left(n + \frac{4N}{8}\right) = x_e + jy_e \qquad x_4(n) = X_e + jY_e$$

$$x\left(n + \frac{5N}{8}\right) = x_f + jy_f \qquad x_5(n) = X_f + jY_f$$

$$x\left(n + \frac{6N}{8}\right) = x_g + jy_g \qquad x_6(n) = X_g + jY_g$$

$$x\left(n + \frac{7N}{8}\right) = x_h + jy_h \qquad x_7(n) = X_h + jY_h$$

$$W_N^n = \cos\theta_b - j\sin\theta_b$$

$$W_N^{2n} = \cos\theta_c - j\sin\theta_c$$

$$W_N^{3n} = \cos\theta_d - j\sin\theta_d$$

$$W_N^{4n} = \cos\theta_e - j\sin\theta_e$$

$$W_N^{5n} = \cos\theta_f - j\sin\theta_f$$

$$W_N^{6n} = \cos\theta_g - j\sin\theta_g$$

$$W_N^{7n} = \cos\theta_h - j\sin\theta_h$$

이와 같이 복소수로 정의된 값을 사용한 나비연산기는 다음 그림과 같다.

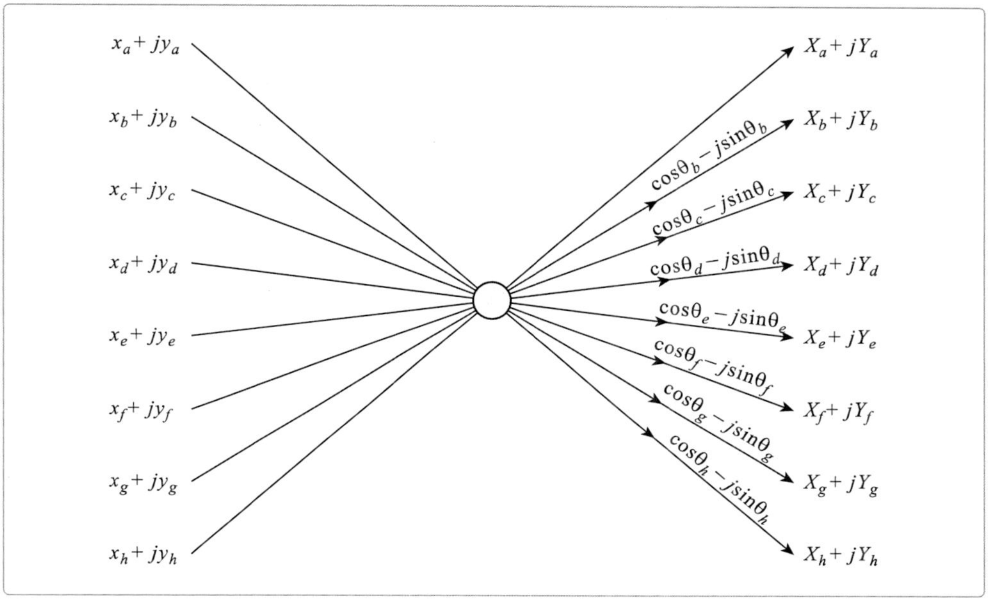

그림 6-5 DIF Radix-8 나비연산기(실수부, 허수부)

나비연산기를 구현하기 위해서는 출력들을 실수부와 허수부로 나타내어야 한다. 따라서 첫 번째 출력부터 실수부와 허수부로 나타내 보자. 위의 나비연산기 블록의 첫 번째 출력은 다음과 같다.

$$X_a = x_a + x_b + x_c + x_d + x_e + x_f + x_g + x_h$$

$$Y_a = y_a + y_b + y_c + y_d + y_e + y_f + y_g + y_h$$

두 번째 출력은 다음과 같다.($k=0.7071$)

$$
\begin{aligned}
& X_b + jY_b \\
&= \left[(x_a + jy_a) + (k - jk)(x_b + jy_b) - j(x_c + jy_c) + (-k - jk)(x_d + jy_d) \right. \\
&\quad \left. -(x_e + jy_e) + (-k + jk)(x_f + jy_f) + j(x_g + jy_g) + (k + jk)(x_h + jy_h) \right] [\cos\theta_b - j\sin\theta_b] \\
&= \left[(x_a + kx_b + ky_b + y_c - kx_d + ky_d - x_e - kx_f - ky_f - y_g + kx_h - ky_h) \right. \\
&\quad \left. + j(y_a + ky_b - kx_b - x_c - kx_d - ky_d - y_e - ky_f + kx_f - x_g + ky_h + kx_h) \right] [\cos\theta_b - j\sin\theta_b] \\
&= \{ [(x_a + y_c - x_e - y_g) + k(x_b + y_b - x_d + y_d - x_f - y_f + x_h - y_h)] \cos\theta_b \\
&\quad + [(y_a - x_c - y_e + x_g) + k(y_b - x_b - y_d - x_d - y_f + x_f + y_h + x_h)] \sin\theta_b \} \\
&\quad + j\{ [(y_a - x_c - y_e + x_g) + k(y_b - x_b - y_d - x_d - y_f + x_f + y_h + x_h)] \cos\theta_b \\
&\quad - [(x_a + y_c - x_e - y_g) + k(x_b + y_b - x_d + y_d - x_f - y_f + x_h - y_h)] \sin\theta_b \}
\end{aligned}
$$

$$
\begin{aligned}
X_b &= [(x_a + y_c - x_e - y_g) + k(x_b + y_b - x_d + y_d - x_f - y_f + x_h - y_h)] \cos\theta_b \\
&\quad + [(y_a - x_c - y_e + x_g) + k(y_b - x_b - y_d - x_d - y_f + x_f + y_h + x_h)] \sin\theta_b \\
&= (x_{1a} + kx_{1b}) \cos\theta_b + (x_{2a} + kx_{2b}) \sin\theta_b \\
&= x_1 \cos\theta_b + x_2 \sin\theta_b
\end{aligned}
$$

$$
\begin{aligned}
Y_b &= [(y_a - x_c - y_e + x_g) + k(y_b - x_b - y_d - x_d - y_f + x_f + y_h + x_h)] \cos\theta_b \\
&\quad + [(x_a + y_c - x_e - y_g) + k(x_b + y_b - x_d + y_d - x_f - y_f + x_h - y_h)] \sin\theta_b \\
&= (x_{2a} + kx_{2b}) \cos\theta_b + (x_{1a} + kx_{1b}) \sin\theta_b \\
&= x_2 \cos\theta_b - x_1 \sin\theta_b
\end{aligned}
$$

세 번째 출력은 다음과 같다.

$$
\begin{aligned}
&X_c + jY_c \\
&= \left[(x_a + jy_a) - j(x_b + jy_b) - (x_c + jy_c) + j(x_d + jy_d)\right. \\
&\quad \left. + (x_e + jy_e) + j(x_f + jy_f) - (x_g + jy_g) + j(x_h + jy_h)\right]\left[\cos\theta_c - j\sin\theta_c\right] \\
&= \left[(x_a + y_b - x_c - y_d + x_e + x_f - x_g - y_h)\right. \\
&\quad \left. + j(y_a - x_b - y_c + x_d + y_e - x_f - y_g + x_h)\right]\left[\cos\theta_c - j\sin\theta_c\right]
\end{aligned}
$$

$$
\begin{aligned}
X_c &= (x_a + y_b - x_c - y_d) + x_e + y_f - x_g + y_h)\cos\theta_c \\
&\quad + (y_a - x_b - y_c + x_d + y_e - x_f - y_g + x_h)\sin\theta_c \\
&= x_3\cos\theta_c + x_4\sin\theta_c
\end{aligned}
$$

$$
\begin{aligned}
Y_c &= (y_a - x_b - y_c + x_d + y_e - x_f - y_g + x_h)\cos\theta_c \\
&\quad - (x_a + y_b - x_c - y_d + x_e + y_f - x_g - y_h)\sin\theta_c \\
&= x_4\cos\theta_c - x_3\sin\theta_c
\end{aligned}
$$

네 번째 출력은 다음과 같다.

$$
\begin{aligned}
&X_d + jY_d \\
&= \left[(x_a + jy_a) + (-k - jk)(x_b + jy_b) + j(x_c + jy_c) + (k - jk)(x_d + jy_d)\right. \\
&\quad \left. - (x_e + jy_e) + (k + jk)(x_f + jy_f) - j(x_g + jy_g) + (-k + jk)(x_h + jy_h)\right]\left[\cos\theta_d - j\sin\theta_d\right] \\
&= \left[(x_a - kx_b + ky_b - y_c + kx_d + ky_d - x_e + kx_f - ky_f + y_g - kx_h - ky_h)\right. \\
&\quad \left. + j(y_a - ky_b - kx_b + x_c - kx_d + ky_d - y_e + ky_f + kx_f - x_g - ky_h + kx_h)\right]\left[\cos\theta_d - j\sin\theta_d\right]
\end{aligned}
$$

$$
\begin{aligned}
X_d &= \left[(x_a - y_c - x_e + y_g) + k(-x_b + y_b + x_d + y_d + x_f - y_f - x_h - y_h)\right]\cos\theta_d \\
&\quad + \left[(y_a + x_c - y_e - x_g) + k(-y_b - x_b + y_d - x_d + y_f + x_f - y_h + x_h)\right]\sin\theta_d
\end{aligned}
$$

$$= (x_{5a} + kx_{5b})\cos\theta_d + (x_{6a} + kx_{6b})\sin\theta_d$$

$$= x_5\cos\theta_d + x_6\sin\theta_d$$

$$Y_d = \left[(y_a + x_c - y_e - x_g) + k(-y_b - x_b + y_d - x_d + y_f + x_f - y_h + x_h)\right]\cos\theta_d$$

$$+ \left[(x_a - y_c - x_e + y_g) + k(-x_b + y_b + x_d + y_d + x_f - y_f - x_h - y_h)\right]\sin\theta_d$$

$$= (x_{6a} + kx_{6b})\cos\theta_d - (x_{5a} + kx_{5b})\sin\theta_d$$

$$= x_6\cos\theta_d - x_5\sin\theta_d$$

다섯 번째 출력은 다음과 같다.

$$X_e + jY_e$$

$$= \left[(x_a + jy_a) - (x_b + jy_b) + (x_c + jy_c) - (x_d + jy_d)\right.$$

$$\left.+ (x_e + jy_e) - (x_f + jy_f) + (x_g + jy_g) - (x_h + jy_h)\right]\left[\cos\theta_e - j\sin\theta_e\right]$$

$$= \left[(x_a - x_b + x_c - x_d + x_e - x_f + x_g - x_h)\right.$$

$$\left.+ j(y_a - y_b + y_c - y_d + y_e - y_f + y_g - y_h)\right]\left[\cos\theta_e - j\sin\theta_e\right]$$

$$X_e = (x_a - x_b + x_c - x_d + x_e - x_f + x_g - x_h)\cos\theta_e$$

$$+ (y_a - y_b + y_c - y_d + y_e - y_f + y_g - y_h)\sin\theta_e$$

$$= x_7\cos\theta_e + x_8\sin\theta_e$$

$$Y_e = (y_a - y_b + y_c - y_d + y_e - y_f + y_g - y_h)\cos\theta_e$$

$$- (x_a - x_b + x_c - x_d + x_e - x_f + x_g - x_h)\sin\theta_e$$

$$= x_8\cos\theta_e - x_7\sin\theta_e$$

여섯 번째 출력은 다음과 같다.

$$\begin{aligned}
&X_f + jY_f \\
&= [(x_a + jy_a) + (-k + jk)(x_b + jy_b) - j(x_c + jy_c) + (k + jk)(x_d + jy_d) \\
&\quad - (x_e + jy_e) + (k - jk)(x_f + jy_f) + j(x_g + jy_g) + (-k - jk)(x_h + jy_h)]\,[\cos\theta_f - j\sin\theta_f] \\
&= [(x_a - kx_b - ky_b + y_c + kx_d - ky_d - x_e + kx_f + ky_f - y_g - kx_h + ky_h) \\
&\quad + j(y_a - ky_b + kx_b - x_c + kx_d + ky_d - y_e + ky_f - kx_f + x_g - ky_h - kx_h)]\,[\cos\theta_f - j\sin\theta_f]
\end{aligned}$$

$$\begin{aligned}
X_f &= [(x_a + y_c - x_e - y_g) + k(-x_b - y_b + x_d - y_d + x_f + y_f - x_h + y_h)]\cos\theta_f \\
&\quad + [(y_a - x_c - y_e - x_g) + k(-y_b + x_b + y_d + x_d + y_f - x_f - y_h - x_h)]\sin\theta_f \\
&= (x_{9a} + kx_{9b})\cos\theta_f + (x_{10a} + kx_{10b})\sin\theta_f \\
&= x_9\cos\theta_f + x_{10}\sin\theta_f
\end{aligned}$$

$$\begin{aligned}
Y_f &= [(y_a - x_c - y_e + x_g) + k(-y_b + x_b + y_d + x_d + y_f - x_f - y_h - x_h)]\cos\theta_f \\
&\quad + [(x_a + y_c - x_e - y_g) + k(-x_b - y_b + x_d - y_d + x_f + y_f - x_h + y_h)]\sin\theta_f \\
&= (x_{10a} + kx_{10b})\cos\theta_f - (x_{9a} + kx_{9b})\sin\theta_f \\
&= x_{10}\cos\theta_f - x_9\sin\theta_f
\end{aligned}$$

일곱 번째 출력은 다음과 같다.

$$\begin{aligned}
&X_g + jY_g \\
&= [(x_a + jy_a) + j(x_b + jy_b) - (x_c + jy_c) - j(x_d + jy_d) \\
&\quad + (x_e + jy_e) + j(x_f + jy_f) - (x_g + jy_g) - j(x_h + jy_h)]\,[\cos\theta_g - j\sin\theta_g] \\
&= [(x_a - y_b - x_c + y_d + x_e - y_f - x_g + x_h) \\
&\quad + j(y_a + x_b - y_c - x_d + y_e + x_f - y_g - x_h)]\,[\cos\theta_e - j\sin\theta_e]
\end{aligned}$$

$$X_g = (x_a - y_b - x_c + y_d + x_e - y_f - x_g + y_h)\cos\theta_g$$
$$+ (y_a + x_b - y_c - x_d + y_e + x_f - y_g - x_h)\sin\theta_g$$
$$= x_{11}\cos\theta_g + x_{12}\sin\theta_g$$

$$Y_g = (y_a + x_b - y_c - x_d + y_e + x_f - y_g - x_h)\cos\theta_g$$
$$- (x_a - y_b - x_c + y_d + x_e - y_f - x_g + y_h)\sin\theta_g$$
$$= x_{12}\cos\theta_g - x_{11}\sin\theta_g$$

여덟 번째 출력은 다음과 같다.

$$X_h + jY_h$$
$$= [(x_a + jy_a) + (k + jk)(x_b + jy_b) + j(x_c + jy_c) + (-k + jk)(x_d + jy_d)$$
$$-(x_e + jy_e) + (-k - jk)(x_f + jy_f) - j(x_g + jy_g) + (k - jk)(x_h + jy_h)]\,[\cos\theta_h - j\sin\theta_h]$$
$$= [(x_a + kx_b - ky_b - y_c - kx_d - ky_d - x_e + kx_f + ky_f + y_g + kx_h + ky_h)$$
$$+ j(y_a + ky_b + kx_b + x_c + kx_d - ky_d - y_e - ky_f - kx_f - x_g + ky_h - kx_h)]\,[\cos\theta_h - j\sin\theta_h]$$

$$X_h = [(x_a - y_c - x_e + y_g) + k(x_b - y_b - x_d - y_d - x_f + y_f + x_h + y_h)]\cos\theta_h$$
$$+ [(y_a + x_c - y_e - x_g) + k(y_b + x_b - y_d + x_d - y_f - x_f + y_h - x_h)]\sin\theta_h$$
$$= (x_{13a} + kx_{13b})\cos\theta_h + (x_{14a} + kx_{14b})\sin\theta_h$$
$$= x_{13}\cos\theta_h + x_{14}\sin\theta_h$$

$$Y_h = [(y_a + x_c - y_e - x_g) + k(y_b + x_b - y_d + x_d - y_f - x_f + y_h - x_h)]\cos\theta_h$$
$$- [(x_a - y_c - x_e + y_g) + k(x_b - y_b - x_d - y_d - x_f + y_f + x_h + y_h)]\sin\theta_h$$
$$= (x_{14a} + kx_{14b})\cos\theta_h - (x_{13a} + kx_{13b})\sin\theta_h$$
$$= x_{14}\cos\theta_h - x_{13}\sin\theta_h$$

지금까지 유도한 출력의 실수부와 허수부를 연산하는 나비연산기 구조는 다음 그림과 같다. 아래 그림에서 SA블록은 $p+kq$를 연산하는 블록이다.

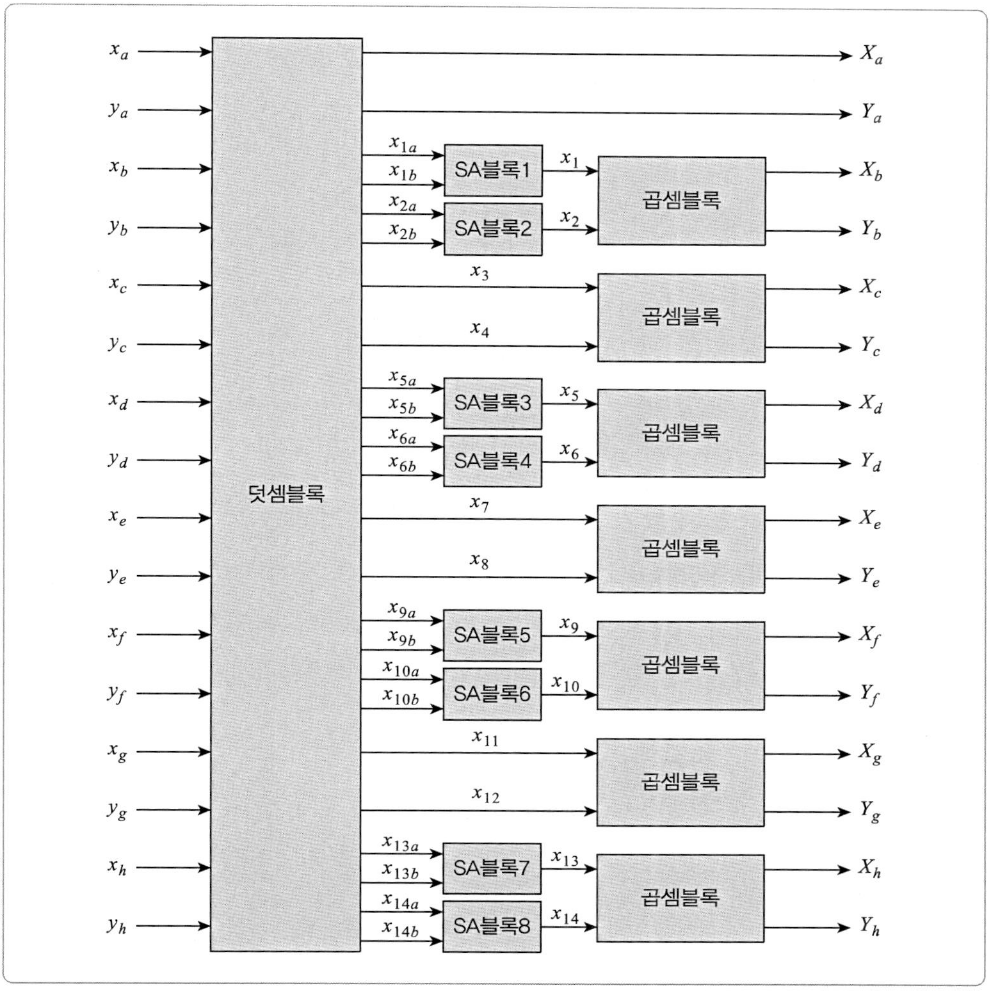

그림 6-6 DIF Radix-8 나비연산기 연산구조

6.3 DIT Radix-4 나비연산기 설계

N-point DFT를 DIT Radix-4 알고리즘을 사용하여 $N/4$-point DFT로 분해할 수 있다. $N/4$-point DFT로 분해되기 위해서는 다음의 나비연산기의 연산이 필요하다.

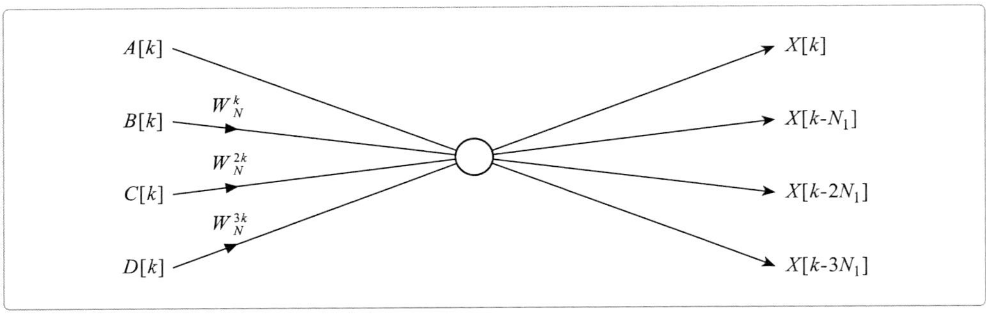

그림 6-7 DIT Radix-4 나비연산기

이 절에서는 DIT Radix-4에 사용되는 나비연산기의 구현 방법을 알아보기로 한다. FFT를 구현하기 위해서는 모든 입출력이 실수와 허수로 나타내어야 한다. 따라서 나비연산기의 입력과 출력을 다음과 같이 실수부와 허수부로 나누어 정의한다.

$$A(k) = x_a + jy_a, \quad X(k) = X_a + jY_a$$

$$B(k) = x_b + jy_b, \quad X(k+N_1) = X_b + jY_b$$

$$C(k) = x_c + jy_c, \quad X(k+2N_1) = X_c + jY_c$$

$$D(k) = x_d + jy_d, \quad X(k+3N_1) = X_d + jY_d$$

또한 트위들 인자도 연산을 위해 다음과 같이 직각형 복소수로 정의한다.

$$W_N^k = \cos\theta_b - j\sin\theta_b$$

$$W_N^{2k} = \cos\theta_c - j\sin\theta_c$$

$$W_N^{3k} = \cos\theta_d - j\sin\theta_d$$

이와 같이 정의된 직각형 복소수를 사용하여 나비연산기를 다음 그림과 같이 정의한다.

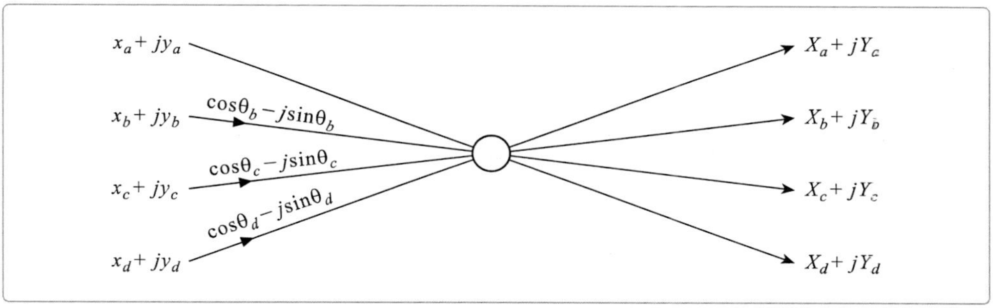

그림 6-8 DIT Radix−4 나비연산기(실수부, 허수부)

이제부터 위의 그림의 나비연산기에서 출력을 구하는 구조를 유도해보기로 한다. 먼저 위의 나비연산기에서 입력과 트위들 인자의 곱셈이 이루어진 후의 노드를 각각 $x'_b + jy'_b$, $x'_c + jy'_c$, $x'_d + jy'_d$로 정의하면 그 연산은 다음과 같다.

$$x'_b + jy'_b = (\cos\theta_b - j\sin\theta_b)(x_b + jy_b)$$

$$x'_c + jy'_c = (\cos\theta_c - j\sin\theta_c)(x_c + jy_c)$$

$$x'_d + jy'_d = (\cos\theta_d - j\sin\theta_d)(x_d + jy_d)$$

위의 식에서 실수부와 허수부를 각각 정리 하면 다음 식과 같다.

$$x'_b = x_b\cos\theta_b + y_b\sin\theta_b,\ \ y'_b = y_b\cos\theta_b - x_b\sin\theta_b$$

$$x'_c = x_c\cos\theta_c + y_c\sin\theta_c,\ \ y'_c = y_c\cos\theta_c - x_c\sin\theta_c$$

$$x'_d = x_d\cos\theta_d + y_d\sin\theta_d,\ y'_d = y_d\cos\theta_d - x_d\sin\theta_d$$

이제는 나비연산기의 출력을 위의 식을 사용하여 나타내면 다음과 같다.

$$X_a + jY_a = (x_a + jy_a) + (x'_b + jy'_b) + (x'_c + jy'_c) + (x'_d + jy'_d)$$

$$X_b + jY_b = (x_a + jy_a) - j(x'_b + jy'_b) - (x'_c + jy'_c) + j(x'_d + jy'_d)$$

$$X_c + jY_c = (x_a + jy_a) - (x'_b + jy'_b) + (x'_c + jy'_c) - (x'_d + jy'_d)$$

$$X_d + jY_d = (x_a + jy_a) + j(x'_b + jy'_b) - (x'_c + jy'_c) - j(x'_d + jy'_d)$$

위의 식에서 실수부와 허수부를 각각 정리하면 다음 식과 같다.

$$X_a = x_a + x'_b + x'_c + x'_d,\ \ Y_a = y_a + y'_b + y'_c + y'_d$$

$$X_b = x_a + y'_b - x'_c - y'_d,\ \ Y_b = y_a - x'_b - y'_c + x'_d$$

$$X_c = x_a - x'_b + x'_c - x'_d,\ \ Y_c = y_a - y'_b + y'_c - y'_d$$

$$X_d = x_a - y'_b - x'_c + y'_d,\ \ Y_d = y_a + x'_b - y'_c - x'_d$$

지금까지 유도한 식들을 사용하면 다음 그림과 같은 나비연산기를 설계할 수 있다.

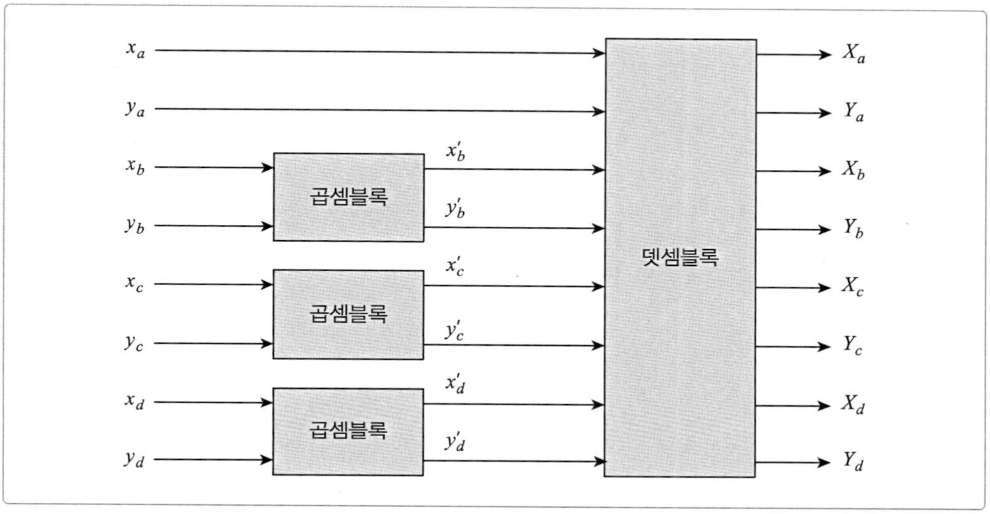

그림 6-9 DIT Radix-4 나비연산기 연산구조

6.4 DIT Radix-8 나비연산기 설계

N-point DFT를 DIT Radix-8 알고리즘을 사용하면 $N/8$-point DFT로 분해될 수 있다. $N/8$-point DFT로 분해되기 위해서는 다음의 나비연산기의 연산이 필요하다.

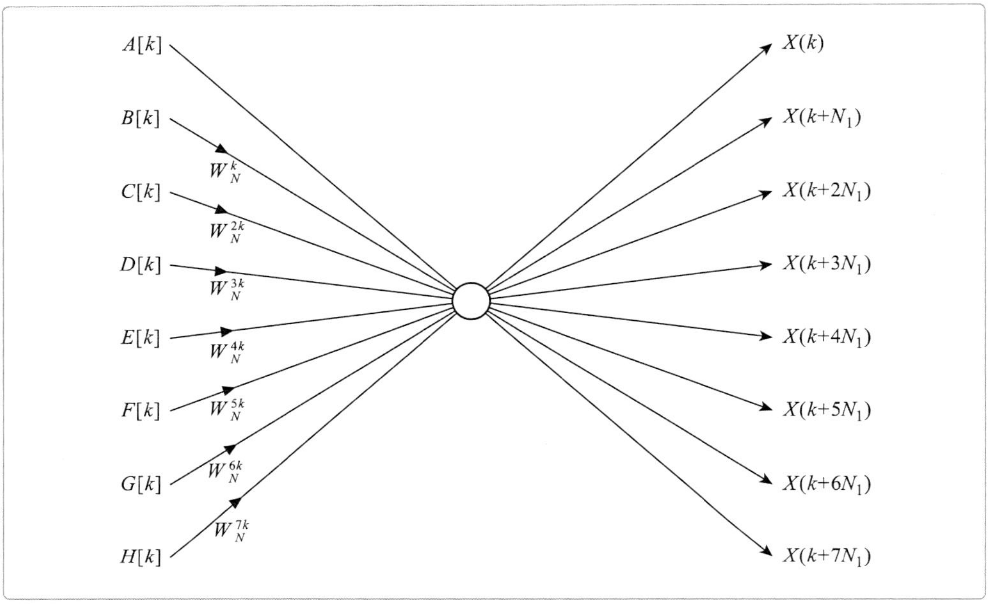

그림 6-10 DIT Radix-8 나비연산기

이 절에서는 DIT Radix-8에 사용되는 나비연산기의 구현 방법을 알아보기로 한다. FFT를 구현하기 위해서는 모든 입출력이 실수와 허수로 나타내어야 한다. 따라서 나비연산기의 입력과 출력을 다음과 같이 실수부와 허수부로 나누어 정의한다.

$$A(k) = x_a + jy_a,\ \ X(k) = X_a + jY_a$$

$$B(k) = x_b + jy_b,\ \ X(k+N_1) = X_b + jY_b$$

$$\vdots \qquad\qquad\qquad \vdots$$

$$H(k) = x_h + jy_h,\ \ X(k+7N_1) = X_h + jY_h$$

그리고 트위들 인자도 다음과 같이 직각형 복소수로 다시 정의한다.

$$W_N^k = \cos\theta_b - j\sin\theta_b$$

$$W_N^{2k} = \cos\theta_c - j\sin\theta_c$$

$$\vdots$$

$$W_N^{7k} = \cos\theta_h - j\sin\theta_h$$

이와 같이 새로 정의된 직각형 복소수를 사용하여 나비연산기를 다음 그림과 같이 정의한다.

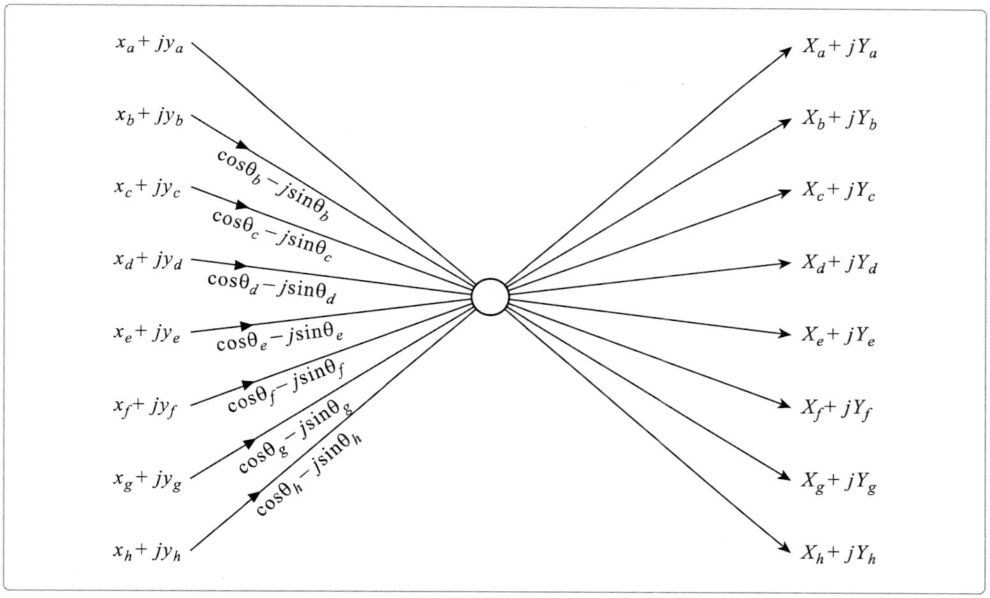

그림 6-11 DIT Radix-8 나비연산기(실수부, 허수부)

이제부터 위의 그림의 나비연산기에서 출력을 구하는 하드웨어를 설계해보기로 한다. 먼저 그림 6-11에서 입력과 트위들 인자의 곱셈 결과를 각각 프라임을 붙여서 정의한다.

$$x'_b + jy'_b = (\cos\theta_b - j\sin\theta_b)(x_b + jy_b)$$

$$x'_c + jy'_c = (\cos\theta_c - j\sin\theta_c)(x_c + jy_c)$$

$$\vdots$$

$$x'_h + jy'_h = (\cos\theta_h - j\sin\theta_h)(x_h + jy_h)$$

위의 식에서 실수부와 허수부를 정리하면 각각 다음과 같다.

$$x'_b = x_b\cos\theta_b + y_b\sin\theta_b,\quad y'_b = y_b\cos\theta_b - x_b\sin\theta_b$$

$$x'_c = x_c\cos\theta_c + y_c\sin\theta_c,\quad y'_c = y_c\cos\theta_c - x_c\sin\theta_c$$

$$x'_d = x_d\cos\theta_d + y_d\sin\theta_d,\quad y'_d = y_d\cos\theta_d - x_d\sin\theta_d$$

$$x'_e = x_e\cos\theta_e + y_e\sin\theta_e,\quad y'_e = y_e\cos\theta_e - x_e\sin\theta_e$$

$$x'_f = x_f\cos\theta_f + y_f\sin\theta_f,\quad y'_f = y_f\cos\theta_f - x_f\sin\theta_f$$

$$x'_g = x_g\cos\theta_g + y_g\sin\theta_g,\quad y'_g = y_g\cos\theta_g - x_g\sin\theta_g$$

$$x'_h = x_h\cos\theta_h + y_h\sin\theta_h,\quad y'_h = y_h\cos\theta_h - x_h\sin\theta_h$$

위의 식의 프라임 신호를 이용하여 그림 6-11의 8개의 나비연산기 출력을 다음과 같이 차례로 구하여야 한다.

(i) 첫 번째 출력

$$X_a + jY_a = (x_a + jy_a) + (x'_b + jy'_b) + (x'_c + jy'_c) + (x'_d + jy'_d) + (x'_e + jy'_e) + (x'_f + jy'_f) + (x'_g + jy'_g) + (x'_h + jy'_h)$$

$$X_a = x_a + x'_b + x'_c + x'_d + x'_e + x'_f + x'_g + x'_h$$

$$Y_a = y_a + y'_b + y'_c + y'_d + y'_e + y'_f + y'_g + y'_h$$

(ii) 두 번째 출력(이 절에서 m은 0.7071이다)

multiplier	multiplicand	X_b(real)	Y_b(imaginary)
1	x_a+jy_a	x_a	y_a
$m(1-j)$	$x'_b+jy'_b$	$m(x'_b+y'_b)$	$m(y'_b-x'_b)$
$-j$	$x'_c+jy'_c$	y'_c	$-x'_c$
$m(-1-j)$	$x'_d+jy'_d$	$m(y'_d-x'_d)$	$m(-x'_d-y'_d)$
-1	$x'_e+jy'_e$	$-x'_e$	$-y'_e$
$m(-1+j)$	$x'_f+jy'_f$	$m(-x'_f-y'_f)$	$m(x'_f-y'_f)$
j	$x'_g+jy'_g$	$-y'_g$	x'_g
$m(1+j)$	$x'_h+jy'_h$	$m(x'_h-y'_h)$	$m(x'_h+y'_h)$

$$X_b = (x_a + y'_c - x'_e - y'_g) \\ + m(x'_b + y'_b + y'_d - x'_d - x'_f - y'_f + x'_h - y'_h)$$

$$Y_b = (y_a - x'_c - y'_e + x'_g) \\ + m(y'_b - x'_b - x'_d - y'_d + x'_f - y'_f + x'_h + y'_h)$$

(iii) 세 번째 출력

$$X_c + jY_c = (x_a + jy_a) - j(x'_b + jy'_b) \\ - (x'_c + jy'_c) + j(x'_d + jy'_d) + (x'_e + jy'_e) \\ - j(x'_f + jy'_f) - (x'_g + jy'_g) + j(x'_h + jy'_h)$$

$$X_c = x_a + y'_b - x'_c - y'_d + x'_e + y'_f - x'_g - y'_h$$

$$Y_c = y_a - x'_b - y'_c + x'_d + y'_e - x'_f - y'_g + x'_h$$

(iv) 네 번째 출력

multiplier	multiplicand	X_d(real)	Y_d(imaginary)
1	x_a+jy_a	x_a	y_a
$m(-1-j)$	$x'_b+jy'_b$	$m(-x'_b+y'_b)$	$m(-y'_b-x'_b)$
j	$x'_c+jy'_c$	$-y'_c$	x'_c
$m(1-j)$	$x'_d+jy'_d$	$m(x'_d+y'_d)$	$m(-x'_d+y'_d)$
-1	$x'_e+jy'_e$	$-x'_e$	$-y'_e$
$m(1+j)$	$x'_f+jy'_f$	$m(x'_f-y'_f)$	$m(x'_f+y'_f)$
$-j$	$x'_g+jy'_g$	y'_g	$-x'_g$
$m(-1+j)$	$x'_h+jy'_h$	$m(-x'_h-y'_h)$	$m(x'_h-y'_h)$

$$\begin{aligned} X_d = &\ (x_a - y'_c - x'_e + y'_g) \\ &+ m(y'_b - x'_b + x'_d + y'_d + x'_f - y'_f - x'_h - y'_h) \end{aligned}$$

$$\begin{aligned} Y_d = &\ (y_a + x'_c - y'_e - x'_g) \\ &+ m(-x'_b - y'_b - x'_d + y'_d + x'_f + y'_f + x'_h - y'_h) \end{aligned}$$

(v) 다섯 번째 출력

$$\begin{aligned} X_e + jY_e = &\ (x_a + jy_a) - (x'_b + jy'_b) \\ &+ (x'_c + jy'_c) - (x'_d + jy'_d) + (x'_e + jy'_e) \\ &- (x'_f + jy'_f) + (x'_g + jy'_g) - (x'_h + jy'_h) \end{aligned}$$

$$X_e = x_a - x'_b + x'_c - x'_d + x'_e - x'_f + x'_g - x'_h$$

$$Y_e = y_a - y'_b + y'_c - y'_d + y'_e - y'_f + y'_g - y'_h$$

(vi) 여섯 번째 출력

multiplier	multiplicand	X_f(real)	Y_f(imaginary)
1	x_a+jy_a	x_a	y_a
$m(-1+j)$	$x'_b+jy'_b$	$m(-x'_b-y'_b)$	$m(x'_b-y'_b)$
$-j$	$x'_c+jy'_c$	y'_c	$-x'_c$
$m(1+j)$	$x'_d+jy'_d$	$m(x'_d-y'_d)$	$m(x'_d+y'_d)$
-1	$x'_e+jy'_e$	$-x'_e$	$-y'_e$
$m(1-j)$	$x'_f+jy'_f$	$m(x'_f+y'_f)$	$m(-x'_f+y'_f)$
j	$x'_g+jy'_g$	$-y'_g$	x'_g
$m(-1-j)$	$x'_h+jy'_h$	$m(-x'_h+y'_h)$	$m(-x'_h-y'_h)$

$$X_f = (x_a + y'_c - x'_e - y'_g) + m(-x'_b - y'_b + x'_d - y'_d + x'_f + y'_f - x'_h + y'_h)$$

$$Y_f = (y_a - x'_c - y'_e + x'_g) + m(x'_b - y'_b + x'_d + y'_d - x'_f + y'_f - x'_h - y'_h)$$

(vii) 일곱 번째 출력

$$X_g + jY_g = (x_a + jy_a) + j(x'_b + jy'_b) - (x'_c + jy'_c) - j(x'_d + jy'_d) + (x'_e + jy'_e) + j(x'_f + jy'_f) - (x'_g + jy'_g) - j(x'_h + jy'_h)$$

$$X_g = x_a - y'_b - x'_c + y'_d + x'_e - y'_f - x'_g + y'_h$$

$$Y_g = y_a + x'_b - y'_c - x'_d + y'_e + x'_f - y'_g - x'_h$$

(viii) 여덟 번째 출력

multiplier	multiplicand	X_h(real)	Y_h(imaginary)
1	$x_a + jy_a$	x_a	y_a
$m(1+j)$	$x'_b + jy'_b$	$m(x'_b - y'_b)$	$m(x'_b + y'_b)$
j	$x'_c + jy'_c$	$-y'_c$	x'_c
$m(-1+j)$	$x'_d + jy'_d$	$m(-x'_d - y'_d)$	$m(x'_d - y'_d)$
-1	$x'_e + jy'_e$	$-x'_e$	$-y'_e$
$m(-1-j)$	$x'_f + jy'_f$	$m(-x'_f + y'_f)$	$m(-x'_f - y'_f)$
$-j$	$x'_g + jy'_g$	y'_g	$-x'_g$
$m(1-j)$	$x'_h + jy'_h$	$m(x'_h + y'_h)$	$m(-x'_h + y'_h)$

$$
\begin{aligned}
X_h = & \ (x_a - y'_c - x'_e + y'_g) \\
& + m(x'_b - y'_b - x'_d - y'_d - x'_f + y'_f + x'_h + y'_h)
\end{aligned}
$$

$$
\begin{aligned}
Y_f = & \ (y_a + x'_c - y'_e - x'_g) \\
& + m(x'_b + y'_b + x'_d - y'_d - x'_f - y'_f - x'_h + y'_h)
\end{aligned}
$$

지금까지 유도한 곱셈과 덧셈의 식을 이용하여 나비연산기를 설계하면 다음 그림과 같다.

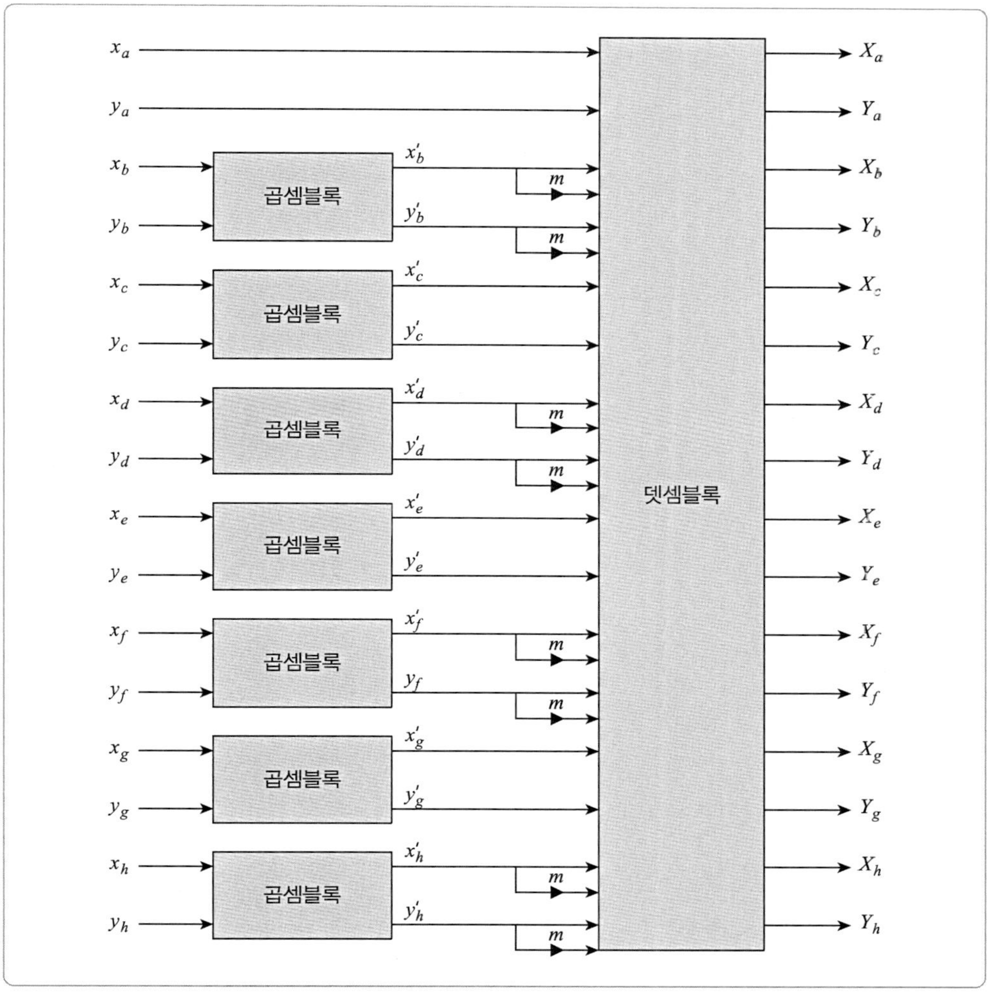

그림 6-12 DIT Radix-8 나비연산기 연산구조

CHAPTER

7 지연메모리 설계

FFT를 반도체 칩 등으로 구현하려면 다음과 같이 3단계를 거친다.

1단계 : 알고리즘 설계

2단계 : 나비연산기 설계

3단계 : 지연메모리 설계

이장에서는 3단계인 지연메모리 설계에 대하여 기술한다. 1단계 알고리즘 설계가 끝나면 결과물인 SFG를 얻게 된다. 2단계에서는 이 SFG를 바탕으로 나비연산기 블록을 설계하게 된다. 마지막 3단계로 각각의 스테이지에서 연산되는 데이터의 흐름을 효율적으로 연결시키는 지연메모리 블록을 설계해야 한다. 지연메모리 블록의 구현 방식으로서 다음과 같은 세 가지 방식을 알아본다.

SDF(Single-path Delay Feedback) 방식

작은 메모리를 필요로 하지만 나비 연산기의 이용 효율이 낮다. 나비연산기 연산을 위해 데이터 간 떨어진 거리만큼 지연소자를 두어 기다린 후 해당 데이터가 입력될 때 나비연산기 연산을 하고 복소곱셈이 필요한 데이터는 다시 지연소자로 피드백하여 메모리의 효율을 높인 구조이다. 상대적으로 느리지만 하드웨어 구현비용이 낮은 장점이 있다.

SDC(Single-path Delay Commutator) 방식

Delay Feedback 구조에 비해 많은 메모리를 필요로 하지만 나비 연산기의 이용 효율이 높은 구조이다. 나비연산기를 한 번에 하나의 데이터만 출력하도록 간소화하여 나비연산기의 효율성을 높인 구조이다. 나비연산기가 간단해지지만 지연소자를 많이 필요로 한다. 상대적으로 복잡한 구조와 늘어난 메모리 때문에 Radix-2 보다는 Radix-4에 주로 적용된다.

MDC(Multi-path Delay Commutator) 방식

이 방식은 Radix-2 알고리즘은 2개의 데이터 패스를 두고 Radix-4 알고리즘은 4개의 데이터 패스를 둔다. 그리고 각 스테이지 사이에 데이터 지연을 담당하는 commutator를 두는 방식이다. 상대적으로 연산이 빠른 반면에 많은 하드웨어 자원을 필요로 한다. 제어는 간단하지만 다른 구조에 비해 많은 덧셈기와 곱셈기가 필요한 방식이다.

이 장에서는 다음과 같은 지연메모리 블록의 설계방식에 대하여 기술한다. 먼저 SDF 방식으로는 다음과 같은 2가지 방식을 알아본다.

- R2SDF
- R4SDF

다음으로 SDC 방식으로서 다음의 방식을 알아본다.

- R4SDC

마지막으로 MDC 방식으로서 다음의 2가지 방식을 알아본다.

- R2MDC
- R4MDC

7.1 R2SDF 방식

R2SDF(Radix-2 Single-path Delay Feedback) 방식은 Radix-2 알고리즘에 대한 지연메모리 방식이다. DIF Radix-2 64-point FFT에 대한 R2SDF 방식의 구조는 다음 그림과 같다.

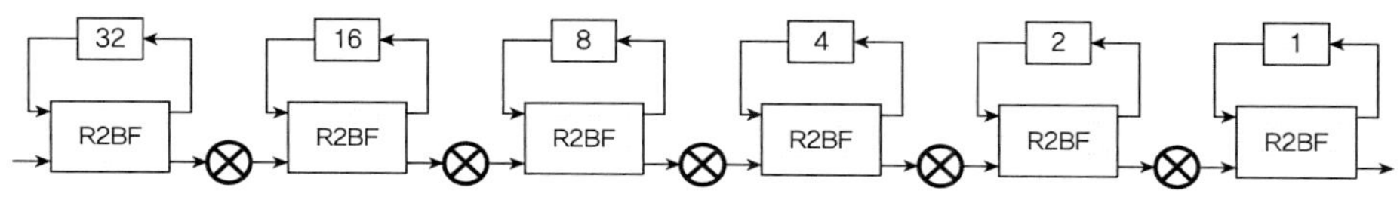

그림 7-1 R2SDF 지연메모리 구조(64-point FFT)

위의 그림에서 보듯이 Radix-2 64-point FFT이므로 6개의 스테이지로 구성된다. 이 방식은 나비연산기 출력의 일부를 피드백하여 비어있는 지연소자에 다시 저장하여 지연소자의 효율을 높임으로써 메모리 크기를 줄이는 방식이다. 위의 그림의 첫 번째 블록의 내부 구조는 다음 그림과 같다.

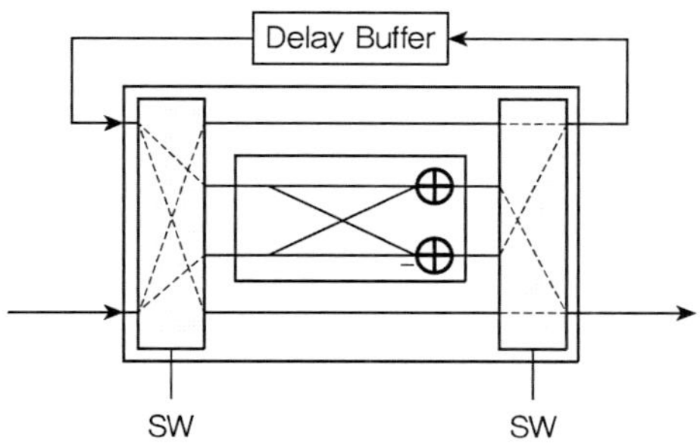

그림 7-2 R2SDF의 첫 번째 블록의 내부 구조

윗 그림의 구조의 클록(clk)별 내부 데이터 흐름 제어는 다음과 같다.

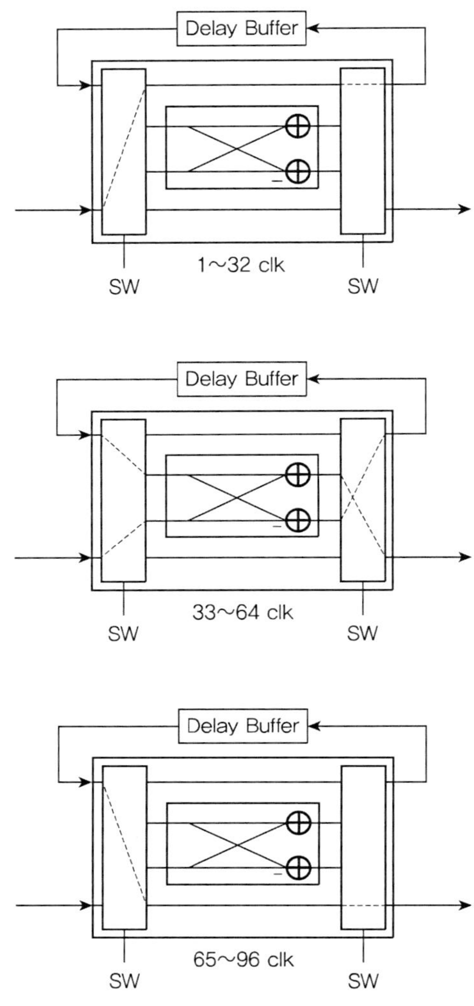

그림 7-3 첫 번째 블록의 클록별 데이터 제어

7.2 R4SDF 방식

R4SDF(Radix-4 Single-path Delay Feedback) 방식은 Radix-4 알고리즘에 대한 지연메모리 방식이다. DIF Radix-4 64-point FFT에 대한 R4SDF 방식의 구조는 다음 그림과 같다.

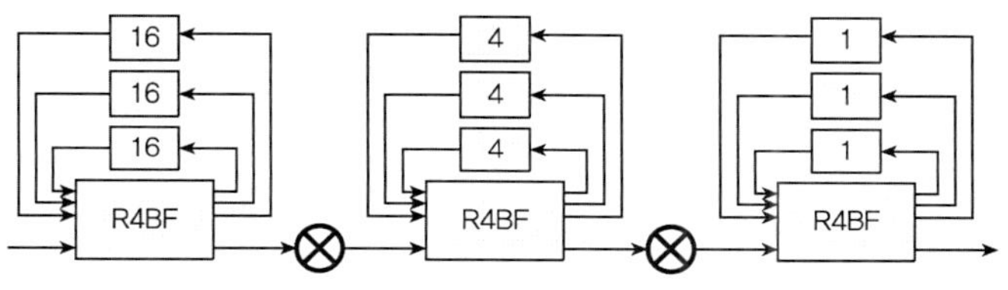

그림 7-4 R4SDF 지연메모리 구조(64-point FFT)

Radix-4의 64-point 구조이므로 위의 그림과 같이 3개의 스테이지로 구성된다. 이 구조는 위의 그림에서 보듯이 나비연산기 출력 3개의 값을 지연소자로 피드백시켜서 메모리의 크기를 줄이는 방식이다. 위의 그림의 첫 번째 블록의 내부 구조 및 클록별 내부 데이터 흐름 제어는 다음과 같다.

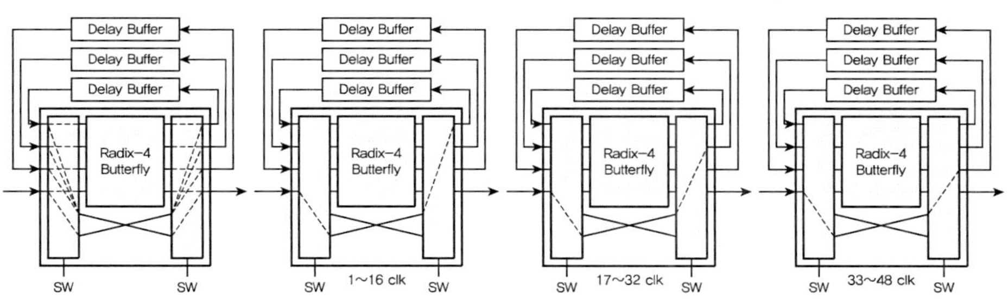

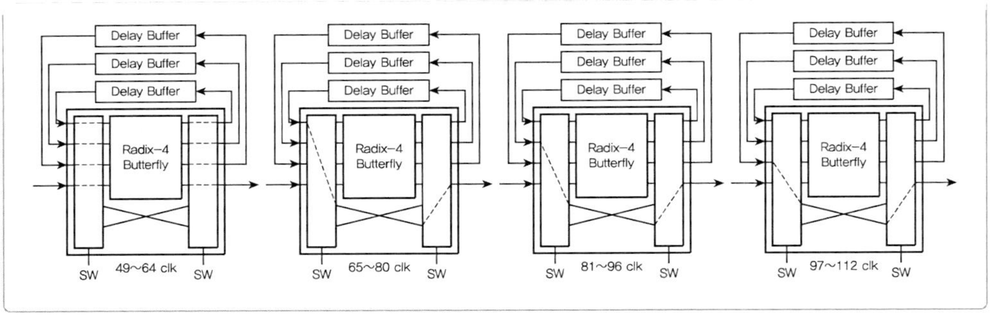

그림 7-5 첫 번째 블록의 내부 구조 및 클록별 데이터 제어

7.3 R4SDC 방식

R4SDC(Radix-4 Single-path Delay commutator) 방식은 Radix-4 알고리즘에 대한 SDC 지연메모리 방식이다. DIF Radix-4 64-point FFT에 대한 R4SDC 방식의 구조는 다음 그림과 같다.

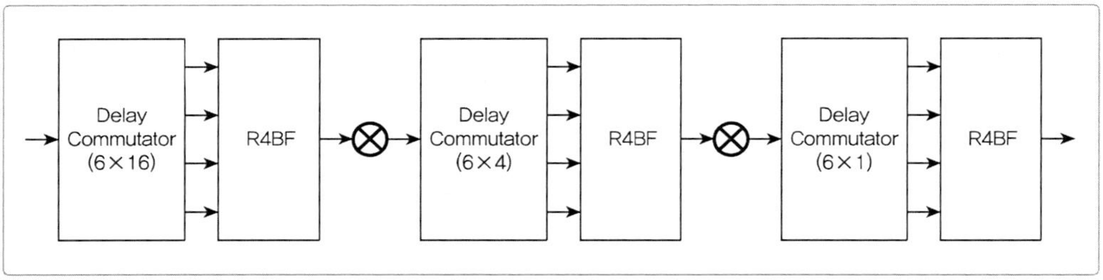

그림 7-6 R4SDC 지연메모리 구조(64-point FFT)

윗 그림에서 보듯이 Radix-4 64-point FFT이므로 3개의 스테이지로 구성된다. 첫

번째 지연메모리 구조는 다음 그림과 같다.

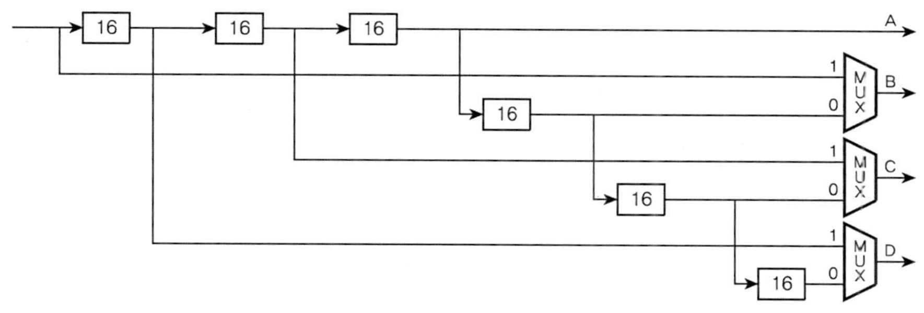

그림 7-7 첫 번째 지연메모리 구조

위의 지연메모리 구조에서 클록별 MUX 제어는 다음과 같다.

	A	B	C	D
0-15	1	1	1	1
16-31	1	0	1	1
32-47	1	0	0	1
48-63	1	0	0	0

그림 7-8 첫 번째 지연메모리 구조의 클록별 MUX 제어

64 클록 동안 첫 번째 지연메모리의 데이터 흐름은 다음과 같다.

i) 1부터 16 클록

	A	B	C	D
m1	1	1	1	1

15	14	13	12	11	10	9	8	7	6	5	4	3	2	1	0
63	62	61	60	59	58	57	56	55	54	53	52	51	50	49	48
47	46	45	44	43	42	41	40	39	38	37	36	35	34	33	32
31	30	29	28	27	26	25	24	23	22	21	20	19	18	17	16

ii) 17부터 32 클록

	A	B	C	D
m2	1	0	1	1

31	30	29	28	27	26	25	24	23	22	21	20	19	18	17	16
15	14	13	12	11	10	9	8	7	6	5	4	3	2	1	0
63	62	61	60	59	58	57	56	55	54	53	52	51	50	49	48
47	46	45	44	43	42	41	40	39	38	37	36	35	34	33	32

iii) 33부터 48 클록

	A	B	C	D
m3	1	0	0	1

47	46	45	44	43	42	41	40	39	38	37	36	35	34	33	32
31	30	29	28	27	26	25	24	23	22	21	20	19	18	17	16
15	14	13	12	11	10	9	8	7	6	5	4	3	2	1	0
63	62	61	60	59	58	57	56	55	54	53	52	51	50	49	48

iv) 49부터 64 클록

	A	B	C	D
m4	1	0	0	0

63	62	61	60	59	58	57	56	55	54	53	52	51	50	49	48
47	46	45	44	43	42	41	40	39	38	37	36	35	34	33	32
31	30	29	28	27	26	25	24	23	22	21	20	19	18	17	16
15	14	13	12	11	10	9	8	7	6	5	4	3	2	1	0

두 번째 지연메모리 구조는 다음 그림과 같다.

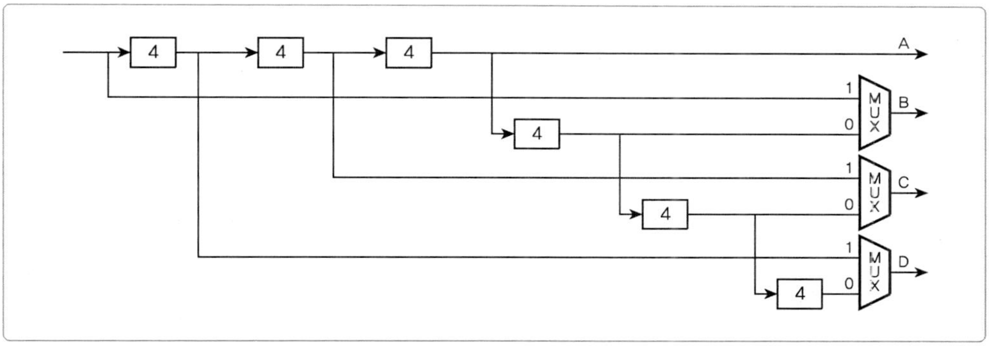

그림 7-9 두 번째 지연메모리 구조

위의 지연메모리 구조에서 클록별 MUX 제어는 다음과 같다.

	A	B	C	D
m1	1	1	1	1
m2	1	0	1	1
m3	1	0	0	1
m4	1	0	0	0

그림 7-10 두 번째 지연메모리 구조의 클록별 MUX 제어

세 번째 지연메모리 구조는 다음 그림과 같다.

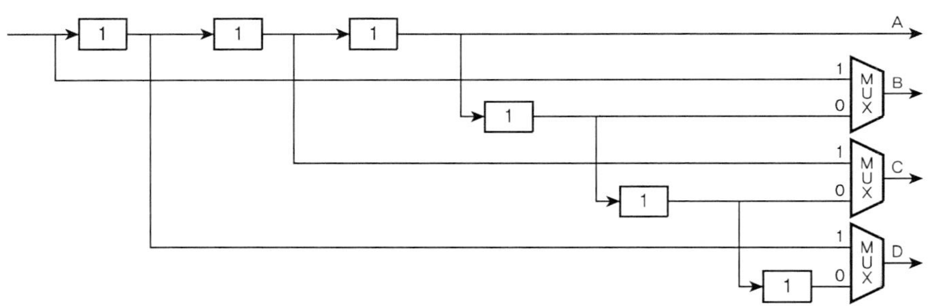

그림 7-11 세 번째 지연메모리 구조

위의 지연메모리 구조에서 클록별 MUX 제어는 다음과 같다.

	A	B	C	D
m1	1	1	1	1
m2	1	0	1	1
m3	1	0	0	1
m4	1	0	0	0

그림 7-12 세 번째 지연메모리 구조의 클록별 MUX 제어

7.4 R2MDC 방식

R2MDC(Radix-2 Multi-path Delay Commutator) 방식은 Radix-2 알고리즘에 대한 MDC 지연메모리 방식이다. DIF 64-point FFT를 예를 들면 다음 그림과 같이 6개의 스테이지로 구성된다.

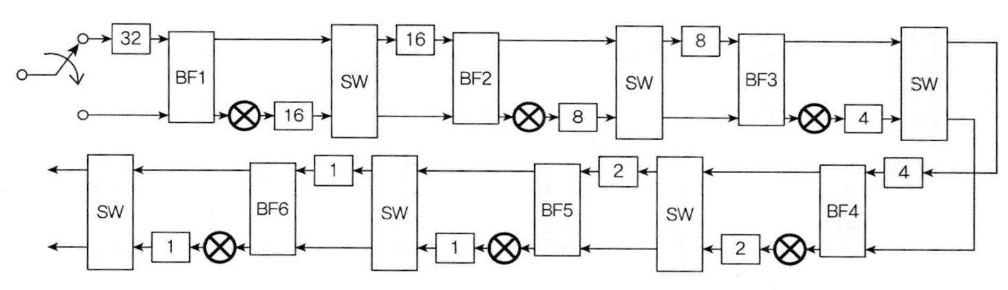

그림 7-13 R2MDC 지연메모리 구조(64-point FFT)

그림에서 보듯이 나비연산기가 BF1부터 BF6까지 6개가 사용되고 그 사이에 지연메모리 블록이 있다. 각 스테이지 사이에는 두 개의 패스가 존재하며 입력 데이터열을 두 개의 병렬 데이터 열로 나누고 지연소자를 이용하여 두 데이터간의 거리를 조정하여 BF에 입력시킨다. 복소수 연산을 수행하는 나비연산기 구조는 다음 그림과 같다.

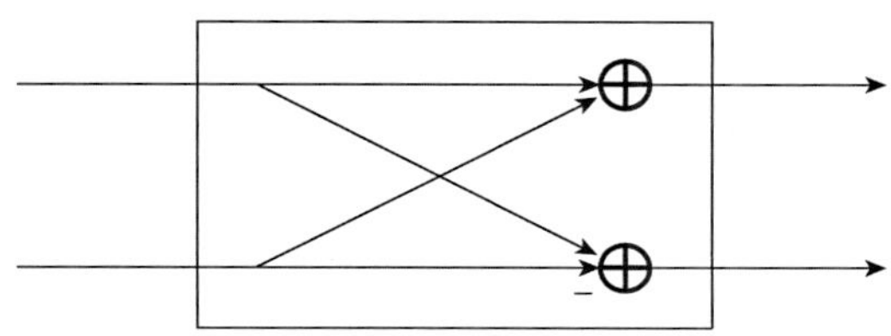

그림 7-14 R2MDC의 나비연산기 구조

첫 번째 스테이지부터 6번째 스테이지의 나비연산기에 입력되는 데이터의 흐름은 다음 그림과 같다.

31	30	29	28	27	26	25	24	23	22	21	20	19	18	17	16	15	14	13	12	11	10	9	8	7	6	5	4	3	2	1	0
63	62	61	60	59	58	57	56	55	54	53	52	51	50	49	48	47	46	45	44	43	42	41	40	39	38	37	36	35	34	33	32

47	46	45	44	43	42	41	40	39	38	37	36	35	34	33	32	15	14	13	12	11	10	9	8	7	6	5	4	3	2	1	0
63	62	61	60	59	58	57	56	55	54	53	52	51	50	49	48	31	30	29	28	27	26	25	24	23	22	21	20	19	18	17	16

55	54	53	52	51	50	49	48	39	38	37	36	35	34	33	32	23	22	21	20	19	18	17	16	7	6	5	4	3	2	1	0
63	62	61	60	59	58	57	56	47	46	45	44	43	42	41	40	31	30	29	28	27	26	25	24	15	14	13	12	11	10	9	8

59	58	57	56	43	42	41	40	27	26	25	24	11	10	9	8	51	50	49	48	35	34	33	32	19	18	17	16	3	2	1	0
63	62	61	60	47	46	45	44	31	30	29	28	15	14	13	12	55	54	53	52	39	38	37	36	23	22	21	20	7	6	5	4

61	60	45	44	29	28	13	12	53	52	37	36	21	20	5	4	57	56	41	40	25	24	9	8	49	48	33	32	17	16	1	0
63	62	47	46	31	30	15	14	55	54	39	38	23	22	7	6	59	58	43	42	27	26	11	10	51	50	35	34	19	18	3	12

62	46	30	14	54	38	22	6	58	42	26	10	50	34	18	2	60	44	28	12	52	36	20	4	56	40	24	8	48	32	16	0
63	47	31	15	55	39	23	7	59	43	27	11	51	35	19	3	61	45	29	13	53	37	21	5	57	41	25	9	49	33	17	1

그림 7-15 R2MDC의 나비연산기 입력 데이터 흐름

7.5 R4MDC 방식

R4MDC(Radix-4 Multi-path Delay Commutator) 방식은 Radix-4 알고리즘에 대한 MDC 지연메모리 방식이다. 이절에서는 두 가지 종류의 R4MDC 방식을 기술한다.

7.5.1 Type I

DIF 64-point FFT의 Type I 방식 구조는 다음 그림과 같다.

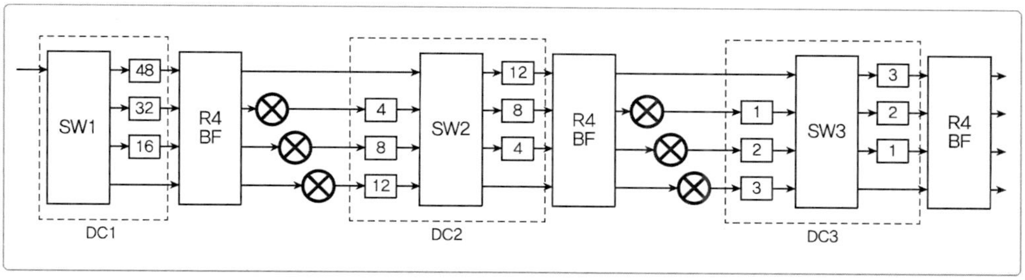

그림 7-16 R4MDC Type I 지연메모리 구조(DIF 64-point FFT)

위의 그림에서 보듯이 3개의 나비연산기와 3개의 DC(Delay Commutator)로 구성된다. 첫 번째 DC인 DC1의 세부 구조는 다음 그림과 같다.

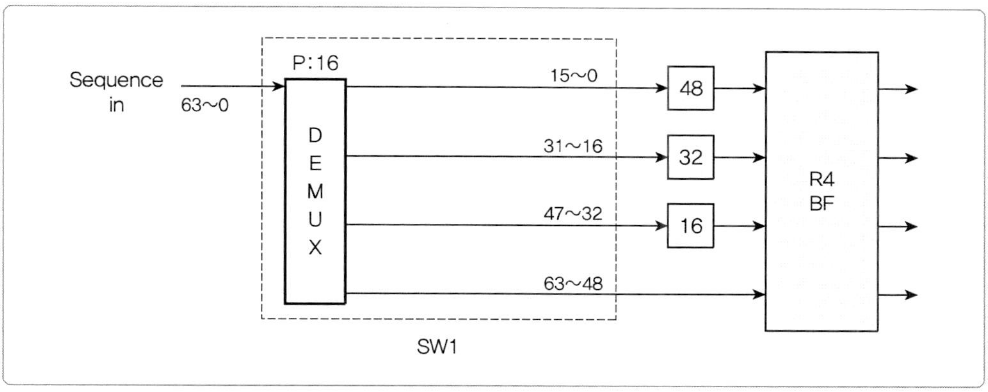

그림 7-17 R4MDC Type I 구조의 DC1 구조

이 DC1으로 입력되는 데이터 흐름은 다음 그림과 같다.

15	14	13	12	11	10	9	8	7	6	6	4	3	2	1	0
31	30	29	28	27	26	25	24	23	22	21	20	19	18	17	16
47	46	45	44	43	42	41	40	39	38	37	36	35	34	33	32
63	62	61	60	59	58	57	56	55	54	53	52	51	50	49	48

그림 7-18 R4MDC Type I 구조의 DC1 데이터 흐름

두 번째 DC2의 세부 구조는 다음 그림과 같다.

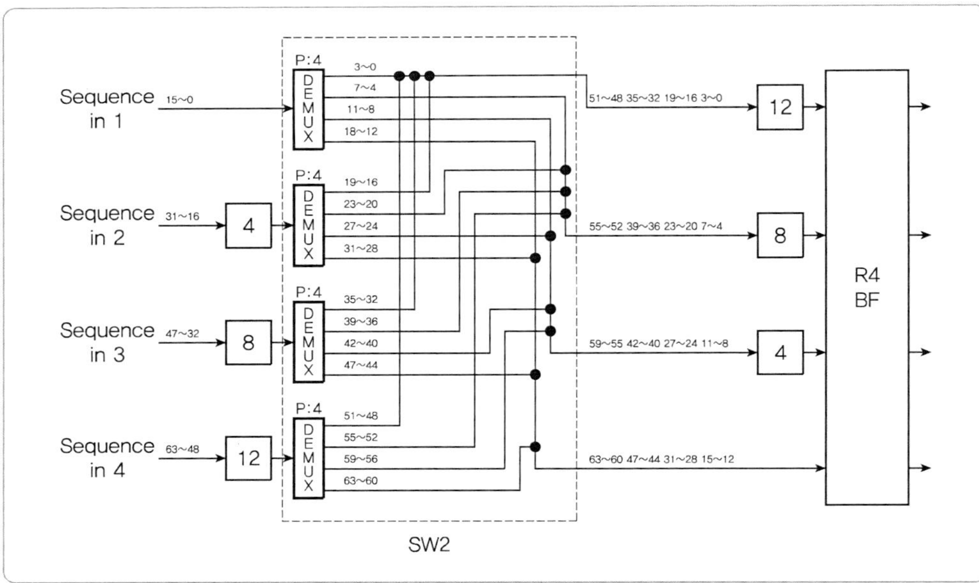

그림 7-19 R4MDC Type I 구조의 DC2 구조

이 DC2로 입력되는 데이터 흐름은 다음 그림과 같다.

51	50	49	48	35	34	33	32	19	18	17	16	3	2	1	0
55	54	53	52	39	38	37	36	23	22	21	20	7	6	5	4
59	58	57	56	43	42	41	40	27	26	25	24	11	10	9	8
63	62	61	60	47	46	45	44	31	30	29	28	15	14	13	12

그림 7-20 R4MDC Type I 구조의 DC2 데이터 흐름

세 번째 DC3의 세부 구조는 다음 그림과 같다.

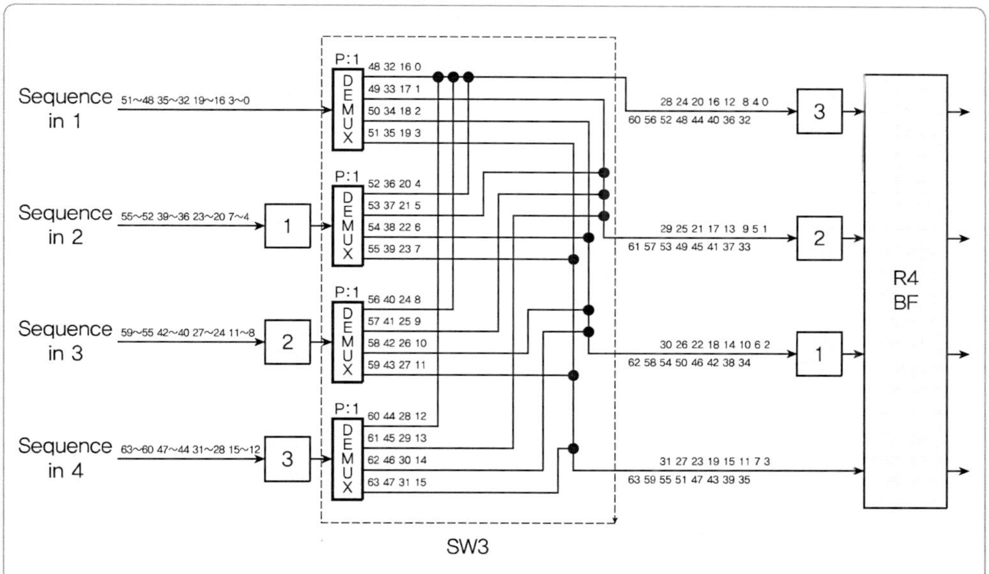

그림 7-21 R4MDC Type I 구조의 DC3 구조

이 DC3으로 입력되는 데이터 흐름은 다음 그림과 같다.

60	56	52	48	44	40	36	32	28	24	20	16	12	8	4	0
61	57	53	49	45	41	37	33	29	25	21	17	13	9	5	1
62	58	54	50	46	42	38	34	30	26	22	18	14	10	6	2
63	59	55	51	47	43	39	35	31	27	23	19	15	11	7	3

그림 7-22 R4MDC Type I 구조의 DC3 데이터 흐름

7.5.2 Type II

DIF 64-point FFT의 Type II 방식 구조는 다음 그림과 같다.

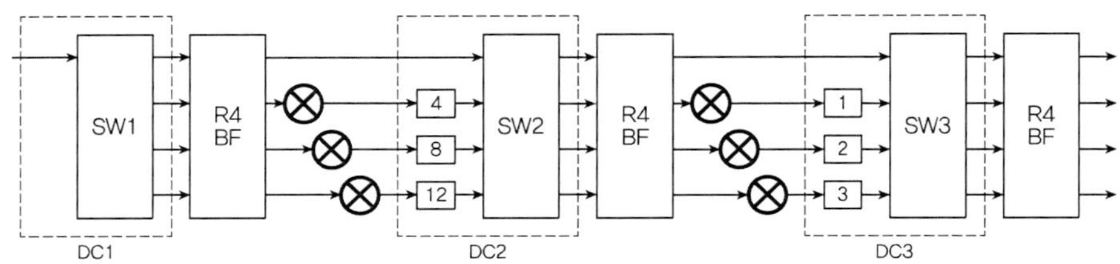

그림 7-23 R4MDC Type II 지연메모리 구조(DIF 64–point FFT)

위의 그림에서 보듯이 3개의 나비연산기와 3개의 DC(Delay Commutator)로 구성된다. 첫 번째 DC1의 세부 구조는 다음 그림과 같다.

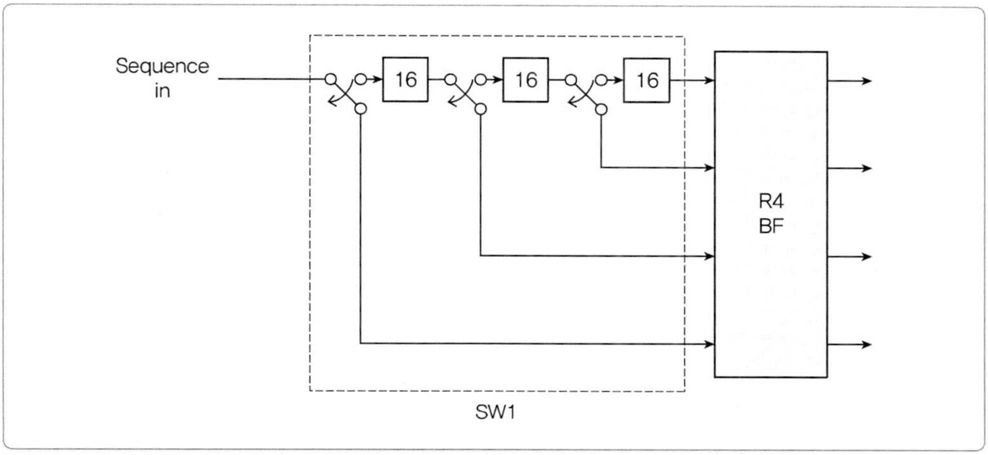

그림 7-24 R4MDC Type II 구조의 DC1 구조

이 DC1으로 입력되는 데이터 흐름은 다음 그림과 같다.

15	14	13	12	11	10	9	8	7	6	5	4	3	2	1	0
31	30	29	28	27	26	25	24	23	22	21	20	19	18	17	16
47	46	45	44	43	42	41	40	39	38	37	36	35	34	33	32
63	62	61	60	59	58	57	56	55	54	53	52	51	50	49	48

그림 7-25 R4MDC Type II 구조의 DC1 데이터 흐름

두 번째 DC2의 세부 구조는 다음 그림과 같다.

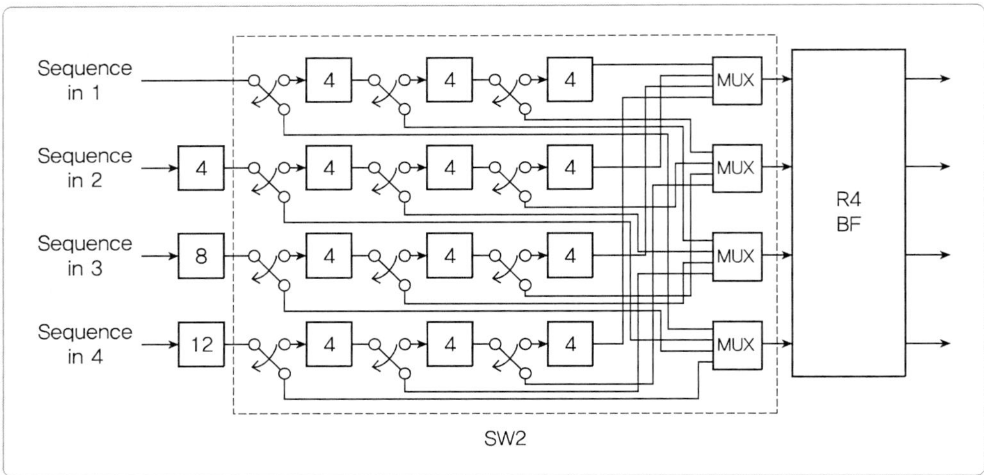

그림 7-26 R4MDC Type II 구조의 DC2 구조

이 DC2로 입력되는 데이터 흐름은 다음 그림과 같다.

51	50	49	48	35	34	33	32	19	18	17	16	3	2	1	0
55	54	53	52	39	38	37	36	23	22	21	20	7	6	5	4
59	58	57	56	43	42	41	40	27	26	25	24	11	10	9	8
63	62	61	60	47	46	45	44	31	30	29	28	15	14	13	12

그림 7-27 R4MDC Type II 구조의 DC2 데이터 흐름

세 번째 DC3의 세부 구조는 다음 그림과 같다.

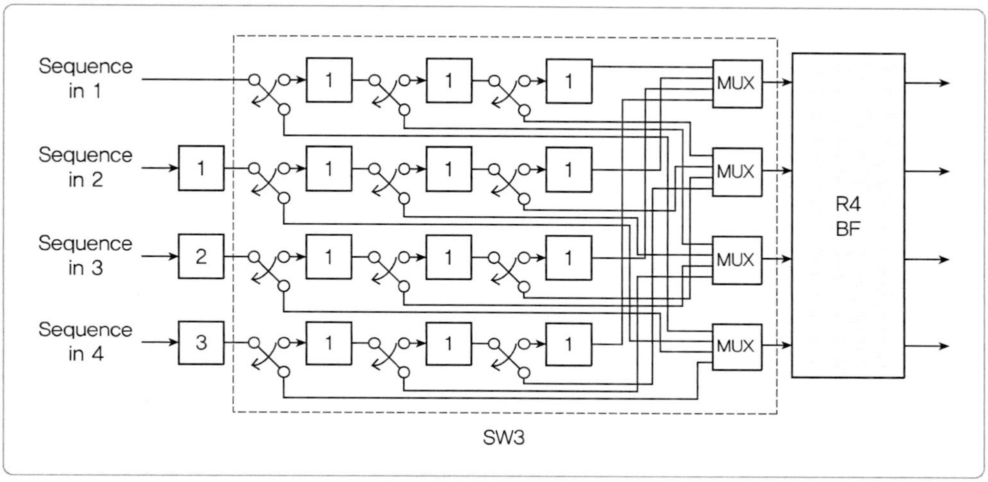

그림 7-28 R4MDC Type II 구조의 DC3 구조

이 DC3으로 입력되는 데이터 흐름은 다음 그림과 같다.

60	56	52	48	44	40	36	32	28	24	20	16	12	8	4	0
61	57	53	49	45	41	37	33	29	25	21	17	13	9	5	1
62	58	54	50	46	42	38	34	30	26	22	18	14	10	6	2
63	59	55	51	47	43	39	35	31	27	23	19	15	11	7	3

그림 7-29 R4MDC Type II 구조의 DC3 데이터 흐름

FFT가 사용되는 기기

PART

III

PART Ⅲ는 FFT가 사용되는 기기에 대하여 기술하며 다음과 같이 2개의 장으로 구성되어 있다.

8장 : FFT 진동분석기
9장 : 스마트폰/MP3/LCD결함검출

8장

많은 설비들은 내부에 모터가 사용되고 있다. 이런 모터는 회전하기 때문에 자연적으로 진동신호가 발생한다. 그런데 이 설비들이 정상적인 작동상태를 벗어나면 진동신호도 정상상태의 진동신호와 달라진다. 정상적인 작동상태를 벗어나면 진동신호를 직접 관찰하는 것보다는 FFT를 사용하여 스펙트럼을 관찰하면 특수한 주파수를 쉽게 관찰할 수 있다. 앞으로 설비의 이상한 진동신호를 검출하기 위해서 FFT가 더욱 많이 사용될 것이다.

9장

FFT가 가장 많이 사용되고 있는 제품은 스마트폰이다. 스마트폰은 OFDM이라는 통신방식을 사용하고 있다. 이 OFDM 통신방식의 핵심 블록이 바로 FFT이다. 요즈음 스마트폰에서는 LTE라는 표준의 OFDM 통신방식을 사용하고, 무선인터넷에서는 WiFi라는 표준의 OFDM 통신방식을 사용하고 있다.

CHAPTER

8 FFT 진동분석기

8.1 반도체 CMP 설비 진동분석

반도체 제조 공정 중에는 CMP(Chemical and Mechanical Polishing)라는 공정이 있다. 이 CMP 공정은 웨이퍼 표면을 화학적으로, 또는 기계적으로 평평하게 연마하는 공정이다. 이와 같은 CMP 공정에는 다음 그림과 같은 설비가 사용된다.

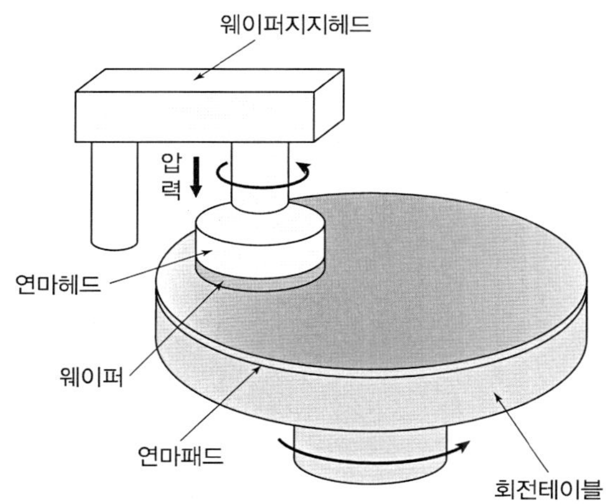

그림 8-1 CMP 설비

위의 그림에서 보듯이 CMP 공정은 기계적으로 웨이퍼 표면을 평평하게 갈아내는 공정이다. 이 설비는 웨이퍼를 연마헤드에 고정시키고, 회전테이블에 고정된 연마패드를 회전시켜서 웨이퍼를 연마시키게 된다.

이 설비에서 스핀들러는 웨이퍼를 잡아주는 연마헤드와 공기 압축을 담당하는 상자 사이에서 관로 역할을 한다. 이때 스핀들러에서는 회전 부하가 생겨 쇳가루가 생긴다. 이와 같이 발생한 쇳가루는 웨이퍼 위에 스크래치를 유발시켜 수율이 저하되는 원인이 된다.

이와 같은 스핀들러 갈림을 사전에 감지하여 웨이퍼의 피해를 최소화시키기 위해서는 이상 진동신호를 감지하는 것이 중요하다. 이 CMP 설비의 이상 진동신호를 FFT 진동분석기를 사용하여 감지할 수 있다.

이상 진동신호 감지 단계

1단계 : FFT 진동분석기의 진동 센서를 스핀들러 모터에 부착

2단계 : 진동신호를 FFT 변환

3단계 : 정상적인 상태에서의 FFT 신호와 비교하여 이상 상태 감지

4단계 : 설비를 정지시키고 점검(베어링 교체 등)

8.2 VA-12 FFT 진동분석기

이 절에서는 설비의 진동분석을 하는데 사용되는 VA-12 FFT 진동분석기에 대하여 알아보기로 한다. 이 VA(vibration analyzer)-12의 외관은 다음 그림과 같다.

그림 8-2 VA-12 진동분석기 외관

위의 그림에서 보듯이 VA-12 진동분석기는 본체와 케이블 그리고 압전가속도계(piezoelectric accelerometer)로 구성되어 있다. 압전가속도계는 진동이 발생하고 있는 설비에 부착되면 압력을 전기신호로 바꿔주는 장치이다. 발생된 전기신호는 압전가속도계에서 케이블을 통하여 본체로 전송되면 본체에서 FFT를 사용하여 분석한다. 이 VA-12 진동분석기의 주된 응용분야는 다음과 같다.

- 설비의 이상 진동상태를 모니터링
- 이상 진동신호의 측정 및 이상 진동신호 발생점 발견

VA-12 진동분석기는 진동계 모드와 FFT 분석모드가 있다. 진동계 모드에서는 설비의 가속도, 속도, 변위 등을 측정하는 모드이고 FFT 분석모드는 진동신호의 주파수를 측정하는 모드이다. 이 진동분석기의 FFT 분석모드는 다음과 같다.

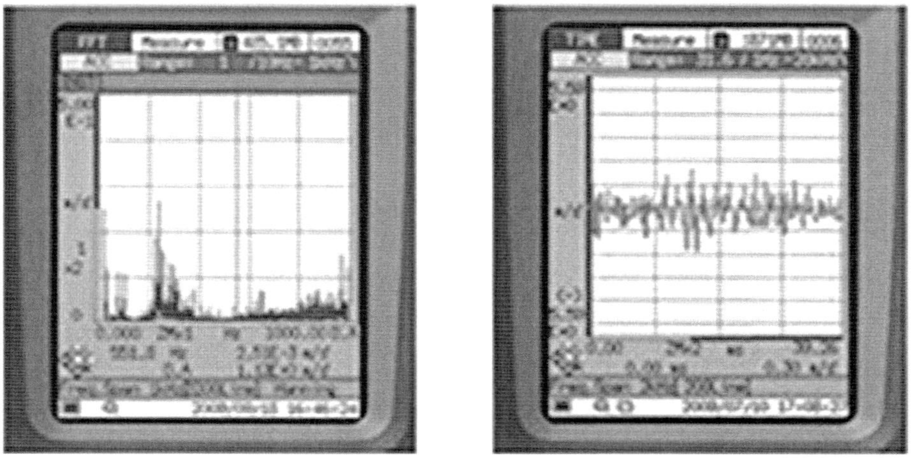

Spectrum display(3200 lines) Time waveform display

그림 8-3 VA-12 진동분석기의 FFT 분석모드

이 FFT 분석모드의 특징은 다음과 같다.

- 최대 20,000 Hz까지의 진동신호를 측정할 수 있음
- 위의 그림의 오른쪽 그림처럼 시간영역의 모니터링 가능
- 위의 그림의 왼쪽 그림처럼 3200개의 라인으로 주파수를 모니터링 (6400-point FFT를 수행하면 3200개의 주파수성분이 관측됨)
- 진동신호를 10초 동안 메모리 카드에 저장할 수 있음

이와 같이 측정된 FFT 데이터는 다음 그림과 같이 컴퓨터와 연결하여 데이터를 분석할 수 있다.

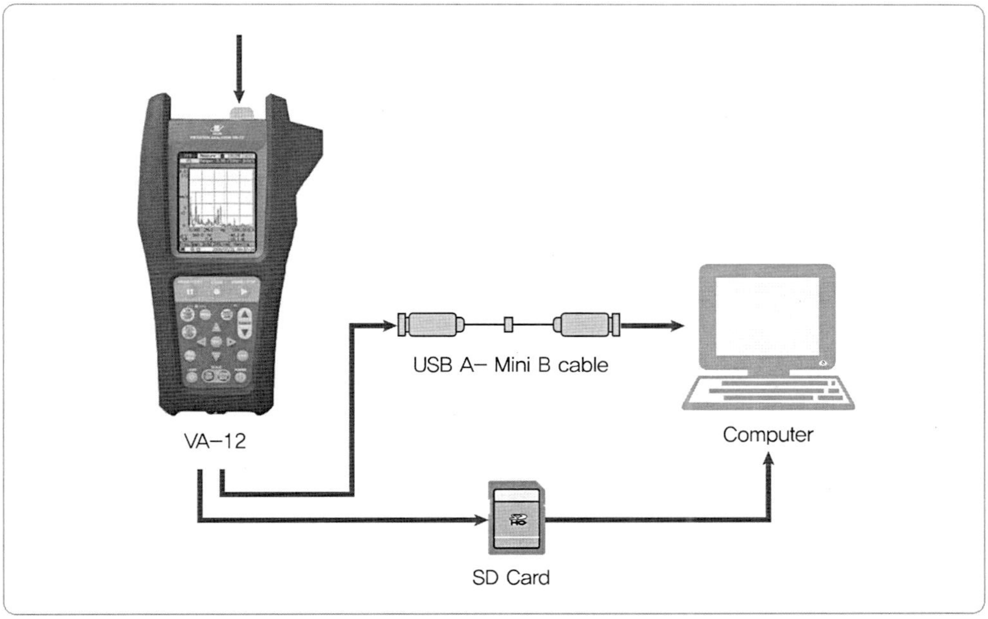

그림 8-4 VA–12 진동분석기와 컴퓨터의 연결

그림에서 보듯이 VA-12의 SD 메모리카드를 사용해서 데이터를 컴퓨터에 저장할 수 있고, USB 케이블을 사용해서 데이터를 컴퓨터로 전송할 수도 있다.

VA-12 진동분석기를 사용하여 주파수를 측정한 예를 살펴보기로 한다. 다음 그림은 FFT 분석모드에서 샘플링주파수를 7200 Hz로 세팅했다고 가정한다.

따라서 VA-12 진동분석기의 LCD 모니터에는 다음 그림과 같이 0부터 3600 Hz까지의 주파수 스펙트럼을 관찰할 수 있다.

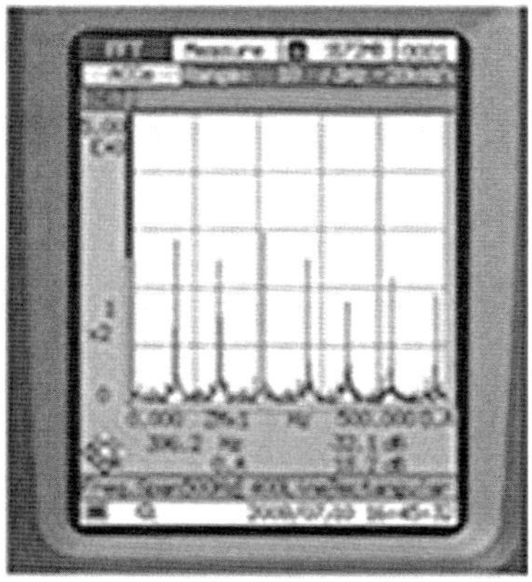

Spectrum after envelope processing

그림 8-5 VA-12 진동분석기의 FFT 분석모드 예

위의 측정 결과 LCD 화면에서는 0부터 3600 Hz까지의 주파수영역 가운데서 7개의 특정한 주파수가 관찰되고 있다. 측정된 각각의 특정 주파수와 그 양은 다음과 같다.

▶ 500 Hz : 2.8 ▶ 1000 Hz : 2.4 ▶ 1500 Hz : 3.0 ▶ 2000 Hz : 2.4

▶ 2500 Hz : 1.7 ▶ 3000 Hz : 2.2 ▶ 3500 Hz : 1.8

8.3 진동신호 시뮬레이션

8.3.1 예제 1

어떤 설비의 진동신호를 다음의 맨 위의 그림과 같은 4000 Hz의 단일 주파수로 가정한다(실제 설비에서는 여러 가지 주파수가 섞인 진동신호가 발생하지만 여기서는 단일 주파수의 진동신호로 가정한다).

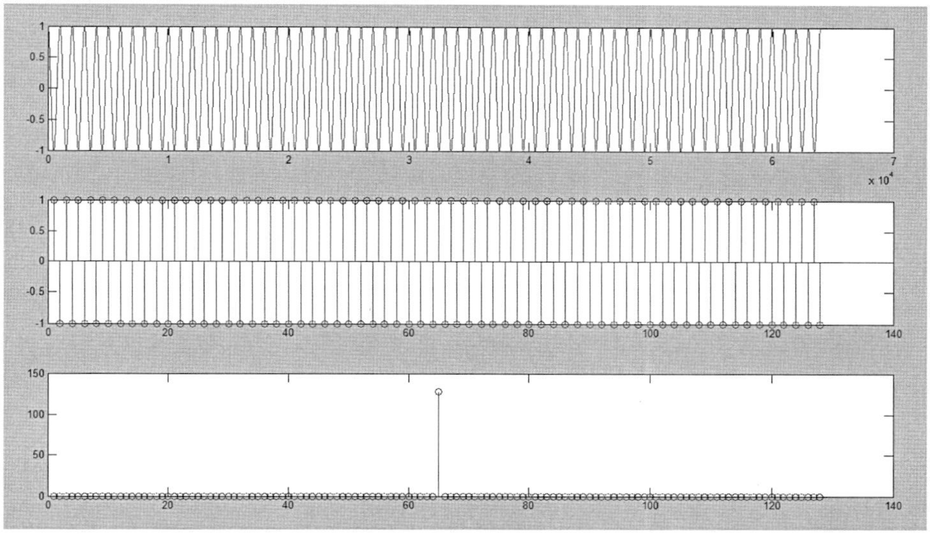

그림 8-6 4000 Hz의 진동신호

(a) 4000 Hz 진동신호 (b) 디지털신호 (c) FFT결과(128–point)

위의 두 번째 그림은 진동분석기의 샘플링주파수를 8000 Hz로 세팅하고 AD 컨버터가 아날로그의 진동신호를 샘플링한 디지털신호이다. 그림에서 보듯이 한주기의 아날로그 진동신호에서 2번의 샘플링이 발생하고 있음을 볼 수 있다.

세 번째 그림은 두 번째 그림의 디지털신호를 128-point FFT한 결과이다. 세 번째 그림에서 보듯이 128개의 주파수 샘플 중에서 가장 높은 주파수에 해당하는 64번째 주파수 샘플이 크게 나타나고 있음을 볼 수 있다.

8.3.2 예제 2

어떤 설비의 진동신호를 다음의 맨 위의 그림과 같은 2000 Hz의 단일 주파수로 가정한다(실제 설비에서는 여러 가지 주파수가 섞인 진동신호가 발생하지만 여기서는 단일 주파수의 진동신호로 가정한다).

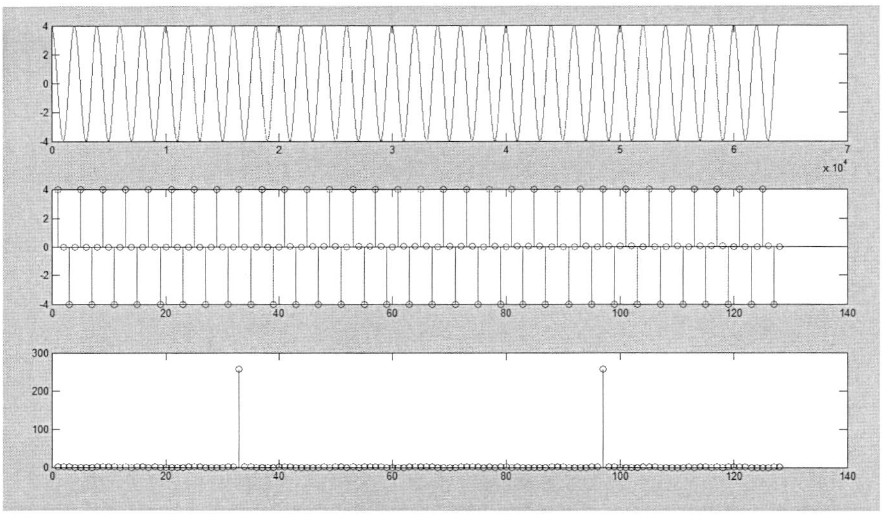

그림 8-7 2000 Hz의 진동신호

(a) 2000 Hz 진동신호 (b) 디지털신호 (c) FFT결과(128-point)

위의 두 번째 그림은 진동분석기의 샘플링주파수를 8000 Hz로 세팅하고 AD 컨버터가 아날로그의 진동신호를 샘플링한 디지털신호이다. 그림에서 보듯이 한주기의 아날로그 진동신호에서 4번의 샘플링이 발생하고 있음을 볼 수 있다.

세 번째 그림은 두 번째 그림의 디지털신호를 128-point FFT한 결과이다. 세 번째 그림에서 보듯이 128개의 주파수 샘플 중에서 중간 주파수에 해당하는 32번째 주파수 샘플이 크게 나타나고 있음을 볼 수 있다(128-point FFT 결과는 앞의 64개의 주파수 샘플과 뒤의 64개의 주파수 샘플이 항상 대칭의 모양을 이룬다).

8.3.3 예제 3

어떤 설비의 진동신호를 다음의 맨 위의 그림과 같은 1000 Hz의 단일 주파수로 가정한다(실제 설비에서는 여러 가지 주파수가 섞인 진동신호가 발생하지만 여기서는 단일 주파수의 진동신호로 가정한다).

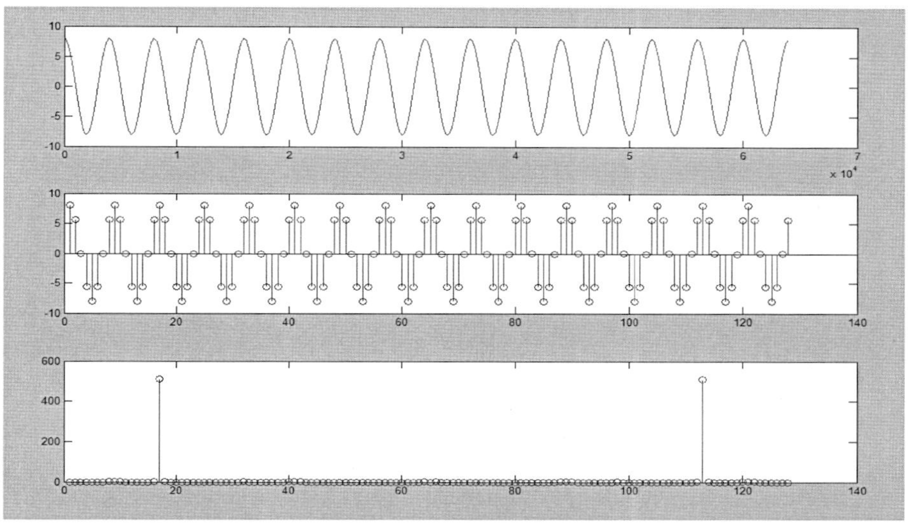

그림 8-8 1000 Hz의 진동신호

(a) 1000 Hz 진동신호 (b) 디지털신호 (c) FFT결과(128-point)

위의 두 번째 그림은 진동분석기의 샘플링주파수를 8000 Hz로 세팅하고 AD 컨버터가 아날로그의 진동신호를 샘플링한 디지털신호이다. 그림에서 보듯이 한주기의 아날로그 진동신호에서 8번의 샘플링이 발생하고 있음을 볼 수 있다.

세 번째 그림은 두 번째 그림의 디지털신호를 128-point FFT한 결과이다. 세 번째 그림에서 보듯이 128개의 주파수 샘플 중에서 1/4 주파수에 해당하는 16번째 주파수 샘플이 크게 나타나고 있음을 볼 수 있다(128-point FFT 결과는 앞의 64개의 주파수 샘플과 뒤의 64개의 주파수 샘플이 항상 대칭의 모양을 이룬다).

8.3.4 예제 4

어떤 설비의 진동신호를 다음의 맨 위의 그림과 같이 4000 Hz, 2000 Hz, 1000 Hz의 세 개의 주파수가 섞여있다고 가정한다. 맨 위의 그림에서 보듯이 1000 Hz의 진폭이 가장 크고, 4000 Hz의 진폭이 가장 작음을 알 수 있다.

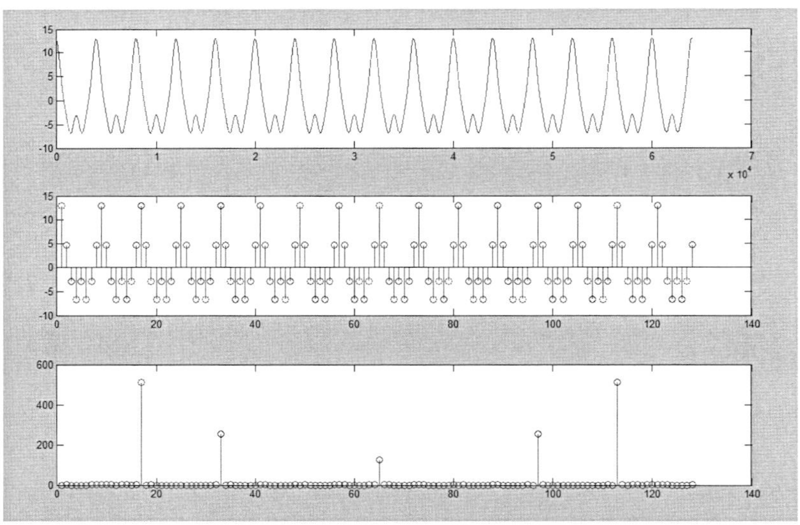

그림 8-9 4000 Hz + 2000 Hz + 1000 Hz의 진동신호

(a) 아날로그 진동신호 (b) 디지털신호 (c) FFT결과(128-point)

위의 두 번째 그림은 진동분석기의 샘플링주파수를 8000 Hz로 세팅하고 AD 컨버터가 아날로그의 진동신호를 샘플링한 디지털신호이다. 그림에서 보듯이 한주기의 아날로그 진동신호에서 8번의 샘플링이 발생하고 있음을 볼 수 있다.

세 번째 그림은 두 번째 그림의 디지털신호를 128-point FFT한 결과이다. 세 번째 그림에서 보듯이 128개의 주파수 샘플 중에서 가장 높은 주파수에 해당하는 64번째 주파수 샘플과, 중간 주파수에 해당하는 32번째 주파수 샘플, 그리고 1/4 주파수에 해당하는 16번째 주파수 샘플이 나타나고 있음을 볼 수 있다(128-point FFT 결과는 앞의 64개의 주파수 샘플과 뒤의 64개의 주파수 샘플이 항상 대칭의 모양을 이룬다).

CHAPTER

9 스마트폰/MP3/LCD결함검출

9.1 스마트폰에서의 FFT

9.1.1 OFDM 통신 개요

OFDM(Orthogonal Frequency Division Multiplexing, 직교 주파수분할 다중화) 통신 방식은 LTE(Long Term Evolution)나 WiFi 같은 통신시스템 표준에 사용되고 있는 중요한 통신 방식이다. LTE나 WiFi는 스마트폰에서 사용되는 표준이다.

그림 9-1 LTE 스마트폰

참고 OFDM과 FDM의 비교

- 두 방식은 모두 주파수 대역에 정보를 실어 보낸다는 공통점이 있다.
- FDM 방식은 보통 수개의 부반송파를 사용하며 각각의 부반송파도 비교적 넓은 대역폭을 사용한다. 예를 들면 20 MHz의 WCDMA FDM 방식에서는 4개의 부반송파를 사용하며 각 부반송파의 대역폭은 5 MHz의 대역을 갖고 있다. 이와 비교하여 OFDM 방식은 보통 수백개의 부반송파를 사용하며 각각의 부반송파의 대역폭이 좁다.

OFDM 통신의 일반적인 블록도는 다음 그림과 같다.

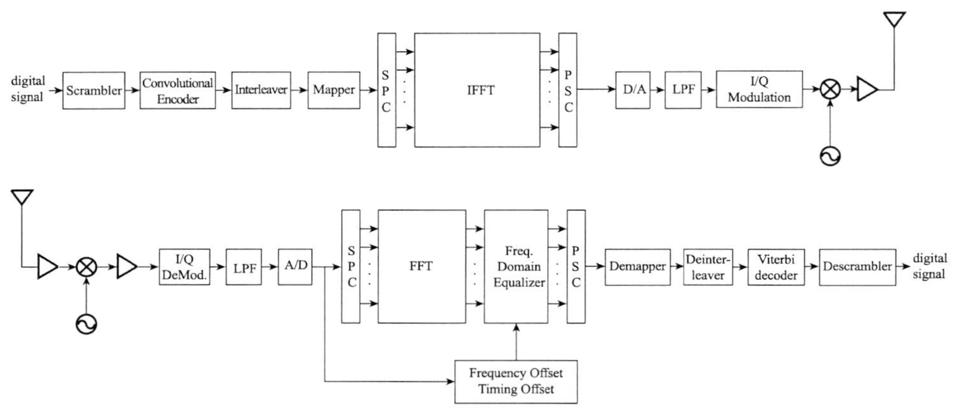

그림 9-2 OFDM 통신 시스템의 일반적인 블록도

OFDM 방식을 사용하는 LTE, WiFi 등 각각의 표준마다 사양이 다르지만 위의 그림은 일반적인 OFDM 통신 시스템의 블록도이다. 송신부로 입력되는 신호는 음성, 오디오, 사진, 동영상 등의 멀티미디어 데이터이다.

9.1.2 OFDM 송수신 모델

OFDM 통신시스템의 송수신 블록도는 다음 그림과 같다.

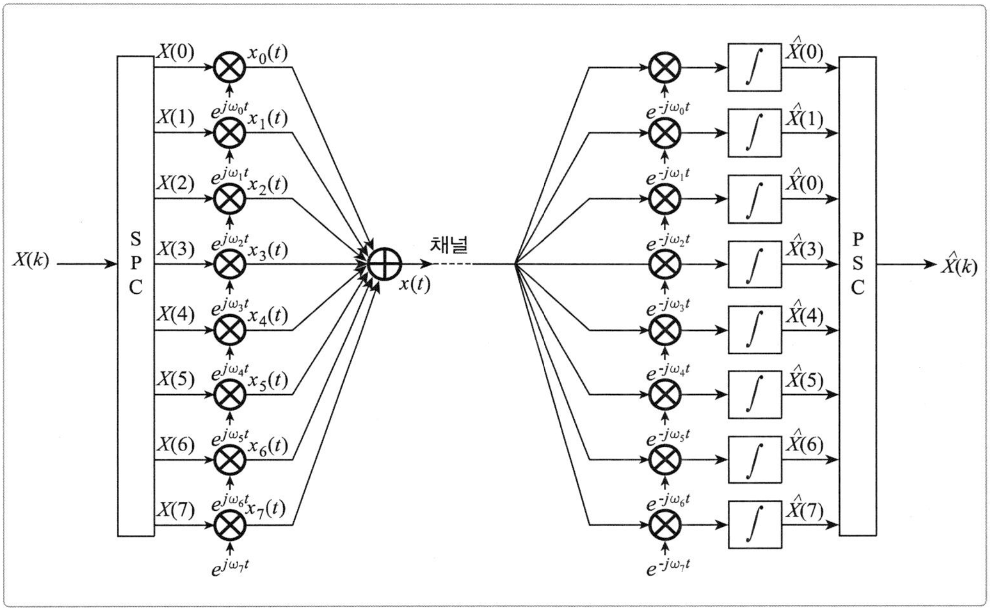

그림 9-3 OFDM 변복조 모델

위의 그림의 OFDM 변복조 모델에서 어떻게 데이터가 전송되는지 알아보기로 한다. 주파수 영역 복소 샘플 $X(k)$는 SP 변환기를 통해 병렬화된다. 실제 OFDM에서는 64에서 8192까지 넓게 병렬화되지만 그림에서는 8개로 병렬화하였다. 따라서 k번째 채널의 출력은 다음과 같이 나타내어진다.

$$x_k(t) = X(k)e^{j\omega_k t}$$

변조기의 최종 출력 신호 $x(t)$는 다음과 같이 나타낼 수 있다.

$$x(t) = \sum_{k=0}^{N-1} x_k(t) = \sum_{k=0}^{N-1} X(k) e^{j\omega_k t}$$

이제 이 신호가 복조기에서 어떻게 복조되는지 알아보기로 한다. 복조기의 첫 번째 적분기 출력은 다음과 같이 나타낼 수 있다.

$$\widehat{X}(0) = \int_0^{T_u} \sum_{k=0}^{N-1} X(k) e^{j\omega_k t} e^{-j\omega_0 t} dt = \sum_{k=0}^{N-1} X(k) \int_0^{T_u} e^{j\omega_k t} e^{-j\omega_0 t} dt = X(0)$$

위의 식에서 ω_k는 ω_0의 체배 주파수이다. 따라서 $e^{j\omega_k t}$는 직교함수이므로 적분값은 k가 0일 때만 값을 갖는다. 이와 같은 방식으로 l번째 적분기 출력은 다음과 같이 나타낼 수 있다.

$$\widehat{X}(l) = \int_0^{T_u} \sum_{k=0}^{N-1} X(k) e^{j\omega_k t} e^{-j\omega_l t} dt = \sum_{k=0}^{N-1} X(k) \int_0^{T_u} e^{j\omega_k t} e^{-j\omega_l t} dt = X(l)$$

송수신 블록도에서 보듯이 샘플들이 직교성을 이용하여 송수신됨을 알 수 있다.

9.1.3 FFT를 사용한 OFDM 시스템 구현

그림 9-3의 OFDM 블록을 통하여 정보신호의 샘플들이 수신부에서 완벽하게 복원되는 것은 보았지만 의문이 남는다. 즉 "왜 송신부에서 정보신호(1 또는 0으로 생각해도 된다.)들을 병렬화하여 각각을 변조한 후에 다시 합쳐서 송신하는가?" 하는 의문이다. 이와 같이 변환시킨 신호는 각 정보신호 간에 간섭이 없는 신호로 바뀌기 때문이다. 즉 그림 9-3의 시스템은 IFFT라고 불리는 변환을 통하여 정보신호 간에 간섭이 없는 매우 효율적인 신호로 변환된다. 이를 요약하면 다음과 같다.

- 그림 9-3의 OFDM 통신 시스템은 정보 샘플의 완전 복원 시스템이다.
- 디지털 샘플들이 송신이 용이한 아날로그 신호로 변환된다.
- IFFT와 D/A 변환기를 사용하여 쉽게 구현된다.
- 송신부의 변환을 통하여 샘플 간 간섭이 없는 강인한 신호로 변환된다.

그림 9-3의 OFDM 블록도가 어떻게 IFFT를 사용하여 구현되는지 알아본다. 먼저 변조기 출력 $x(t)$의 샘플링 버전을 살펴보자. 즉 $x(t)$의 원 식에 $t=nT_s$, $\omega_k = 2\pi k\Delta f$를 대입하면 다음의 샘플링 버전 출력을 얻는다.

$$x(nT_s) = \sum_{k=0}^{N-1} X(k) e^{j2\pi k\Delta f nT_s}$$

이 식에서 다음의 관계식을 얻는다.

$$\Delta f T_s = \frac{\Delta f}{f_s} = \frac{1}{N}$$

예를 들어 f_s가 10.24 MHz이고 Δf가 10 KHz이면 N은 1024가 된다. 이 관계식을 대입하면 다음과 같다.

$$x(nT_s) = \sum_{k=0}^{N-1} X(k) e^{j2\pi k\Delta f nT_s} = \sum_{k=0}^{N-1} X(k) e^{j\frac{2\pi}{N}kn}$$

이 식은 IDFT의 정의와 같다. 즉 $X(k)$를 IFFT를 사용하여 $x(nT_s)$를 얻고 D/A 변환기를 사용하여 최종 출력 $x(t)$를 얻을 수 있다. 따라서 변조기 OFDM 블록의 출력 신호는 IFFT와 D/A 변환기로 효과적으로 구현됨을 알 수 있다.

이 개념을 그림을 통해서 알아보기로 한다. SP 변환기를 통해 병렬화된 복소 샘플 $X(k)$는 매퍼 블록의 출력이다. 이 매퍼 출력 $X(0)$부터 $X(7)$까지의 신호는 펄스신호로 간주할 수 있으며, 따라서 이 펄스의 스펙트럼은 sinc 함수가 된다. 이 펄스의 주파수 shifting 성질은 다음과 같다.

$$x(t)e^{j\omega_0 t} \leftrightarrow X(\omega - \omega_0)$$

이 성질과 같이 sinc 함수의 스펙트럼이 ω_0 만큼 오른쪽으로 쉬프트된다. 따라서 8개의 채널에서 $e^{j\omega_0 t}$부터 $e^{j\omega_7 t}$로 변조시키면 스펙트럼의 모양은 다음과 같다.

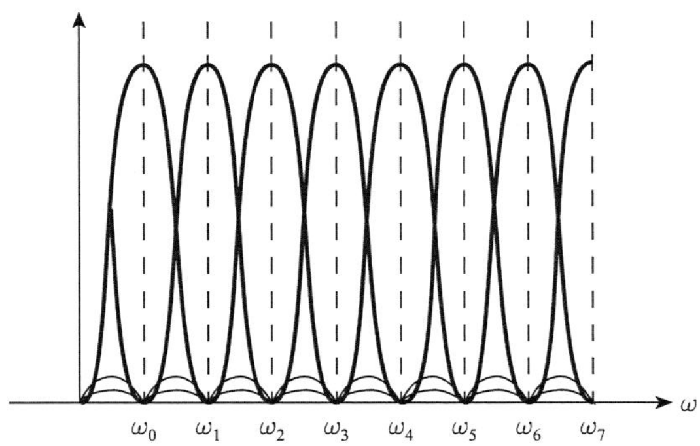

그림 9-4 OFDM 변조기 출력의 스펙트럼

이 스펙트럼을 살펴보면 sinc 함수의 zero crossing 지점에서는 서로 간섭이 없음을 볼 수 있다. 즉 IFFT를 사용하여 $2\pi/N$ 지점에서만 샘플하면 간섭이 전혀 없음을 알 수 있다.

복조기에서는 수신된 $x(t)$를 A/D 변환기를 사용하여 $x(nT_s)$를 얻고 DFT를 통해 다음과 같이 $X(k)$를 얻는다.

$$X(k) = \sum_{k=0}^{N-1} x(nT_s)e^{-j\frac{2\pi}{N}kn}$$

이 식에서도 알 수 있듯이 복조기의 OFDM 블록은 A/D 변환기와 FFT 블록을 사용하여 효과적으로 구현된다. 그림 9-3의 OFDM 변복조 모델은 다음 그림과 같이 IFFT와 FFT 그리고 A/D 변환기와 D/A 변환기 등을 사용하여 구현되어진다.

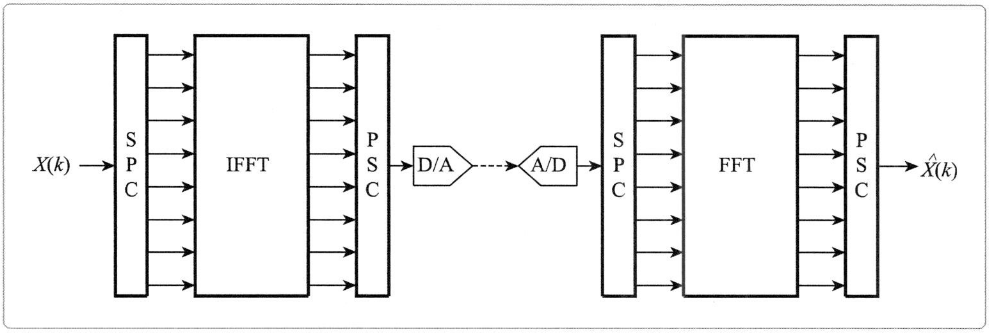

그림 9-5 OFDM 변복조기의 IFFT/FFT 구현

9.2 MP3 encoder에서의 FFT

MP3의 정식 표준 명칭은 MPEG1 Audio Layer III라고 하는 오디오 압축 알고리즘이다. MP3 encoder의 입력 오디오신호의 초당 데이터양은 다음과 같다.

$$44{,}100 \ \text{sample} \times 16 \ \text{bit} \times 2 \ \text{channel} = 1{,}411{,}200 \ \text{bps}$$

이 식에서 보듯이 1초당 44100개의 샘플이며, 한 샘플의 정세도는 16비트이다. 그리고 스테레오이므로 2를 곱하면 초당 데이터의 양은 1,411,200비트가 된다. MP3 encoder는 여러 가지의 압축률을 제공하는데, 그 중에서 가장 많이 사용되는 압축률은 128 kbps이다. 따라서 128 kbps의 압축률은 다음과 같다.

$$\text{압축률} = \frac{1411200}{128000} = 11.025$$

MP3를 듣는 사람들은 약 11분의 1로 압축된 오디오신호를 듣게 된다. 그러면 MP3 오디오 압축 알고리즘은 어떤 방식으로 신호를 압축하는지 간단히 알아보기로 한다. MP3 encoder는 먼저 각각의 채널로 입력되는 샘플을 분석하여 효율적으로 비트를 할당함으로써 원 신호를 크게 손상시키지 않고 11분의 1로 압축할 수 있다. 이 MP3 오디오 코딩은 MDCT(Modified DCT)라는 알고리즘을 사용하여 데이터를 압축한다. 이 MP3 encoder의 각각의 채널에서 1152 샘플을 한 프레임이라고 하며 이는 약 38분의 1초에 해당하는 시간이다. 즉 38분의 1초 마다 새로 주파수 분석을 하여 비트 할당을 하게 된다. 먼저 MP3 encoder의 한 프레임의 1152개 신호는 다음 그림과 같은 32개의 주파수 대역으로 변환된다.

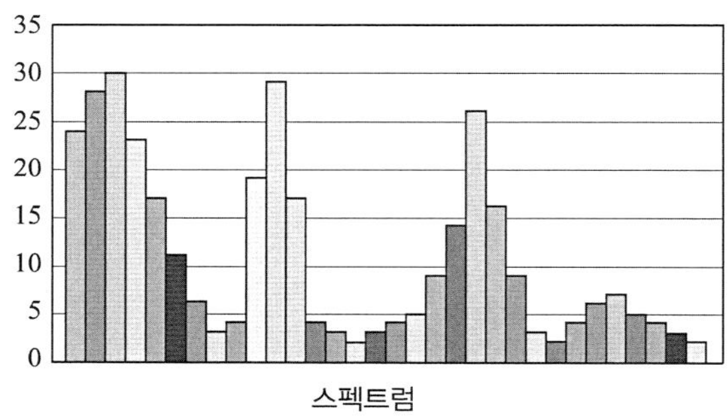

그림 9-6 오디오 스펙트럼의 마스킹

위의 그림과 같은 주파수 대역으로 변환된 신호를 듣는 사람의 청각은 마스킹이라는 특성이 있다. 즉 어느 대역의 스펙트럼이 매우 크면 그 바로 옆의 스펙트럼은 어느 정도 이상 크지 않으면 들리지 않는 특성이 있다.

위의 그림에서 11번째 스펙트럼이 매우 크므로 좌우의 스펙트럼 성분은 사람의 귀에 들리지 않는다. 따라서 데이터로서의 의미가 없으므로 저장할 필요가 없다. 이런 사람의 청각 특성을 이용하여 데이터가 압축된다. 따라서 11번째 스펙트럼만 비트를 할당하고 그 좌우의 스펙트럼은 비트를 할당할 필요가 없으므로 버린다. 이와 같은 마스킹 특성을 이용하기 위하여 MP3 encoder는 1152개의 샘플을 FFT하여 32개 주파수 대역의 양을 측정한다. 이렇게 하여 각각의 주파수 대역의 양을 측정한 결과를 이용하여 각 대역에 모인 주파수 신호에 비트를 차등적으로 할당하게 된다. MP3 encoder의 블록도는 다음 그림과 같다.

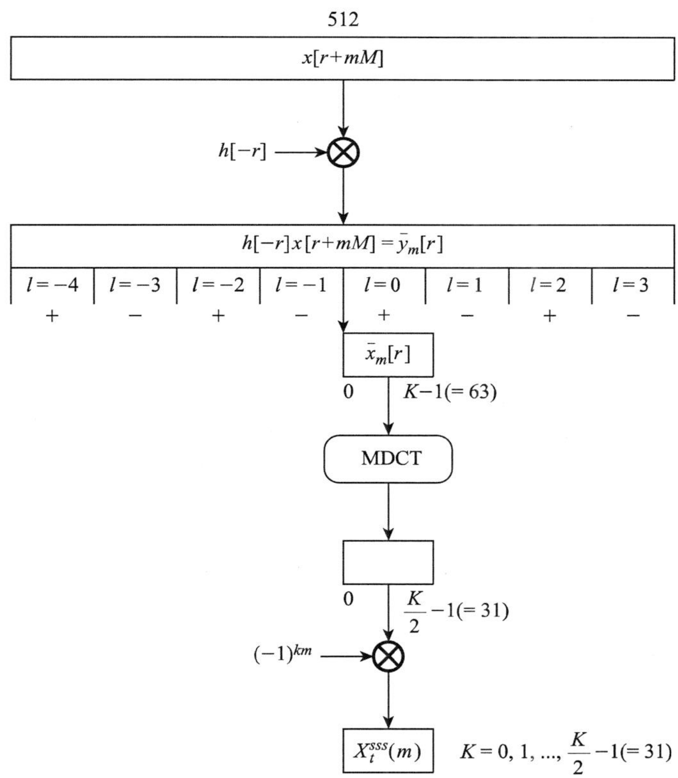

그림 9-7 MP3 encoder 블록도

MP3 decoder의 블록도는 다음 그림과 같다.

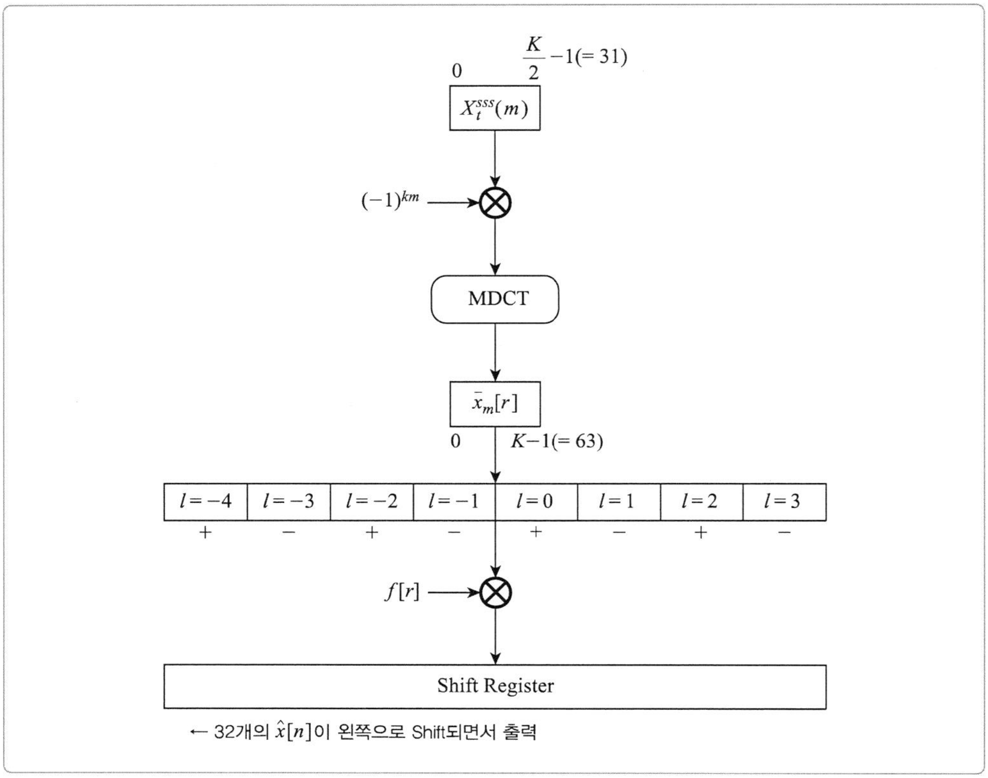

그림 9-8 MP3 decoder 블록도

9.3 FFT를 이용한 LCD결함검출

9.3.1 개요

이 절에서는 TFT-LCD의 제조공정에서 발생하는 결함을 FFT를 사용하여 검출하는 방법을 기술한다. TFT-LCD의 결함 패턴은 어느 일정한 영역을 갖고 있으므로 어느 한 개의 라인에서 관찰하면 sin 파의 모양으로 관찰된다. 결함의 모양은 원, 가로 타원, 세로 타원으로 분류할 수 있으며 FFT 변환을 통하여 일정한 문턱치와 비교하면 결함을 검출할 수 있다.

텔레비전과 컴퓨터 모니터, 그리고 다양한 휴대용 기기 등에 TFT-LCD(Thin Film Transistor Liquid Crystal Display)가 널리 사용되고 있다. TFT-LCD는 여러 디스플레이 장치 중에서도 고해상도, 넓은 시야각, 빠른 응답속도, 작은 부피와 무게, 저 전력소모 등의 장점을 갖고 있기 때문에 주요 디스플레이로 사용되고 있다. 이와 같은 TFT-LCD는 최근 수요급증에 따라 품질관리와 생산성 향상을 위하여 TFT-LCD 표면의 불량 여부를 검사하는 자동 검출 시스템이 필요하다.

TFT-LCD의 결함이 생기는 이유는 다양하다. 제조과정에서의 제조 기계의 오작동, 제조자의 실수, 먼지나 분진에 의한 미세한 결점, 사용하는 필름의 불량 등 많은 이유에 의해 결함이 발생할 수 있다. 제조 공정에서 사용되는 결함 검출방법에는 전기적인 테스트를 통한 결함 검출 방법과 사람의 눈을 이용하는 방법이 있다.

사람의 눈을 이용하는 방법은 사람의 눈이 주파수에 따라 차이를 인지하는 정도가 다르다는 사실을 이용한다. 하지만 사람의 눈을 이용하게 되면 검사자의 눈이 쉽게 피로해지고, 눈으로 인식하지 못하는 미세한 결함 등은 검출하기 어려운 단점이 있다.

주파수 차이를 인지하는 정도의 차이를 이용하기 위하여 FFT를 이용하는 방법을 사용할 수 있다. 결함 패턴은 TFT-LCD의 어느 한 개의 라인에서 관찰하면 sin 파의 모양을 갖고 있기 때문에 FFT 변환을 수행하면 특정 주파수 성분의 값이 커지므로 문턱 값과 비교하여 결함을 검출할 수 있다. 이 절에서는 Multi-point 2차원 FFT를 사용하는 결함 검출 방법을 기술한다. 즉 2차원 FFT 변환을 통하여 가로 방향의 결함 패턴과 세로 방향의 결함 패턴을 검출하는 방법이다.

9.3.2 TFT-LCD의 결함 패턴

이 절에서는 공정이 완료된 256 × 256 화소의 TFT-LCD에 저주파의 신호를 256개의 라인에 모두 인가한 경우의 예를 사용하여 기술하기로 한다. 인가한 저주파 신호의 진폭은 그림 9-9(a)와 같은 128 ± 10의 신호를 사용한다고 가정한다.

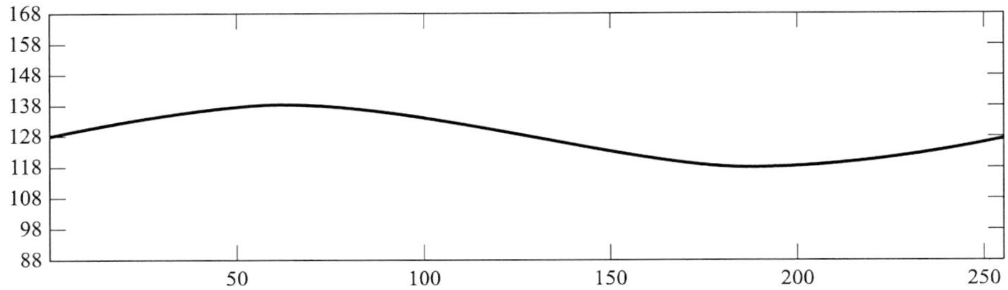

(a)

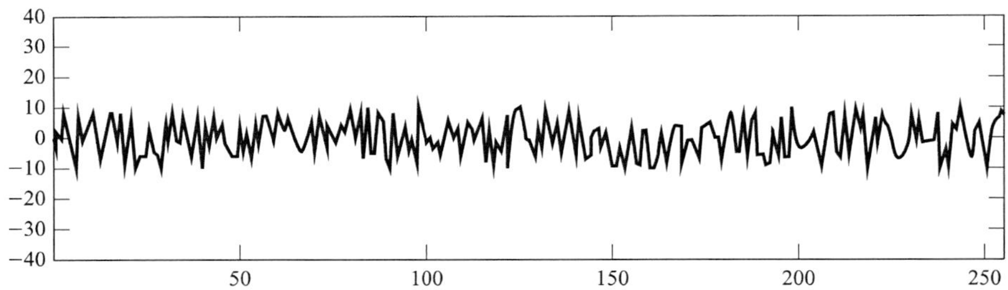

(b)

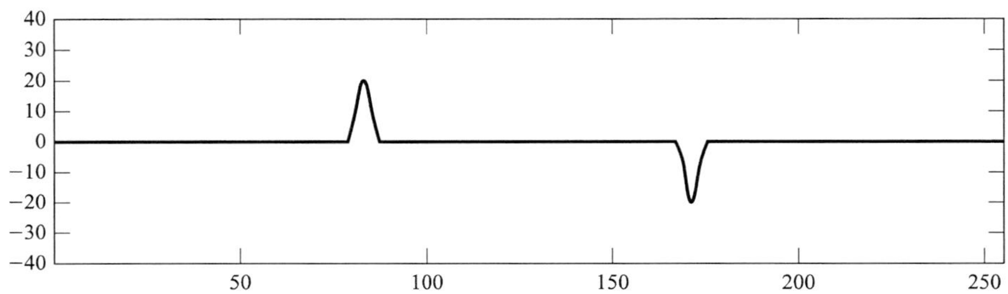

(c)

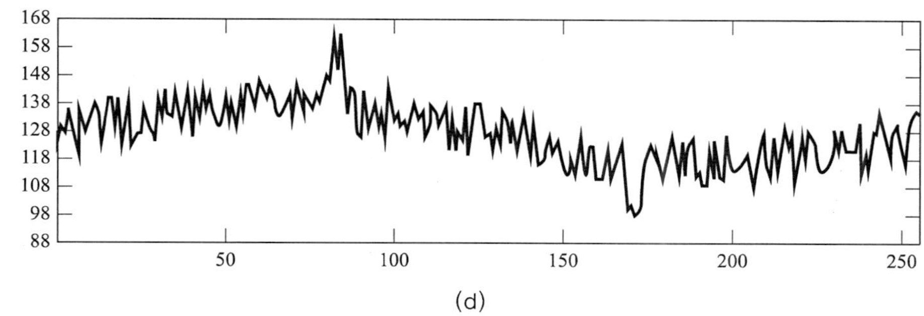

그림 9-9 (a) 인가한 저주파신호 (b) 노이즈신호 (c) 결함 (d) 출력된 신호

TFT-LCD에서 출력되는 영상에는 BLU(Back Light Unit)의 불균일한 빛 반사나 액정의 불균일한 분포로 인하여 노이즈가 발생한다. 추출된 라인의 신호에서는 그림 (b)와 같은 노이즈가 발생한다고 가정할 수 있다. 또한 앞에서 설명한 여러 가지 이유로 그림 (c)와 같은 결함이 생길 수 있다. 이와 같은 경우에 결함이 생긴 라인의 신호를 추출해보면 그림 (d)와 같은 패턴을 관찰할 수 있게 된다. 다음 절에서는 FFT를 사용하여 TFT-LCD의 결함을 검출하는 방법을 기술한다.

9.3.3 FFT를 사용한 TFT-LCD의 결함검출 방법

TFT-LCD에서 관찰되는 결함의 신호 모양은 그림 9-9(c)와 같이 나타난다. 이 결함 패턴의 크기는 4 화소에서 14 화소의 크기까지 다양하다. 이러한 결함 패턴은 sin 파의 모양을 닮았음으로 sin 파로 모델링할 수 있다. 이 절에서는 이와 같은 다양한 크기의 결함을 검출하기 위해서 2차원 FFT를 이용하는 방식을 기술한다. 다음의 그림 9-10(a)와 같은 4 화소 크기의 sin 파 모양을 갖는 결함을 예로 들어 이 방식을 기술하기로 한다.

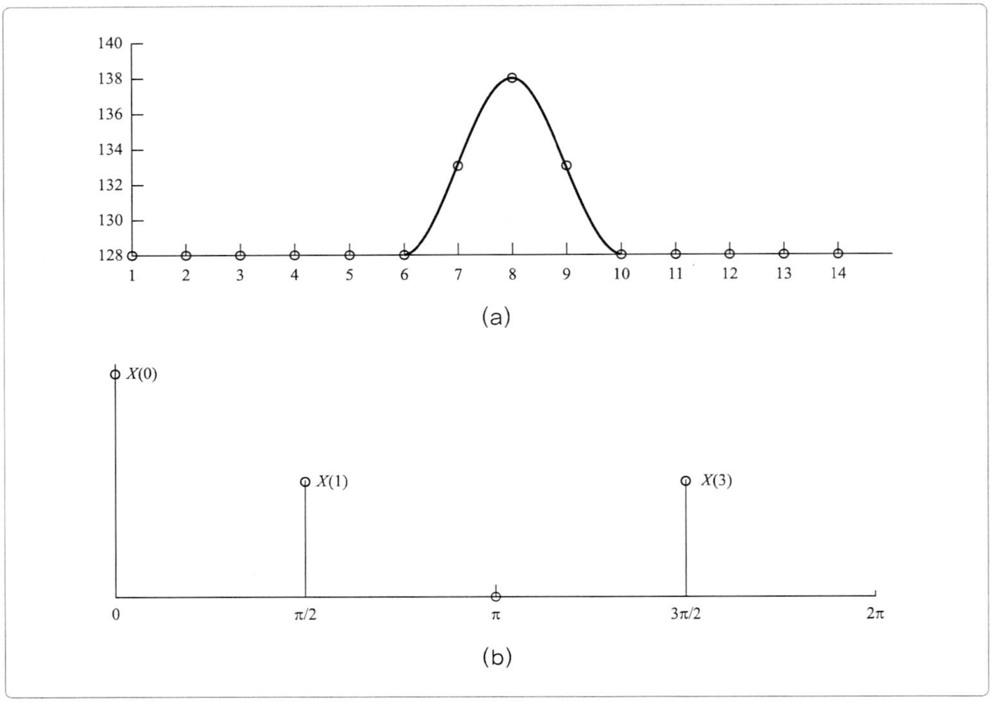

그림 9-10 (a) 4 화소 결함 (b) 4 화소 FFT 결과 값

먼저 그림 9-10(a)와 같은 결함 패턴에 대하여 다음과 같은 FFT 변환을 수행한다.

$$X(k) = \sum_{n=0}^{N-1} x[n]\, W_N^{kn}, \qquad k = 0,\ 1,\ \cdots,\ N-1$$

이 식에서 $W_N = e^{-j2\pi/N}$이다. 위의 그림 (a)는 4 화소 크기의 결함 패턴이므로 $N=4$의 4-point FFT 변환을 수행하면 그림 (b)와 같은 결과를 얻을 수 있다. 즉 그림 (b)와 같이 $X(0)$의 DC 성분과 $X(1)$의 주파수 성분으로 나타나게 된다($X(3)$은 단지 $X(1)$의 대칭 주파수 성분이다). 따라서 시간영역에서 결함을 검출하는 것보다는 주파수 영역에서 결함을 검출하는 것이 검출 확률을 높일 수 있다. 실제 TFT-LCD에서 나타나는 결함 패턴은 그림 (a)와 같은 정확한 sin파로 나타나는 것은 아니기 때문에 다른 주파수 성분도 검출된다. 그러나 성분의 양이 $X(0)$, $X(1)$과 비교하여 크지 않기 때문에 FFT 방식을 이용할 수 있다. 다음 그림은 6 화소의 크기에서부터 14 화소의 크기의 결함에 대한 FFT변환의 결과를 보여 준다.

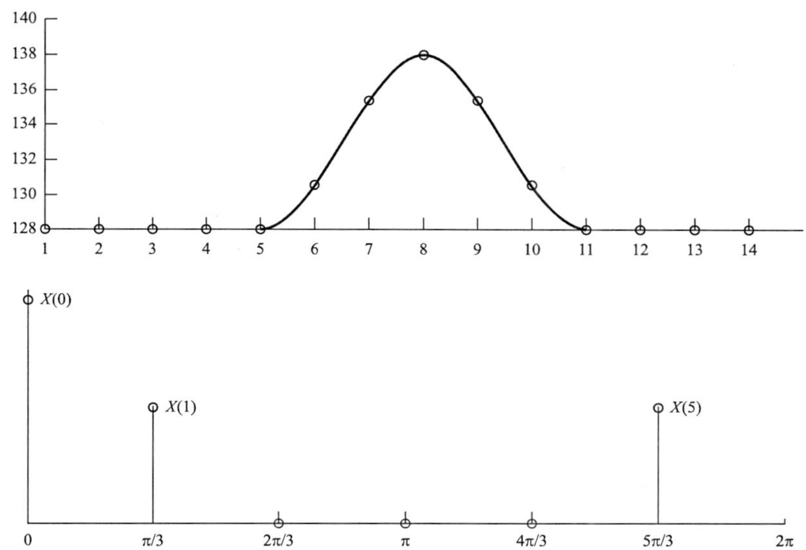

(a) 6 화소 결함과 6-point FFT

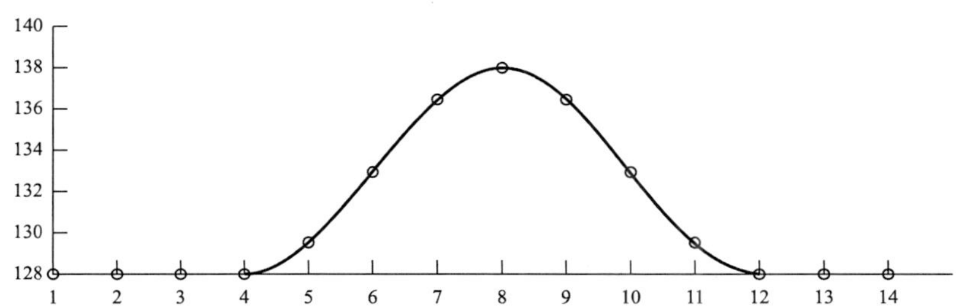

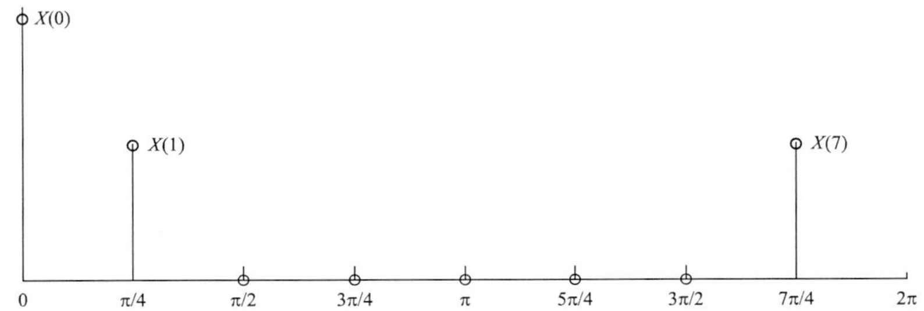

(b) 8 화소 결함과 8-point FFT

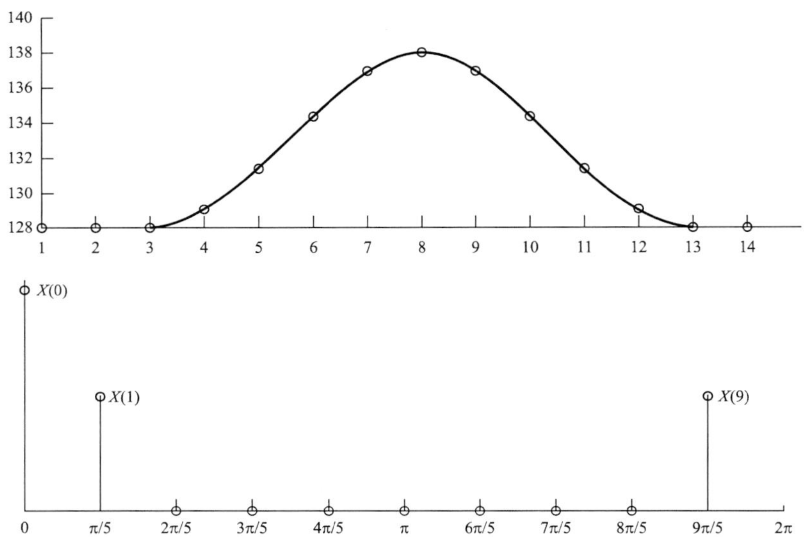

(c) 10 화소 결함과 10-point FFT

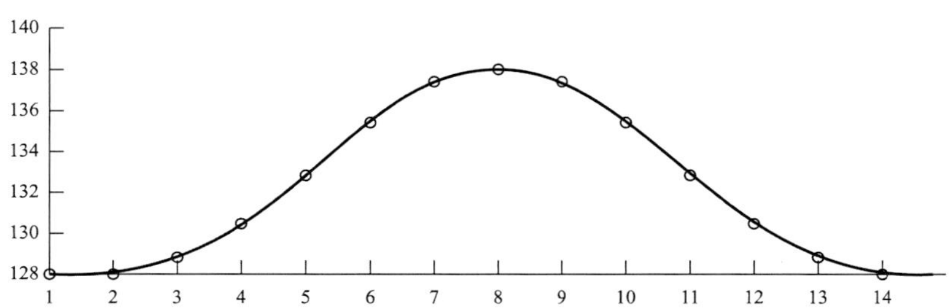

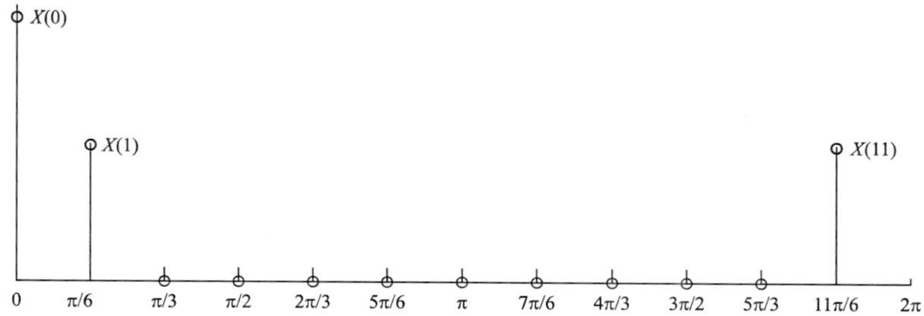

(d) 12 화소 결함과 12-point FFT

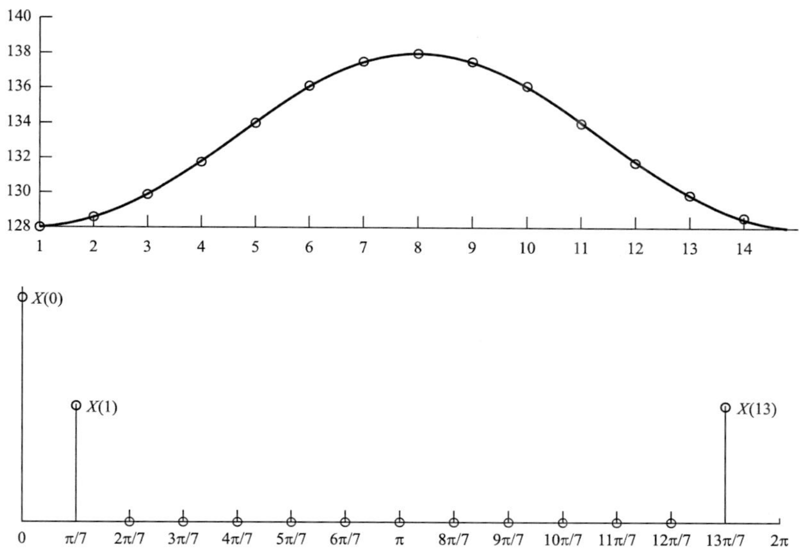

(e) 14 화소 결함과 14-point FFT

그림 9-11 다양한 크기의 결함과 그 FFT

그림 9-11(a)와 같은 6 화소 크기의 결함 패턴은 6-point FFT 변환에 가장 잘 반응한다. 즉 그림 9-11(a)에서 보듯이 $X(0)$의 DC 성분과 $X(1)$ 주파수 성분이 가장 크게 나타나는 것을 알 수 있다. 따라서 256×256 크기의 TFT-LCD에 대해서 4-point 크기

부터 14-point 크기의 FFT를 수행하면 4 화소에서 14 화소 크기의 결함에 대하여 검출이 가능하다.

가로 방향뿐만 아니라 세로 방향으로도 FFT를 수행하게 되면 가로 방향 FFT를 수행했을 때 검출하지 못한 영역의 결함도 검출할 수 있게 된다. 지금까지 기술한 결함 검출 알고리즘을 요약하면 다음과 같다.

FFT 결함 검출 알고리즘

1. TFT-LCD 영상의 첫 번째 행에서 가로 방향의 FFT 변환을 수행한다. 이때 4-point부터 14-point 크기까지 1-point씩 증가시키며 11가지 크기에 대하여 FFT 한다. $X(0)$의 DC 값과 $X(1)$, $X(n)$의 값을 이용하여 결함 화소의 크기와 중심 좌표를 결정한다.
2. TFT-LCD의 두 번째 행부터 마지막 행까지 1의 단계를 반복한다.
3. 1단계와 2단계를 통하여 결함 패턴의 크기가 여러 행에 반복하여 나타나면 가로 방향의 결함으로 판정하고 그 좌표와 크기를 기록한다.
4. TFT-LCD 영상의 첫 번째 열에서 세로 방향의 FFT 변환을 수행한다. 이때 4-point부터 14-point 크기까지 1-point씩 증가시키며 11가지 크기에 대하여 FFT 한다. $X(0)$의 DC 값과 $X(1)$, $X(n)$의 값을 이용하여 결함 화소의 크기와 중심 좌표를 결정한다.
5. TFT-LCD의 두 번째 열부터 마지막 열까지 4의 단계를 반복한다.
6. 4단계와 5단계를 통하여 결함 패턴의 크기가 여러 열에 반복하여 나타나면 세로 방향의 결함으로 판정하고 그 좌표와 크기를 기록한다.

연습문제 풀이

1장 연습문제 풀이

1. 직류성분은 없으므로 $a_0 = 0$ 이다. 또한 우함수인 $\cos k\omega_0 t$ 도 사용될 수 없으므로 $a_k = 0$ 이다. 따라서 $\sin k\omega_0 t$ 만을 사용하여 급수로 나타낼 수 있다. 단 k가 짝수이면 오히려 구형파가 파괴되므로 홀수의 k만을 사용하여 다음과 같이 나타내어야 한다.

$$x(t) = b_1 \sin t + b_3 \sin 3t + b_5 \sin 5t + b_7 \sin 7t + b_9 \sin 9t$$

$$\begin{aligned} b_k &= \frac{2}{T}\int_{t_0}^{t_0+T} x(t) \sin k\omega_0 t\, dt \\ &= \frac{1}{\pi}\int_0^{2\pi} x(t) \sin kt\, dt \\ &= \frac{1}{\pi}\left\{\int_0^{\pi} \sin kt\, dt - \int_{\pi}^{2\pi} \sin kt\, dt\right\} = \frac{4}{k\pi} \end{aligned}$$

$$\therefore \quad b_1 = \frac{4}{\pi} = 1.273, \quad b_3 = \frac{4}{3\pi} = 0.424, \quad b_5 = \frac{4}{5\pi} = 0.255$$
$$b_7 = \frac{4}{7\pi} = 0.182, \quad b_9 = \frac{4}{9\pi} = 0.141$$

2. 직류성분은 다음과 같다.

$$a_0 = \frac{1}{T}\int_{t_0}^{t_0+T} \tilde{x}(t)\, dt = \frac{1}{2\pi} 4\pi = 2$$

또한 기함수인 $\sin kt$ 도 사용될 수 없으므로 $b_k = 0$ 이다. 따라서 $\cos kt$ 만을 사용하여 급수로 나타낼 수 있다. 단 k가 짝수이면 오히려 구형파가 파괴되므로 홀수의

k만을 사용하여 나타내어야 한다.

$$\tilde{x}(t) = 2 + \sum_{k=1}^{\infty} a_k \cos kt$$

$$a_1 = \frac{1}{\pi}\int_0^{2\pi} x(t)\cos t\,dt = \frac{1}{\pi}\left[\int_0^{\pi/2} 4\cos t dt + \int_{3\pi/2}^{2\pi} 4\cos t dt\right]$$

$$= \frac{4}{\pi}(1-0+0+1) = \frac{8}{\pi} = 2.546$$

$$a_3 = \frac{8}{3\pi} = 0.849,\ a_5 = \frac{8}{5\pi} = 0.509,\ a_7 = \frac{8}{7\pi} = 0.364,\ a_9 = \frac{8}{9\pi} = 0.283$$

3. $$X_k = \frac{1}{T}\int_{-T/2}^{T/2} x(t)e^{-jk\omega_0 t}\,dt = \frac{1}{T}\int_{-T/2}^{T/2} (\delta(t+1)+\delta(t-1))e^{-jk\omega_0 t}\,dt$$

$$= \frac{1}{T}(e^{jk\omega_0} + e^{-jk\omega_0}) = \frac{2}{T}\cos k\omega_0$$

where $T = 10,\ \omega_0 = 2\pi/T = 0.2\pi \quad \therefore X_k = 0.1\cos 0.2\pi k$

2장 연습문제 풀이

1. $$h(t) = \frac{1}{2\pi}\int_{-\infty}^{\infty} H(\omega)e^{j\omega t}d\omega = \frac{1}{2\pi}\int_{-2\pi}^{2\pi} e^{j\omega t}d\omega = \frac{1}{2\pi}\left[\frac{e^{j\omega t}}{jt}\right]_{-2\pi}^{2\pi}$$

$$= \frac{1}{2\pi jt}(e^{j2\pi t} - e^{-j2\pi t}) = \frac{\sin 2\pi t}{\pi t}$$

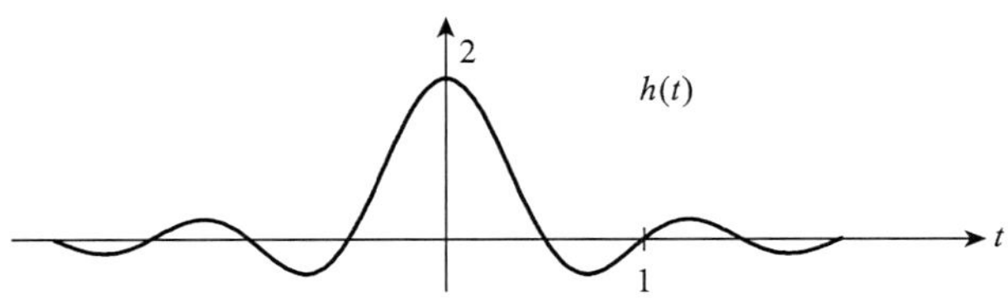

$h(0)$의 값은 다음과 같다.

$$\left.\frac{(\sin 2\pi t)'}{(\pi t)'}\right|_{t=0} = \left.\frac{2\pi\cos 2\pi t}{\pi}\right|_{t=0} = 2$$

2. 주파수응답은 다음과 같다.

$$H(\omega) = \frac{1/RC}{1/RC + j\omega}$$

$$\frac{1}{RC} = \frac{1}{10^3 \times 10^{-8}} = 10^5,\quad H(\omega) = \frac{10^5}{10^5 + j\omega} \quad\Rightarrow\quad |H(\omega)| = \frac{10^5}{\sqrt{10^{10} + \omega^2}}$$

임펄스응답은 다음과 같다.

$$H(\omega) = \frac{10^5}{10^5 + j\omega} \quad\leftrightarrow\quad h(t) = 10^5 e^{-10^5 t}u(t)$$

Cutoff 주파수는 다음과 같다.

$$|H(\omega_c)| = \frac{1}{\sqrt{2}} \quad \Rightarrow \quad \frac{1}{1+(\omega_c RC)^2} = \frac{1}{2} \quad \Rightarrow \quad \omega_c = \frac{1}{RC} = 10^5$$

$$2\pi f_c = 10^5 \quad \therefore f_c = 15{,}915\,\text{Hz} \simeq 15.9\,\text{kHz}$$

3. (a) 주파수응답은 다음과 같다.

$$H(\omega) = \frac{R/L}{R/L + j\omega}$$

$$\frac{R}{L} = \frac{10^3}{10^{-3}} = 10^6, \quad H(\omega) = \frac{10^6}{10^6 + j\omega} \quad \Rightarrow \quad |H(\omega)| = \frac{10^6}{\sqrt{10^{12} + \omega^2}}$$

임펄스응답은 다음과 같다.

$$H(\omega) = \frac{10^6}{10^6 + j\omega} \quad \leftrightarrow \quad h(t) = 10^6 e^{-10^6 t} u(t)$$

(b) Cutoff 주파수는 다음과 같다.

$$|H(\omega_c)| = \frac{1}{\sqrt{2}} \quad \Rightarrow \quad \frac{10^{12}}{10^{12} + \omega_c^2} = \frac{1}{2} \quad \Rightarrow \quad \omega_c = 10^6$$

$$2\pi f_c = 10^6 \quad \therefore f_c = 159{,}154\,\text{Hz} \simeq 159\,\text{kHz}$$

1 kHz의 이득은 다음과 같다.

$$|H(2\pi \times 10^3)| = \frac{10^6}{\sqrt{10^{12} + (2\pi \times 10^3)^2}} \simeq 1$$

1 MHz의 이득은 다음과 같다.

$$|H(2\pi \times 10^6)| = \frac{10^6}{\sqrt{10^{12} + (2\pi \times 10^6)^2}} = 0.157$$

4. 이 시스템의 미분방정식은 다음과 같다.

$$\frac{1}{C}\int i(t)dt+Ri(t)=x(t),\ \ Ri(t)=y(t)\rightarrow i(t)=\frac{1}{R}y(t)$$

$$\therefore \frac{1}{RC}\int y(t)dt+y(t)=x(t)\Rightarrow \frac{dy(t)}{dt}+\frac{1}{RC}y(t)=\frac{dx(t)}{dt}$$

미분방정식을 이용하여 주파수 응답을 구하면 다음과 같다.

$$j\omega H(\omega)e^{j\omega t}+\frac{1}{RC}H(\omega)e^{j\omega t}=j\omega e^{j\omega t}$$

$$\Rightarrow \quad H(\omega)=\frac{j\omega}{1/RC+j\omega} \quad \Rightarrow |H(\omega)|=\frac{\omega}{\sqrt{(1/RC)^2+\omega^2}}$$

이 전달함수의 진폭 응답은 다음 그림과 같다.

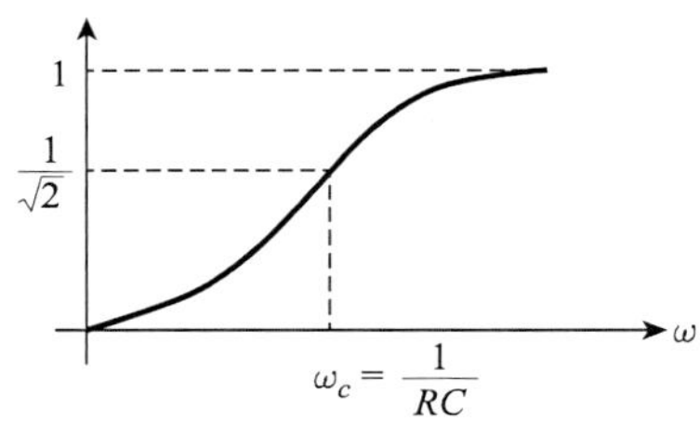

$$\frac{1}{RC}=\frac{1}{10^3\times 10^{-9}}=10^6,\ \ H(\omega)=\frac{j\omega}{10^6+j\omega} \quad \Rightarrow |H(\omega)|=\frac{\omega}{\sqrt{10^{12}+\omega^2}}$$

$$\frac{\omega_c}{\sqrt{10^{12}+\omega_c^2}}=\frac{1}{\sqrt{2}}\Rightarrow \omega_c=10^6\Rightarrow f_c=159154\,\mathrm{Hz}\simeq 159\,\mathrm{kHz}$$

5. 이 시스템의 미분방정식은 다음과 같다.

$$L\frac{di(t)}{dt}+Ri(t)=x(t),\ \ y(t)=L\frac{di(t)}{dt}\rightarrow \frac{1}{L}\int y(t)dt=\int\frac{di(t)}{dt}dt=i(t)$$

$$\therefore y(t)+\frac{R}{L}\int y(t)dt=x(t)\Rightarrow\frac{dy(t)}{dt}+\frac{R}{L}y(t)=\frac{dx(t)}{dt}$$

$$j\omega H(\omega)e^{j\omega t}+\frac{R}{L}H(\omega)e^{j\omega t}=j\omega e^{j\omega t}$$

$$\Rightarrow\quad H(\omega)=\frac{j\omega}{R/L+j\omega}\quad\Rightarrow|H(\omega)|=\frac{\omega}{\sqrt{(R/L)^2+\omega^2}}$$

이 주파수응답은 다음 그림과 같다.

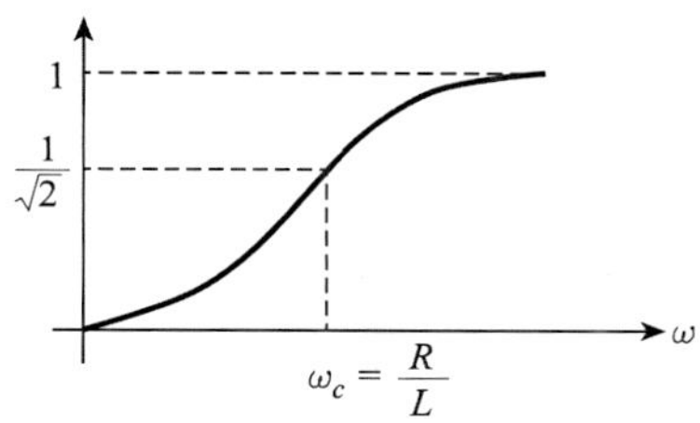

$$\frac{R}{L}=\frac{10^3}{10^{-2}}=10^5,\ \ H(\omega)=\frac{j\omega}{10^5+j\omega}\quad\Rightarrow|H(\omega)|=\frac{\omega}{\sqrt{10^{10}+\omega^2}}$$

$$\frac{\omega_c}{\sqrt{10^{10}+\omega_c^2}}=\frac{1}{\sqrt{2}}\Rightarrow\omega_c=10^5\Rightarrow f_c=15915\,\mathrm{Hz}\simeq15.9\,\mathrm{kHz}$$

6. 다음과 같이 정의하자.

$$X_1(\omega)=\mathrm{rect}\left(\frac{\omega}{2}\right)$$

$x_1(t)$는 다음과 같다.

$$x_1(t)=\frac{1}{2\pi}\int_{-\infty}^{\infty}X_1(\omega)e^{j\omega t}d\omega=\frac{1}{2\pi}\int_{-1}^{1}e^{j\omega t}d\omega=\frac{1}{2\pi}\left[\frac{e^{j\omega t}}{jt}\right]_{-1}^{1}$$

$$= \frac{1}{2\pi jt}(e^{jt} - e^{-jt}) = \frac{\sin t}{\pi t}$$

주파수 shifting 성질을 이용하면 다음과 같다.

$$X_1(\omega) = \text{rect}\left(\frac{\omega}{2}\right) \quad \leftrightarrow x_1(t) = \frac{\sin t}{\pi t}$$

$$X(\omega) = \text{rect}\left(\frac{\omega - 1}{2}\right) \leftrightarrow \ x(t) = \frac{\sin t}{\pi t} e^{jt}$$

3장 연습문제 풀이

1. $$H(e^{j\omega}) = \sum_{n=-\infty}^{\infty} h[n]e^{-j\omega n} = \sum_{n=-\infty}^{\infty} (-1)^n g[n]e^{-j\omega n} = \sum_{n=-\infty}^{\infty} g[n](-e^{j\omega})^{-n}$$

$$= G(-e^{j\omega}) = G(e^{j(\omega-\pi)}) = \begin{cases} 0, & |\omega| \leqq \frac{3\pi}{4} \\ 1, & \frac{3\pi}{4} < |\omega| \leqq \pi \end{cases}$$

따라서 $Y(e^{j\omega})$는 $H(e^{j\omega})$와 $X(e^{j\omega})$의 곱이다.

(그림생략)

2. (a)

$$0.25^n u[n] \Leftrightarrow \sum_{n=-\infty}^{\infty} 0.25^n u[n]e^{-j\omega n} = \sum_{n=0}^{\infty} 0.25^n e^{-j\omega n}$$

$$= \sum_{n=0}^{\infty} (0.25e^{-j\omega})^n = \frac{1}{1-0.25e^{-j\omega}} = \frac{e^{j\omega}}{e^{j\omega}-0.25}$$

위의 식에 시간 쉬프팅의 성질을 적용하면 다음과 같다.

$$0.25^{n+2}u[n+2] \Leftrightarrow e^{j2\omega}\frac{e^{j\omega}}{e^{j\omega}-0.25} = \frac{e^{j3\omega}}{e^{j\omega}-0.25}$$

$$\therefore 0.25^n u[n+2] \Leftrightarrow \frac{16e^{j3\omega}}{e^{j\omega}-0.25}$$

(b)

$$x[n] = \frac{1}{2\pi}\int_{-\pi}^{\pi} X(e^{j\omega})e^{j\omega n}d\omega \Rightarrow x[0] = \frac{1}{2\pi}\int_{-\pi}^{\pi} X(e^{j\omega})d\omega = 1$$

$$\therefore \int_{-\pi}^{\pi} X(e^{j\omega})d\omega = 2\pi$$

(c) Parseval의 정리를 이용하여 다음과 같이 구할 수 있다.

$$\frac{1}{2\pi}\int_{-\pi}^{\pi}|X(e^{j\omega})|^2 d\omega = \sum_{n=-\infty}^{\infty}[x[n]|^2$$

$$\Rightarrow \int_{-\pi}^{\pi}|X(e^{j\omega})|^2 d\omega = 2\pi\sum_{n=-\infty}^{\infty}[x[n]|^2$$

$$= 2\pi\{16^2+4^2+1^2+0.25^2+0.25^4+0.25^6+\cdots\}$$

$$= 2\pi\frac{16^2}{1-0.25^2} = \frac{8192\pi}{15} = 1715.728$$

3. $H(e^{j\omega}) = \frac{1}{3}\{1+e^{-j\omega}+e^{-j2\omega}\}$

$$= \frac{1}{3}\{e^{j\omega}+1+e^{-j\omega}\}e^{-j\omega} = \frac{1}{3}(1+2\cos\omega)e^{-j\omega}$$

$\therefore |H(e^{j\omega})| = \left|\frac{1}{3}(1+2\cos\omega)\right|$

따라서 진폭응답은 다음 그림과 같다.

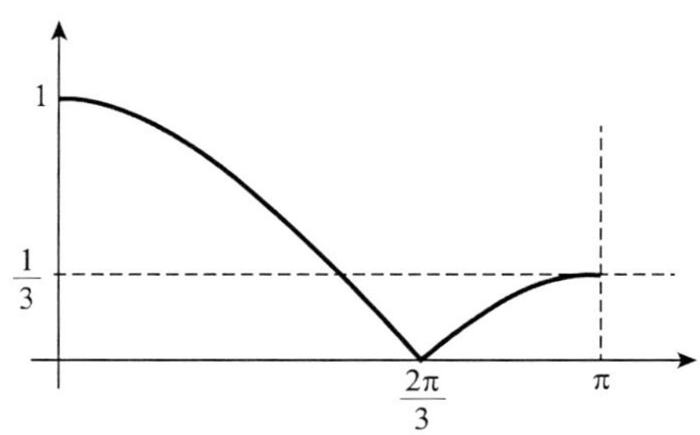

4. $H(e^{j\omega}) = 0.5(1-e^{-j\omega}) = 0.5\left(e^{j\frac{\omega}{2}}-e^{-j\frac{\omega}{2}}\right)e^{-j\frac{\omega}{2}} = j\left(\sin\frac{\omega}{2}\right)e^{-j\frac{\omega}{2}}$

$\therefore |H(e^{j\omega})| = \left|\sin\frac{\omega}{2}\right|$

따라서 진폭응답은 다음 그림과 같다.

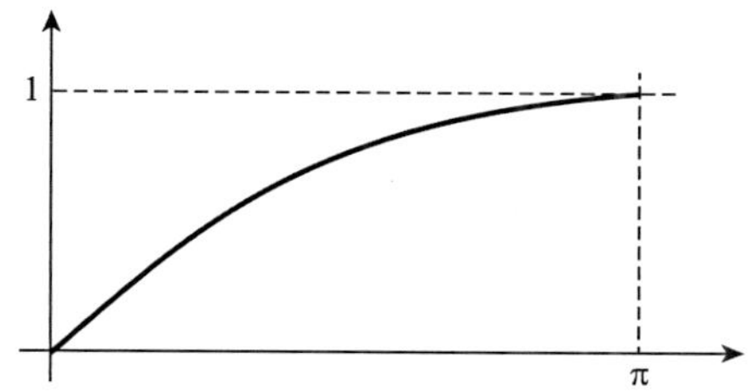

5. $H(e^{j\omega}) = 0.5(1 - e^{-j2\omega}) = 0.5(e^{j\omega} - e^{-j\omega})e^{-j\omega} = j(\sin\omega)e^{-j\omega}$

$\therefore |H(e^{j\omega})| = |\sin\omega|$

따라서 진폭응답은 다음 그림과 같다.

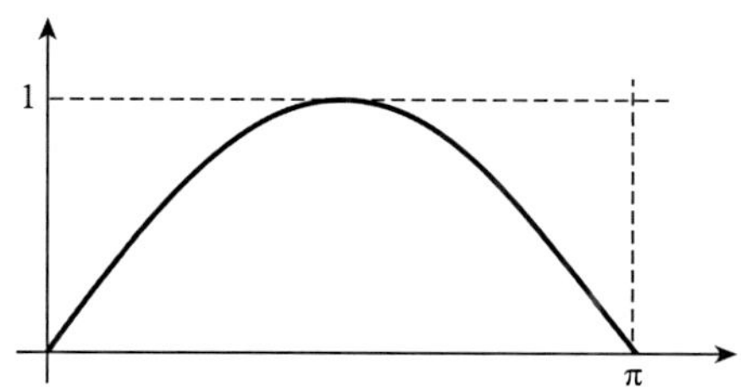

6. $H(e^{j\omega}) = 0.5(1 - e^{-j4\omega}) = 0.5(e^{j2\omega} - e^{-j2\omega})e^{-j2\omega} = j(\sin 2\omega)e^{-j2\omega}$

$\therefore |H(e^{j\omega})| = |\sin 2\omega|$

따라서 진폭응답은 다음 그림과 같다.

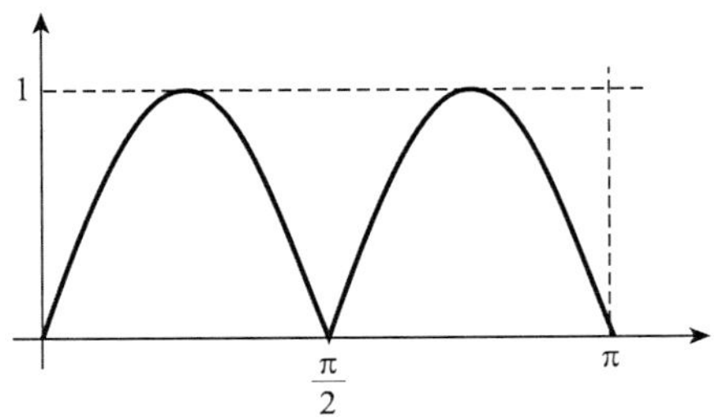

7. 주파수응답을 역 DTFT하면 임펄스응답을 구할 수 있다.

$$h[n] \equiv \frac{1}{2\pi}\int_{-\pi}^{\pi} H(e^{j\omega})e^{j\omega n}d\omega = \frac{1}{2\pi}\int_{-\frac{\pi}{3}}^{\frac{\pi}{3}} e^{j\omega n}d\omega = \frac{1}{2\pi}\left[\frac{e^{j\omega n}}{jn}\right]_{-\frac{\pi}{3}}^{\frac{\pi}{3}}$$

$$= \frac{1}{\pi n}\frac{e^{j\frac{\pi}{3}n} - e^{-j\frac{\pi}{3}n}}{2j} = \frac{\sin\frac{\pi}{3}n}{\pi n}, \quad -\infty < n < \infty$$

임펄스응답은 다음 그림과 같다.

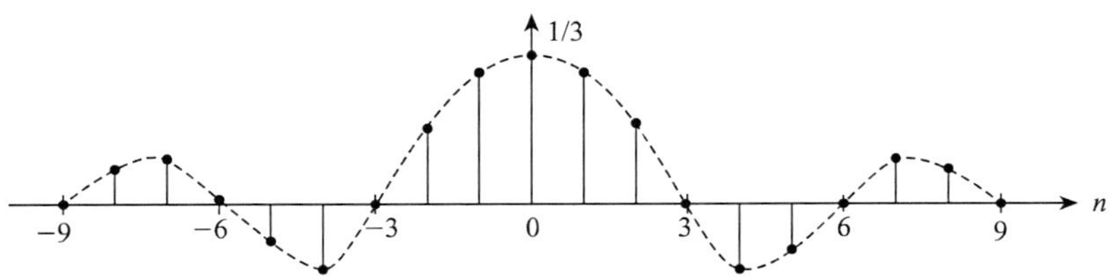

8. 주파수응답을 역 DTFT하면 임펄스응답을 구할 수 있다.

$$h[n] \equiv \frac{1}{2\pi}\int_{-\pi}^{\pi} H(e^{j\omega})e^{j\omega n}d\omega = \frac{1}{2\pi}\int_{-\frac{\pi}{4}}^{\frac{\pi}{4}} e^{j\omega n}d\omega = \frac{1}{2\pi}\left[\frac{e^{j\omega n}}{jn}\right]_{-\frac{\pi}{4}}^{\frac{\pi}{4}}$$

$$= \frac{1}{\pi n}\frac{e^{j\frac{\pi}{4}n} - e^{-j\frac{\pi}{4}n}}{2j} = \frac{\sin\frac{\pi}{4}n}{\pi n}, \quad -\infty < n < \infty$$

임펄스응답은 다음 그림과 같다.

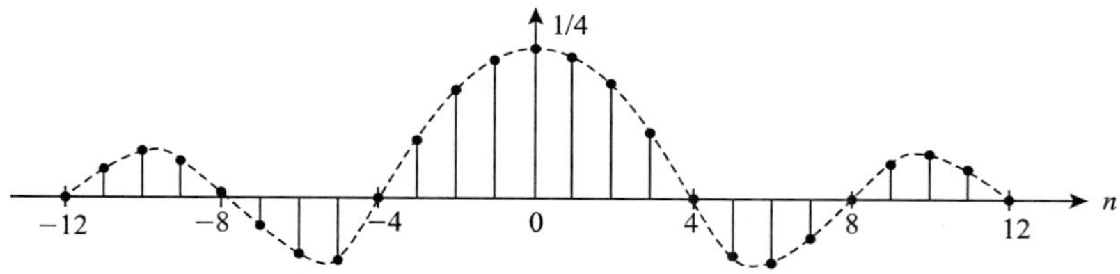

9. $x_\pi[n]$과 $x_{\pi/2}[n]$은 다음과 같다.

$$x_\pi[n] = \{\underset{\uparrow}{1}, \ -1, \ \ 1, \ -1, \ \ 1, -1, \ \cdots\}$$

$$x_{\pi/2}[n] = \{\underset{\uparrow}{1}, \ 0, \ -1, \ \ 0, \ \ 1, \ \ 0, \ -1, \ \ 0, \ \ \cdots\}$$

10. $x_\pi[n]$과 $x_{\pi/2}[n]$은 다음과 같다.

$$x_\pi[n] = \{\underset{\uparrow}{1}, \ -1, \ \ 1, \ -1, \ \ 1, -1, \ \cdots\}$$

$$x_{\pi/2}[n] = \{\underset{\uparrow}{1}, \ 0, \ -1, \ \ 0, \ \ 1, \ \ 0, \ -1, \ \ 0, \ \ \cdots\}$$

11. (a)

$$H(e^{j\omega}) = \frac{1}{3}\{1 + e^{-j\omega} + e^{-j2\omega}\} = \frac{1}{3}\{e^{j\omega} + 1 + e^{-j\omega}\}e^{-j\omega}$$

$$= \frac{1}{3}(1 + 2\cos\omega)e^{-j\omega}$$

$$\therefore |H(e^{j\omega})| = \left|\frac{1}{3}(1 + 2\cos\omega)\right|$$

따라서 진폭응답은 다음 그림과 같다.

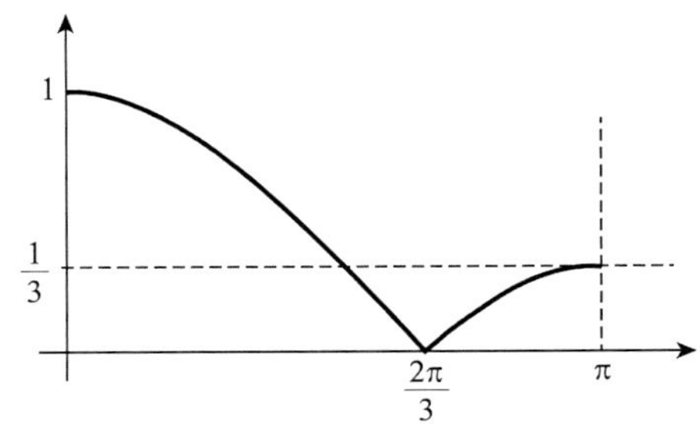

$$|H(e^{j\,0.5\pi})| = \left|\frac{1}{3}(1+2\cos 0.5\pi)\right| = \frac{1}{3}$$

(b)

$y[n]$	1/3	1/3	0	−1/3	0	1/3	0	−1/3	0	1/3
k	0	1	2	3	4	5	6	7	8	9
$h[k]$	1/3	1/3	1/3							
$x[0-k]$	1									
$x[1-k]$	0	1								
$x[2-k]$	−1	0	1							
$x[3-k]$	0	−1	0	1						
$x[4-k]$	1	0	−1	0	1					
$x[5-k]$	0	1	0	−1	0	1				
$x[6-k]$	−1	0	1	0	−1	0	1			
$x[7-k]$	0	−1	0	1	0	−1	0	1		
$x[8-k]$	1	0	−1	0	1	0	−1	0	1	
$x[9-k]$	0	1	0	−1	0	1	0	−1	0	1

$$y[n] = \left\{\underset{\uparrow}{\frac{1}{3}},\ \frac{1}{3},\ 0,\ -\frac{1}{3},\ 0,\ \frac{1}{3},\ 0,\ -\frac{1}{3},\ 0,\ \frac{1}{3},\ \cdots\right\}$$

(c) 진폭 1의 신호가 입력되어 진폭 1/3의 신호로 출력되었으므로 이득은 1/3이다. 이는 (a)에서 구한 이득과 일치한다.

12. (a) $H(e^{j\omega}) = \frac{1}{3}\{1+e^{-j\omega}+e^{-j2\omega}\} = \frac{1}{3}\{e^{j\omega}+1+e^{-j\omega}\}e^{-j\omega}$

$$= \frac{1}{3}(1+2\cos\omega)e^{-j\omega}$$

$$\therefore |H(e^{j\omega})| = \left|\frac{1}{3}(1+2\cos\omega)\right|$$

따라서 진폭응답은 다음과 같다.

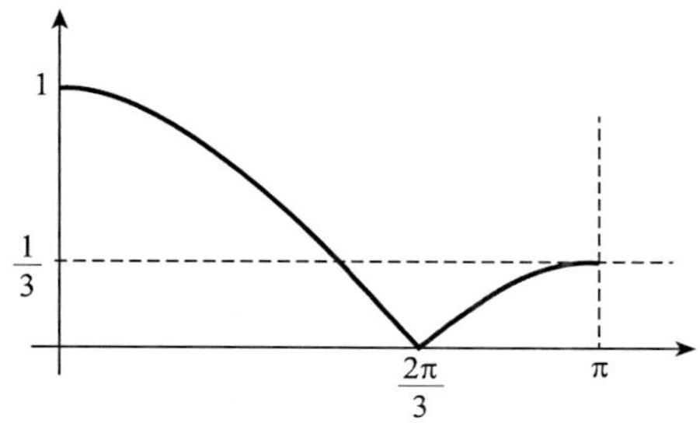

$$|H(e^{j0.25\pi})| = \left|\frac{1}{3}(1+2\cos 0.25\pi)\right| = 0.805$$

(b)

$y[n]$	0.333	0.569	0.569	0	−0.569	−0.805	−0.569	0	0.569	0.805
k	0	1	2	3	4	5	6	7	8	9
$h[k]$	1/3	1/3	1/3							
$x[0-k]$	1									
$x[1-k]$	0.707	1								
$x[2-k]$	0	0.707	1							
$x[3-k]$	−0.707	0	0.707	1						
$x[4-k]$	−1	−0.707	0	0.707	1					
$x[5-k]$	−0.707	−1	−0.707	0	0.707	1				
$x[6-k]$	0	−0.707	−1	−0.707	0	0.707	1			
$x[7-k]$	0.707	0	−0.707	−1	−0.707	0	0.707	1		
$x[8-k]$	1	0.707	0	−0.707	−1	−0.707	0	0.707	1	
$x[9-k]$	0.707	1	0.707	0	−0.707	−1	−0.707	0	0.707	1

$$y[n] = \{\underset{\uparrow}{0.333},\ 0.569,\ 0.569,\ 0,\ -0.569,\ -0.805,\ -0.569,\ 0,\ 0.569,\ 0.805,\ \cdots\}$$

(c) 진폭 1의 신호가 입력되어 진폭 0.805의 신호로 출력되었으므로 이득은 0.805이다. 이는 (a)에서 구한 이득과 일치한다.

13. (a) $$H(e^{j\omega}) = \frac{1}{3}\{1 + e^{-j\omega} + e^{-j2\omega}\} = \frac{1}{3}\{e^{j\omega} + 1 + e^{-j\omega}\}e^{-j\omega}$$

$$= \frac{1}{3}(1 + 2\cos\omega)e^{-j\omega}$$

$$X(e^{j\omega}) = \frac{1}{3}\{1 + e^{-j\omega} + e^{-j2\omega}\} = \frac{1}{3}\{e^{j\omega} + 1 + e^{-j\omega}\}e^{-j\omega}$$

$$= \frac{1}{3}(1 + 2\cos\omega)e^{-j\omega}$$

$$Y(e^{j\omega}) = H(e^{j\omega})X(e^{j\omega}) = \frac{1}{9}(1 + 4\cos\omega + 4\cos^2\omega)e^{-j2\omega}$$

14.

$y[n]$	1/9	2/9	1/3	2/9	1/9
k	0	1	2	3	4
$h[k]$	1/3	1/3	1/3		
$x[0-k]$	1/3				
$x[1-k]$	1/3	1/3			
$x[2-k]$	1/3	1/3	1/3		
$x[3-k]$	0	1/3	1/3	1/3	
$x[4-k]$	0	0	1/3	1/3	1/3

$$y[n] = \left\{\underset{\uparrow}{\frac{1}{9}},\ \frac{2}{9},\ \frac{1}{3},\ \frac{2}{9},\ \frac{1}{9}\right\}$$

$$Y(e^{j\omega}) = \frac{1}{9}\{1 + 2e^{-j\omega} + 3e^{-j2\omega} + 2e^{-j3\omega} + e^{-j4\omega}\}$$

$$= \frac{1}{9}(2\cos 2\omega + 4\cos\omega + 3)e^{-j2\omega}$$

$$= \frac{1}{9}(4\cos^2\omega + 4\cos\omega + 1)e^{-j2\omega} \quad (\because \cos 2\omega = 2\cos^2\omega - 1)$$

이 결과는 3-13의 출력 스펙트럼과 같다.

4장 연습문제 풀이

1. (a) $X(e^{j\omega}) = \sum_{n=0}^{4} x[n]e^{-j\omega n} = 1 + e^{-j\omega} + e^{-j2\omega} + e^{-j3\omega} + e^{-j4\omega}$

$$= (e^{j2\omega} + e^{-j2\omega})e^{-j2\omega} + (e^{j\omega} + e^{-j\omega})e^{-j\omega} + e^{-j2\omega}$$

$$= (2\cos 2\omega)e^{-j2\omega} + (2\cos\omega)e^{-j2\omega} + e^{-j2\omega}$$

$$= (2\cos 2\omega + 2\cos\omega + 1)e^{-j2\omega}$$

$\therefore |X(e^{j\omega})| = |2\cos 2\omega + 2\cos\omega + 1|$

(그림생략)

(b) $X(k) = \sum_{n=0}^{4} x[n]e^{-j\frac{2\pi}{5}nk}$

$X(0) = 5,\ X(1) = 0,\ X(2) = 0,\ X(3) = 0,\ X(4) = 0$

(c) DFT는 DTFT의 샘플 값임.

5장 연습문제 풀이

1. 0000 X(0)
   1000 X(8)
   0100 X(4)
   1100 X(12)
   0010 X(2)
   1010 X(10)
   0110 X(6)
   1110 X(14)
   0001 X(1)
   1001 X(9)
   0101 X(5)
   1101 X(13)
   0011 X(3)
   1011 X(11)
   0111 X(7)
   1111 X(15)

2. (a) $N^2 = 512^2 = 262144$

   (b) $\frac{N}{2}\log_2 N = 256 \times \log_2 512 = 256 \times 9 = 2304$

   (c) $\frac{2304}{262144} \times 100\% = 0.88\%$ 따라서 99.12% 감소된다.

부록 | 그리스 문자

그리스문자		호칭	
A	α	alpha	알파
B	β	beta	베타
Γ	γ	gamma	감마
Δ	$\delta(\partial)$	delta	델타
E	ϵ	epsilon	입실론
Z	ζ	zeta	제타
H	η	eta	에타
Θ	$\theta(\vartheta)$	theta	세타
I	ι	iota	이오타
K	κ	kappa	카파
Λ	λ	lambda	람다
M	μ	mu	뮤
N	ν	nu	뉴
Ξ	ξ	xi	크사이
O	o	Omicron	오미크론
Π	π	Pi	파이
P	ρ	rho	로
Σ	σ	sigma	시그마
T	τ	tau	타우
Υ	υ	upsilon	웁실론
Φ	$\phi(\varphi)$	phi	화이
X	χ	chi	카이
Ψ	ψ	psi	프사이
Ω	ω	omega	오메가

부록 | 주요 공식

삼각 항등식

$$\sin(A \pm B) = \sin A \cos B \pm \cos A \sin B$$

$$\cos(A \pm B) = \cos A \cos B \mp \sin A \sin B$$

$$\tan(A \pm B) = \frac{\tan A \pm \tan B}{1 \mp \tan A \tan B}$$

$$\sin A \sin B = \frac{1}{2}\{\cos(A-B) - \cos(A+B)\}$$

$$\sin A \cos B = \frac{1}{2}\{\sin(A+B) - \sin(A-B)\}$$

$$\cos A \cos B = \frac{1}{2}\{\cos(A+B) + \cos(A-B)\}$$

$$\sin A + \sin B = 2\sin\left(\frac{A+B}{2}\right)\cos\left(\frac{A-B}{2}\right)$$

$$\sin A - \sin B = 2\cos\left(\frac{A+B}{2}\right)\sin\left(\frac{A-B}{2}\right)$$

$$\cos A + \cos B = 2\cos\left(\frac{A+B}{2}\right)\cos\left(\frac{A-B}{2}\right)$$

$$\cos A - \cos B = -2\sin\left(\frac{A+B}{2}\right)\sin\left(\frac{A-B}{2}\right)$$

$$\sin^2 A = \frac{1}{2}(1 - \cos 2A)$$

$$\cos^2 A = \frac{1}{2}(1 + \cos 2A)$$

$$\sin^2 A + \cos^2 A = 1$$

$$\cos^2 A - \sin^2 A = \cos 2A$$

$$\sin 2A = 2\sin A \cos A$$

$$\cos 2A = \cos^2 A - \sin^2 A = 1 - 2\sin^2 A = 2\cos^2 A - 1$$

$$e^{\pm j\omega} = \cos\omega \pm j\ \sin\omega$$

$$\sin\omega = \frac{e^{j\omega} - e^{-j\omega}}{2j}$$

$$\cos\omega = \frac{e^{j\omega} + e^{-j\omega}}{2}$$

$$\tan\omega = \frac{1}{j}\frac{e^{j\omega} - e^{-j\omega}}{e^{j\omega} + e^{-j\omega}}$$

지수 함수와 로그 함수

$$e^A e^B = e^{A+B}$$

$$\frac{e^A}{e^B} = e^{A-B}$$

$$\ln AB = \ln A + \ln B$$

$$\ln\frac{A}{B} = \ln A - \ln B$$

지수 급수의 합

$$\sum_{n=0}^{N} a^n = \frac{1 - a^{N+1}}{1 - a}$$

$$\sum_{n=0}^{\infty} a^n = \frac{1}{1-a},\ \ |a| < 1$$

$$\sum_{n=0}^{\infty} na^n = \frac{1}{(1-a)^2},\ \ |a| < 1$$

부록 | 주요 변환

삼각 푸리에급수

$$\tilde{x}(t) = a_0 + \sum_{k=1}^{\infty} [a_k \cos k\omega_0 t \; + \; b_k \sin k\omega_0 t], \quad T = \frac{2\pi}{\omega_0}$$

$$a_0 = \frac{1}{T}\int_{t_0}^{t_0+T} x(t)\,dt$$

$$a_k = \frac{2}{T}\int_{t_0}^{t_0+T} x(t)\cos k\omega_0 t\,dt$$

$$b_k = \frac{2}{T}\int_{t_0}^{t_0+T} x(t)\sin k\omega_0 t\,dt$$

지수 푸리에급수

$$\tilde{x}(t) = \sum_{k=-\infty}^{\infty} X_k e^{jk\omega_0 t}, \quad X_k = \frac{1}{T}\int_0^T \tilde{x}(t) e^{-jk\omega_0 t}\,dt, \quad \omega_0 = \frac{2\pi}{T}$$

CTFT

$$X(\omega) = \int_{-\infty}^{\infty} x(t) e^{-j\omega t}\,dt, \quad x(t) = \frac{1}{2\pi}\int_{-\infty}^{\infty} X(\omega)\; e^{j\omega t}\,d\omega$$

DTFT

$$X(e^{j\omega}) = \sum_{n=-\infty}^{\infty} x[n] e^{-j\omega n}, \quad x[n] = \frac{1}{2\pi}\int_{-\pi}^{\pi} X(e^{j\omega}) e^{j\omega n}\,d\omega$$

DFS

$$\widetilde{X}(k) = \sum_{n=0}^{N-1} \widetilde{x}[n]\, W^{kn}, \qquad \widetilde{x}[n] = \frac{1}{N}\sum_{k=0}^{N-1} \widetilde{X}(k)\, W^{-kn}, \qquad W = e^{-j\frac{2\pi}{N}}$$

DFT

$$X(k) = \sum_{n=0}^{N-1} x[n]\, W^{kn}, \quad x[n] = \frac{1}{N}\sum_{k=0}^{N-1} X(k)\, W^{-kn}, \quad W = e^{-j\frac{2\pi}{N}}$$

Laplace 변환

$$X(s) = \int_0^{\infty} x(t) e^{-st} dt$$

z 변환

$$X(z) = \sum_{n=-\infty}^{\infty} x[n] z^{-n}$$

참고문헌

장영범, "신호 및 시스템" 생능출판사(2010)

장영범, "디지털신호처리" 홍릉과학출판사(2017)

장영범, "아날로그 및 디지털 통신시스템" 홍릉과학출판사(2015)

장영범, "쉽게 이해되는 공업수학" 홍릉과학출판사(2019)

장영범, "SoC용 디지털 필터 및 Transform" 홍릉과학출판사(2010)

장영범, "새로운 DIT Radix-8 FFT 나비연산기 구조", 한국산학기술학회논문지 제16권 제8호, 5579-5585, 2015년 8월

장영범, 이상우, "새로운 DIT Radix-4 FFT 구조 및 구현", 한국산학기술학회논문지 제16권 제1호, 683-690, 2015년 1월

장영범, 이상우, "DIT Radix-4 FFT 구현을 위한 저전력 Butterfly 구조", 한국통신학회논문지 제38A권 제12호, 1145-1147, 2013년 12월

김한진, 장영범, "Radix-4^2 알고리즘을 사용한 저면적 FFT 프로세서 구조", 전자공학회논문지 제49권 SD편 제3호, 8-14, 2012년 3월

장영범, 석상철, "오디오 스펙트럼을 이용한 LED 감성 조명 알고리즘과 응용", 한국통신학회논문지 제36권 제10호 '11-10 Vol.39 No.10, 1252-1257, 2011년 10월

장영범, 이동훈, "Common Sub-expression Sharing을 사용한 저면적 FFT 프로세서 구조", 한국산학기술학회논문지 제12권 제4호, 1867-1875, 2011년 4월

장영범, 김한진, "Multi-point 2-D FFT를 이용한 TFT-LCD Mura 검출 알고리즘", 한국산학기술학회논문지 제11권 제4호, 1278-1284, 2010년 4월

최동규, 장영범, "Common sub-expression sharing과 ORDIC을 이용한 OFDM 시스템의 저면적 파이프라인 FFT 구조", 전자공학회논문지 제46권 SP편 제4호, 157-164, 2009년 7월

장영범, 하준형, 유동인, "Multi-point FFT를 이용한 TFT-LCD 결함 검출 알고리즘", 한국산학기술학회논문지 제10권 제3호, 529-534, 2009년 3월

장영범, 최동규, 김도한, "CORDIC을 이용한 OFDM용 저전력 DIF Radix-4 FFT 프로세서", 전자공학회논문지 제45권 SP편 제3호, 103-110, 2008년 5월

장영범, 허은성, 박진수, 홍대기, "OFDM용 고속 Radix-8 FFT 구조", 전자공학회논문지 제44권 SP편 제5호, 84-93, 2007년 9월

장영범, 이원상, 김도한, 김비철, 허은성, "Distributed Arithmetic을 사용한 OFDM용 저전력 Radix-4 FFT 구조", 전자공학회논문지 제43권 SP 제1호, 101-108, 2006년 1월

J.H. Oh, D. M. Kwak, K. B. Lee, Y. C. Song, D. H. Choi, and K. H. Park, "Line defect detection in TFT-LCD using directional filter bank and adaptive multilevel thresholding," Key Engineering Materials, vol. 270-273, pp. 233-238, 2004

S. I. Baek, W. S. Kim, T. M. Koo, I. Choi, and K. H. Park, "Inspection of defect on LCD panel using polynomial approximation," TENCON 2004, vol, A21-24, pp. 235-238, Nov. 2004

G. B. Lee, C. G. Lee, S. Y. Kim, and K. H. Park, "Adative surface fitting for inspection of FPD devices using multilevel B-spline approximation," 21st International Technical Conference on Circuits/Systems, Computers and Communications vol. 2, pp. 205-208, 2006

J. L. Mannos and D. J. Sakrison, "The effects of a visual fidelity criterion on the encoding of images," IEEE Transactions of Information Theory, vol. 20, no. 4, pp. 525-536, July 1974

A. Gaddipatti, R. Maciraju, and Roni Yagel, "Steering image generation with wavelet based perceptual metric," Computer Graphic Forum, vol. 16, no. 3, pp. 241-251, 1997

오종환, 박길흠, "인간 시각시스템의 주파수 감도를 이용한 TFT-LCD mura 강조", 전자공학회논문지, 제44권 SP편 제5호, pp. 20-27, 2007년 9월

장영범, 하준형, 유동인, "Multi-point FFT를 이용한 TFT-LCD mura 검출 알고리즘", 한국산학기술학회논문지, 제10권 제3호, pp. 529-534, 2009년 3월

장영범, 김한진, "Multi-point 2-D FFT를 이용한 TFT-LCD Mura 검출 알고리즘", 한국산학기술학회논문지 제11권 제4호, 1278-1284, 2010년 4월

Soliman, Samir S., and Mandyam D. Srinath, "Continuous and Discrete Signals and Systems" Prentice-Hall Information and System Science Series.

Crochiere, Ronald E., and L. R. Rabiner, "Multirate Digital Signal Processing" Prentice-Hall Signal Processing Series.

Dudgeon, Dan E., and Russel M. Mersereau, "Multidimensional Digital Signal Processing" Prentice-Hall Signal Processing Series.

Haddad, Richard A, and Thomas W. Parsons, "Digital Signal Processing, Theory, Application, and Hardware" Computer Science Press.

Ingle, Vinay K., and John G. Proakis, "Digital Signal Processing using MATLAB" Brooks/Cole Thomson Learning.

Jackson, Leland B., "Digital Filters and Signal Processing" second editions, KLUWER ACADEMIC PUBLISHERS.

Jayant, N. S., and Peter Noll, "Digital Coding of Waveforms, Principles and Applications to Speech and Video" Prentice Hall, Inc.

Oppenheim, Alan V, and Ronald W. Schafer, "Discrete-Time Signal Processing" Prentice Hall, Inc.

Oppenheim, Alan V, and Ronald W. Schafer, "Digital Signal Processing" Prentice Hall, Inc.

Papoulis, Athanasios, "Signal Analysis" McGRAW-HILL BOOK COMPANY.

Papoulis, Athanasios, "Circuits and Systems, A modern approach" Holt, Rinehart and Winston, Inc.

Papoulis, Athanasios, and S. U. Pillai, "Probability, Random Variables and Stochastic Processes" Fourth Edition, McGraw-Hill.

Proakis, John G, and Dimitris G. Manolakis, "Introduction to Digital Signal Processing" Macmillan Publishing Company, New York.

Proakis, John G, Charles M. Rader, Fuyun Ling, and Chrysostomos L. Nikias, "Advanced Digital Signal Processing" Macmillan Publishing Company, New York.

Vaidyanathan, P. P., "Multirate Systems and Filter Banks" Prentice-Hall Signal Processing

Series.

Van de Vegte, Joice, “Fundamentals of Digital Signal Processing” Prentice Hall.

Weste, Neil, and Kamran Eshraghian, “Principles of CMOS VLSI Design” ADDISON-WESLEY PUBLISHING COMPANY.

VA-12 vibration analyzer specification.

SA-A1 specification.

찾아보기

ㅈ

ㅋ

ㅌ

ㅍ

A

B

C